介孔碳材料的合成及应用

Synthesis and Application of Mesoporous Carbon Materials

刘玉荣 著

国防工业出版社

·北京·

图书在版编目(CIP)数据

介孔碳材料的合成及应用/刘玉荣著. —北京:国防工业
出版社,2012.6
ISBN 978-7-118-08143-5

Ⅰ.①介... Ⅱ.①刘... Ⅲ.①多孔介质－碳－合成
材料 Ⅳ.①TB321

中国版本图书馆 CIP 数据核字(2012)第 087996 号

※

*国防工业出版社*出版发行

(北京市海淀区紫竹院南路 23 号 邮政编码 100048)
北京嘉恒彩色印刷有限责任公司
新华书店经售

*

开本 710×960 1/16 印张 17 字数 360 千字
2012 年 6 月第 1 版第 1 次印刷 印数 1—3000 册 定价 48.00 元

(本书如有印装错误,我社负责调换)

国防书店:(010)88540777 发行邮购:(010)88540776
发行传真:(010)88540755 发行业务:(010)88540717

前　言

有序介孔材料是一种通过分子自组装过程合成的有序纳米结构材料。有序介孔碳材料是一类新型纳米结构材料。与常见的介孔氧化硅材料相比，介孔碳材料具有良好的化学惰性、高机械强度、大的比表面积、良好的导电性等优点，在吸附催化、传感器、电导材料、能量储存以及纳米电子器件制造等方面都具有潜在的应用价值。因此，介孔碳材料一经诞生就引起了国际物理学、化学及材料学界的高度关注，并得到迅猛发展，成为跨学科的研究热点之一。

鉴于许多读者较少系统地了解介孔材料的结构及其特性，本书特撰写了前两章内容，系统阐述了介孔材料的种类和结构、合成及表征方法，以及介孔碳材料的合成方法、功能化及其形貌控制等。为本书的后续章节打下必要的理论基础。

后续八章内容以介孔碳材料的合成及应用为主线，重点讨论了含硅嵌段共聚物辅助合成介孔碳材料的制备过程及其机理分析。并进一步介绍了介孔碳材料在吸附催化、储氢、超级电容器、锂离子电池、燃料电池和化学修饰电极中的应用情况。

本书主要有以下特点

（1）内容新颖，具有前瞻性。本书内容是笔者积累多年的教学经验及科研成果，并结合近年来国内外最新文献编著而成。所涉及的内容代表着这一领域学科的发展方向，有助于读者从中受到启迪、汲取营养，为新型介孔材料的科研与创新提供参考。

（2）阐述深入浅出，做到理论与实际相结合、技术与工艺相结合、应用与实例相结合。本书既为入门者提供基础知识，又为科研工作者介绍介孔碳材料的最新合成方法及其应用研究成果。

（3）以介孔碳材料的合成为研究起点，以介孔碳材料在吸附、催化、储氢和电化学领域的成功应用为目标，将介孔碳材料的合成与应用有机的融为一体。

本书的著者多年从事介孔材料的教学与科研工作，本书是著者利用业余时间，历经四年时间才完稿的。

特别提及的是，在本书初稿形成之时，承蒙重庆文理学院科技部和学校学术委员会专家们的垂青以及他们对本书出版的大力支持。本书有幸获得"重庆文理学院学术专著出版资助"，为本书的顺利出版注入了活力，在此，对重庆文理学院科技部和学校学术委员会给予的厚爱与大力支持表示衷心的感谢。

此外，本书参考了许多相关的文献和资料，对这些文献资料的作者也表示感谢。

限于时间和水平，难免有许多不足之处，敬请读者批评指正。

刘玉荣

2012 年 1 月于重庆永川

目　　录

第1章 介孔材料概述

多孔材料是 20 世纪发展起来的新型材料体系,具有规则排列、大小可调的孔道结构及高的比表面积和大的吸附容量等显著的优点。按照国际纯粹与应用化学联合会(IUPAC)的定义[1],孔径小于 2nm 的多孔材料为微孔材料,大于 50nm 的多孔材料为大孔材料,介于 2nm ~ 50nm 的多孔材料为介孔材料,其典型结构如图 1 - 1 所示。

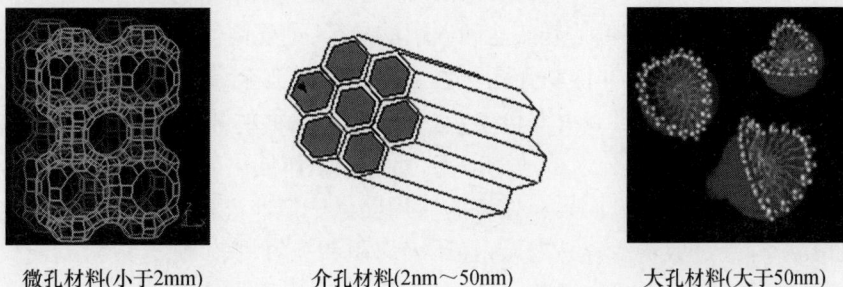

微孔材料(小于2mm)　　　介孔材料(2nm～50nm)　　　大孔材料(大于50nm)

图 1 - 1　多孔材料的分类及其结构示意图

微孔材料包括硅钙石、活性碳、泡沸石等,其中最典型的代表是人工合成的沸石分子筛,在有机反应中,可作为酸催化剂、碱催化剂和氧化还原催化剂,但是由于这类微孔材料尺寸小,对于直径大的分子不能进入其孔腔发生反应或在孔腔内产生的大分子不能快速逸出,从而大大限制了它的催化与吸附作用范围。大孔材料包括多孔陶瓷、水泥、气凝胶等,特点是孔径大,但同时存在着孔道形状不规则、尺寸分布过宽等缺点。

与其他多孔材料相比,介孔材料不仅孔径适中、具有较大的比表面积和壁厚,且具有较高的热稳定性和水热稳定性。在性能上,由于其量子限域效应、小尺寸效应、表面效应、宏观量子隧道效应以及介电限域效应而体现出许多新的性质,因而在催化、分离和吸附等方面以及在光电子学、电磁学、材料学和环境学等领域具有广阔的应用前景。本章就介孔材料的种类、结构、合成、化学改性、形成机理、表征方法及应用等相关的知识进行介绍。

1

1.1　介孔材料的种类

按照介孔是否有序,介孔材料可分为无序介孔材料和有序介孔材料。无序介孔材料中的孔型形状复杂、不规则并且互为连通,孔型常用墨水瓶形状来近似描述,细颈处相当于孔间通道。对于有序介孔固体,孔型可分定向排列的柱形(通道)孔、平行排列的层状孔和三维规则排列的多面体孔(三维相互连通)3种类型。有序介孔材料是利用有机分子表面活性剂作为模板剂,与无机源进行界面反应,以某种协同或自组装方式形成由无机离子聚集体包裹的规则有序的胶束组装体,通过煅烧或萃取方式除去有机物质后,保留下无机骨架,从而形成多孔的纳米结构材料。

按照化学组成分类,介孔材料可分为硅基介孔材料和非硅基介孔材料两大类。硅基介孔材料主要包括硅酸盐和硅铝酸盐等,主要用作催化剂的载体、吸附和有机大分子的分离。非硅基介孔材料主要包括过渡金属氧化物、磷酸盐和硫酸盐等,由于它们一般存在可变价态,有可能为介孔材料开辟新的应用领域,展示出硅基介孔材料所不能及的应用前景,所以除了作催化剂的载体、吸附和分离以外,还在光、电、磁等方面具有独特的应用前景。但非硅基介孔材料热稳定性较差,孔结构经过煅烧后容易坍塌,且比表面积和孔容均较小,合成机制还欠完善,不及硅基介孔材料研究活跃。

1.1.1　介孔氧化硅材料

在已报道的介孔材料中,关于介孔氧化硅材料的研究是最多的,科学家们已经能够实现对介孔氧化硅材料的设计合成,得到了一系列具有不同空间对称性、孔道结构以及表面性质的介孔氧化硅材料。与沸石不同,介孔氧化硅材料没有统一的国际命名,研究者们通常以研究所的名字或者所用的模板剂来命名其合成的介孔材料,到目前为止比较有影响力的包括 FSM – 16、M41S 系列、HMS 系列、SBA 系列、KIT 系列、MSU 系列、FDU 系列、HOM 系列和 AMS 系列。

1. FSM – 16(Folded Sheet Material)

最早的介孔材料合成可以追溯到 1990 年 Yanagisawa 等人的工作[2]。他们在用阳离子表面活性剂柱撑 Kanemite 层状粘土时发现,当碱度较高时,Kanemite 结构被破坏,生成了一种孔径分布狭窄的二维六角结构的介孔氧化硅材料,也就是后来被称为 FSM – 16 的介孔氧化硅。由于制备过程繁琐,当时并未引起足够的重视。后来,Inagaki 等[2]对这种方法进行了改进,并对其结构特征以及相关的性质进行了深入的研究。

2. M41S(Mobil Composition of Matter)系列

1992 年 Mobil 公司合成出的 M41S 系列介孔材料被认为是新一代介孔材料诞生的标志。M41S 介孔材料是在用长链阳离子表面活性剂作为柱撑剂制备层柱分子筛时发现的,包括三个成员:六方相的 MCM-41(空间对称性 $p6m$)、立方相的 MCM-48($Ia3d$)和层状的 MCM-50。

3. HMS(Hexagonal Mesoporous Silica)系列

HMS 系列是 Pinnavaia 等[3,4]利用长链伯胺分子做模板剂合成的一类有序度不高的介孔材料。他们认为反应是通过氢键的作用而生成。与利用阳离子表面活性剂合成的介孔材料相比,HMS 材料的孔壁较厚、热稳定性和水热稳定性都有所提高,并且具有反应条件温和、模板剂可以回收利用等优点。

4. SBA(Santa Barbara USA)系列

该系列的介孔材料是由 Stucky 等[5-8]在酸性介质中合成得到的,包括 SBA-1、SBA-2、SBA-3、SBA-6、SBA-11、SBA-12、SBA-14、SBA-15 和 SBA-16 等。其中,SBA-3 是以十六烷基三甲基溴化铵(CTAB)为模板剂、正硅酸乙酯(TEOS)为硅源,在强酸性条件下合成的,具有高质量的六方相介孔结构。而立方相的 SBA-1(空间群 $Pm3n$)和三维六方相的 SBA-2(空间群 $P6_3/mmc$)则是利用双链结构的表面活性剂制备得到的。后来,Stucky 课题组又在酸性条件下,以嵌段聚合物如聚环氧乙烷-聚环氧丙烷-聚环氧乙烷(PEO-PPO-PEO)等为结构导向剂,制备出一系列结构新颖、有序度高的介孔氧化硅材料,如 SBA-11、SBA-12、SBA-14、SBA-15 和 SBA-16 等。其中,SBA-15 由于有序度高、壁厚、热(水热)稳定性好,模板剂价格便宜、无毒,而且合成简单、易重复,孔径大(5nm~30nm 可调)而备受关注。

5. KIT(Korea Advanced Institute of Science and Technology)系列

KIT 系列[9]是由 Ryoo 等合成的一种结构无序的介孔氧化硅材料,包括 KIT-1、KIT-5 和 KIT-6 介孔材料。与 MCM-41 材料相比,这种材料具有高的比表面积、均一的孔道结构以及三维相互交错的孔道结构。在嵌段共聚物 Pluronic F127($EO_{106}PO_{70}EO_{106}$)导向下,通过添加正丁醇得到具有 $Fm3m$ 孔道空间对称性的介孔氧化硅材料 KIT-5[10]。KIT-6 是由该课题组在 Pluronic P123($EO_{20}PO_{70}EO_{20}$)导向下,通过添加正丁醇而得到的具有立方 $Ia3d$ 结构的介孔氧化硅材料[10]。

6. MSU(Michigan State University)系列

该系列由 Bagshaw 等[11]制备而成,是一类用聚氧乙烯醚类(PEO)非离子表面活性剂为模板,通过氢键作用合成的孔道为无序排列的介孔材料,孔径为 2.0nm ~ 4.8nm。其中 MSU – H[12]是个例外,它是以 Pluronic P123 导向在中性条件下合成的,具有有序的二维六角孔道结构的介孔氧化硅材料。

7. FDU(Fudan University)系列

复旦大学赵东元院士课题组在新型介孔材料的合成方法方面做了许多开创性工作,他们合成的介孔氧化硅分子筛命名为 FDU – n,包括 FDU – 1、FDU – 2、FDU – 7 和 FDU – 12 等。其中,FDU – 1[13]是以嵌段共聚物 B50 – 6600(EO_{39} $BO_{47}EO_{39}$)导向合成的具有超大孔(12nm)的介孔材料;FDU – 2[14]是以三头季铵盐 $[C_mH_{2m+1}N^+(CH_3)_2CH_2CH_2N^+(CH_3)_2CH_2CH_2CH_2N^+(CH_3)_3 \cdot 3Br^-]$ $C_{18-2-3-1}$在碱性条件下制得的,具有立方 $Fd3m$ 的空间对称性;FDU – 7[15]是用 Pluronic P123 导向合成的,具有二维六角结构;FDU – 12[16]是用 F127 导向合成的,具有 $Fm3m$ 的空间对称性和笼状结构,笼的尺寸为 10nm ~ 12nm,窗口尺寸为 4nm ~ 9nm。

8. HOM(Highly Ordered Mesoporous Monolith)系列

HOM – $n(n = 1 ~ 10, n \neq 8)$系列的介孔材料是由 El – Safty 等[17, 18]利用液晶模板技术在酸性条件下以烷基聚醚 Brij 56($C_{16}EO_{10}$)导向得到的。表 1 – 1 给出了该系列中部分材料的合成条件。

表 1 – 1   HOM 系列中部分材料的合成条件[17, 18]

HOM 类型	介孔结构	温度/℃	组成,质量比(w/w)			反应时间/min
			Brij 56	TMOS	H_2O/HCl	
HOM – 1	立方 $Im3m$	35	0.7	2	1	10
HOM – 2	H1 $P6mm$	35	1.0	2	1	10
HOM – 3	3 – D H1 $P6_3/mmc$	45	1.36	2	1	10
HOM – 5	立方 $Ia3d$	45	1.4	2	1	10
HOM – 6	层状 L_∞	40	1.5	2	1	10
HOM – 7	立方 $Pn3m$	40	1.7	2	1	10

9. AMS(Anionic Surfactant Templated Mesoporous Silica)系列

AMS – $n(n = 1 ~ 8)$是 Che 等[19, 20]采用阴离子表面活性剂为结构导向剂,以含氨基或者季铵端基的有机硅烷作为助结构导向剂,在碱性或弱酸性条件下制备得到的一系列新型介孔材料,其中比较有代表性的介孔材料为 AMS－1($P6_3/mmc$)、AMS－2($Pm3n$)、AMS－3($p6m$)、AMS－6($Ia3d$)、AMS－8($Fd3m$)等。

1.1.2　介孔碳材料

介孔碳材料按是否有序可分为无序介孔碳材料和有序介孔碳材料。其中,有序介孔碳(OMC)材料的主要特征为:①长程即介观水平结构有序;②孔径分布窄,孔径大小可以调节;③经过优化合成条件或后处理,可具有很好的热稳定性和水热稳定性;④比表面积大,可高达 $2000m^2/g$;⑤颗粒具有规则外形,且可在微米尺度内保持高度的孔道有序性;⑥孔隙率高;⑦表面富含不饱和基团。与有序介孔氧化硅材料相比而言,与有序介孔氧化硅材料相比而言,序介孔碳材料则具有良好的化学惰性、高机械强度、大比表面积、良好导电性等特点,不仅可以分离、吸附有机大分子,而且在催化、传感器、电导材料等领域都具有潜在的应用价值。

目前,合成介孔碳材料主要采用的是硬模板法和软模板法。研究者们通过不同结构的介孔氧化硅作硬模板,合成出一系列具有反相介观结构的介孔碳材料。近几年,研究者们尝试用软模板法来合成介孔碳材料,并取得了一定的成就。最具影响力的是戴胜研究组和赵东元院士研究组的研究成果。戴胜研究组采用三嵌段共聚物 F 127 作模板剂,与间苯三酚/甲醛树脂通过自组装过程和高温碳化方法,合成出有序介孔碳[21]。赵东元院士等利用三嵌段共聚物(P123、F127、F108)作模板剂,酚醛树脂作碳骨架前驱体,通过有机－有机自组装过程和高温碳化方法,也合成出一系列有序的、具有无限连接的骨架结构和开放孔结构的介孔碳材料[22－25]。关于介孔碳材料的相关内容本书将在后续章节中进行详细的介绍。

1.1.3　介孔磷酸盐

1996 年,Sayari 等[26]利用长链伯胺为模板,合成得到了具有介观结构的磷酸铝,然而得到的材料稳定性较差,无法脱除模板得到介孔结构。随后,Kimura[27]、Feng[28]和 Tiemann[29]等也都得到了具有介观结构的磷酸铝,但材料的结构稳定性都比较差,无法除去模板而得到介孔结构。1997 年,Zhao 等[30]报道了以 CTAB 为模板剂,在 pH 约 9.5 的条件下,合成出结构稳定的介孔磷酸铝。上述报道的介孔磷酸铝几乎全是以离子型表面活性剂为模板合成的,2003 年,田博之等[31]提出了一种新的"酸碱对"理论,以嵌段共聚物为模板,通过选择合适的"酸碱对"无机前驱体,成功地合成出了具有较大孔径的介孔磷酸盐(最高达到约 10nm,包括 $AlPO_4$、$TiPO_4$、$ZrPO_4$)。

1.1.4　介孔金属氧化物

由于过渡金属特殊的催化、电化学以及半导体性能,从介孔材料刚问世,人们就开始设想合成具有特殊功能的介孔金属氧化物。Ying 等[32]在 1995 年首先报道了非硅介孔材料(TiO_2、Nb_2O_5)的合成。1998 年,Yang 等[33-35]报道了以嵌段共聚物为模板合成 TiO_2、ZrO_2、Al_2O_3、Nb_2O_5、WO_3、HfO_2、SnO_2 与混合氧化物 $SiAlO_{3.5}$、$SiTiO_4$、$ZrTiO_4$、Al_2TiO_5、ZrW_2O_8 等一系列介孔材料,可谓介孔金属氧化物合成上的一个巨大突破。2003 年,田博之等[36]利用"酸碱对"理论,也合成出了一系列高度有序的 TiO_2、Al_2O_3、ZrO_2、Nb_2O_5、SnO_2、VO_x 与 WO_3 等。

以上的金属氧化物都是以软模板法得到的,但该法并不适用于合成一些离子性较强的、溶胶—凝胶过程不容易控制的金属氧化物,如 CuO、Cr_2O_3、Co_3O_4 等。Zhu 等[37]以介孔氧化硅 SBA-15 为硬模板,通过纳米浇铸(Nanocasting)的方法合成了具有反相结构的介孔 Cr_2O_3。田博之等[38]扩展了这种方法,以微波消解除模板的 SBA-15 或 FDU-5 为硬模板通过纳米浇铸的方法合成了一系列的介孔金属氧化物:Cr_2O_3、Mn_xO_y、Fe_2O_3、Co_3O_4、NiO、CuO、WO_3、CeO_2 与 In_2O_3,此方法得到的材料不仅在介观尺度上有序,其墙壁在原子尺度上也是高度晶化的。

1.1.5　介孔金属硫化物

金属硫化物是优良的半导体材料,在荧光、光电转换、传感等方面有着优越的性能。因此,人们一直在尝试合成有序的介孔金属硫化物,以期得到具有优良性能的材料。最初,人们试图利用软模板的方法合成介孔金属硫化物,通过溶液中阳离子表面活性剂与金属以及硫物种的自组装,得到具有介观结构的金属硫化物。利用这种方法,人们已经成功合成出了具有介观结构的 CdS、ZnS、Ge_4S_{10}、FeS 和 SnS_2 等。然而所得材料的墙壁均为无定形结构,稳定性很差,无法除去模板得到介孔金属硫化物。2003 年,Gao 等[39]报道了单一前驱物法,以介孔 SBA-15 为硬模板合成出了具有六方结构且墙壁高度晶化的介孔 CdS。

1.2　介孔材料的结构

常见的有序介孔材料的结构主要有:一维层状结构(p_2)、二维六方结构($p6mm$)、三维体心立方结构($Ia3d$)、三维体心立方结构($Im\overline{3}m$)、三维简单立方结构($Pm3n$)、三维六方($P6_3/mmc$)和三维面心立方结构($Fm3m$)的共生结构。

1. 一维层状结构(p2)

该结构的典型代表为 MCM - 50,其结构示意图如图 1 - 2 所示。由于层状结构不稳定,在去除模板剂的过程中,结构不能保持,因此应用前景较小。但是在介孔材料的合成机理以及相转变的研究中,层状相有着重要的意义,它可能是形成许多结构的前驱体或中间体。

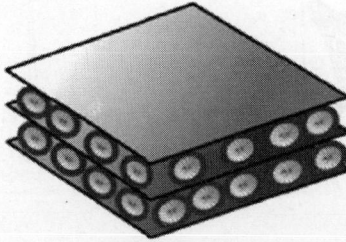

图 1 - 2　介孔材料 MCM - 50 的结构示意图

2. 二维六方结构(p6mm)

此类结构中,介孔孔道是相互平行的,横截面呈六方排列,对应的晶体学空间群为二维六方的 p6mm(过去被称为 p6m)。主要材料有 MCM - 41、SBA - 15、SBA - 3 等。图 1 - 3(a)是其结构示意图,从图中可以看到,该类介孔材料呈有序的"蜂巢状"多孔结构,即由一维线性孔道呈六方密堆的排列,从原子水平看,这些介孔是无序的、无定形的,但是它们的孔道是有序排列的,并且孔径大小分布很窄,属于长程有序,是高层次上的有序。图 1 - 3(b)是这种结构典型的 X 射线衍射谱图,三个衍射峰分别归属为 100、110、200 晶面产生的衍射。

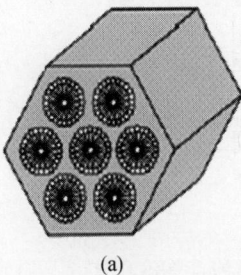

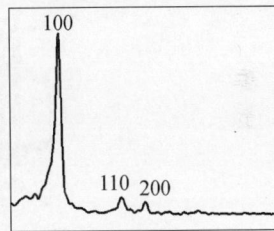

图 1 - 3　二维六方相(p6mm)介孔结构

(a)介观结构模型; (b)XRD 谱图。

3. 三维体心立方结构(Ia3d)

此结构的典型代表为 MCM - 48。1993 年,Monnier[40] 根据液晶结构提出了 MCM - 48 的结构模型。该结构的特点是具有两套螺旋形三维孔道,被无定形的孔壁分隔,互为对映体且彼此不相通,如图1-4(a)所示。图1-4(b)是其特征X光谱图。2002年,Liu[41]等以三嵌段共聚物为模板,在室温下合成了具有与MCM-48相同结构的介孔氧化硅材料,命名为FDU-5。这是首次在酸性体系中合成$Ia3d$结构介孔材料的报道。

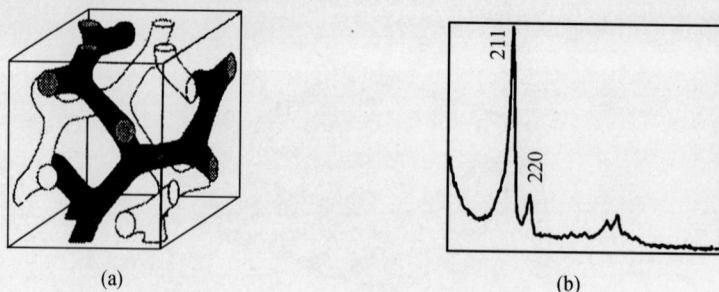

图1-4　三维立方相($Ia3d$)介孔结构

(a) 介观结构模型; (b) XRD谱图。

4. 三维体心立方结构($I m\overline{3}m$)

满足$I m\overline{3}m$空间群对称性的介孔材料的孔道有两种形式:笼型孔道和三维交叉型孔道。其典型代表为SBA-16。SBA-16是以三嵌段共聚物F127为模板剂在强酸性体系下合成的一种硅基介孔材料。图1-5是SBA-16中笼的分布及连通关系的三维示意图。SBA-16由直径约为95Å球状的笼按照体心立方对称性排列堆积而成,相邻的笼之间沿[111]方向通过大小为23Å的窗口彼此连通。

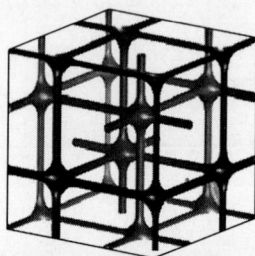

图1-5　SBA-16中笼的分布及连通关系的三维示意图[42]

5. 三维简单立方结构($Pm3n$)

具有这种结构的介孔材料具有笼型孔,笼之间通过窗口相通,结构对应于溶致液晶中常见的I_1相(球状胶束按立方$Pm3n$对称性排列)。典型代表是分别在强酸性体系和碱性体系中合成的SBA-1和SBA-6。由于合成体系以及所使用的模板剂不同,SBA-1的孔壁要比SBA-6厚很多而孔径尺寸(包括笼的

8

大小和窗口的大小)要小很多。但它们的结构特点是一样的。由图 1-6 可以看出,两套大小不同的笼(A 笼和 B 笼,A 笼体积大,B 笼体积小)按照 A_3B 方式堆积,其中 A 笼具有六元环,而 B 笼只有五元环,每个 B 笼周围有 12 个 A 笼(图 1-6(b)),A 笼之间由尺寸较大的窗口连接,而 A 笼和 B 笼之间的窗口较小。

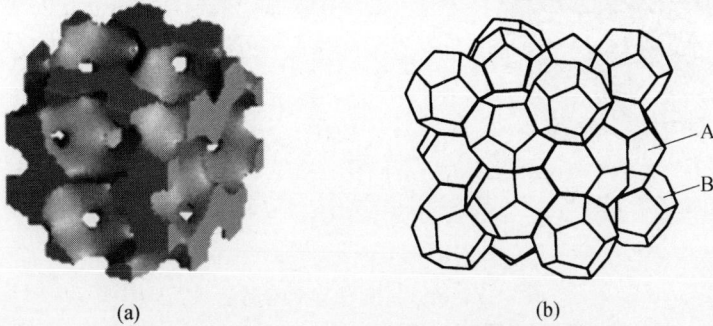

(a)　　　　　　　　　　　(b)

图 1-6　SBA-6 和 SBA-1 的结构模型示意图[43]

(a) SBA-6 和 SBA-1 的三维结构示意图;(b) A 型笼与 B 型笼按照 A_3B 的结构进行堆积的示意图。

6. 三维立方-六方共生结构($P6_3/mmc-Fm3m$)

由于晶格能量匹配,立方密堆积(Cubic Closed-Packed,CCP)和六方密堆积(Hexagonal Closed-Packed,HCP)的共生在沸石晶体的生长过程中是较为常见的,这种现象在介孔材料中也同样存在。具有这种立方-六方共生结构的典型代表是 SBA-2 和 SBA-12。这个结构符合等径球六方密堆积模型,属于 $P6_3/mmc$ 空间群。Terasaki 等[44]利用电子显微技术解析了 SBA-12 的结构,结果表明 SBA-12 显示面心立方对称性,球形的笼按照立方密堆(CCP)方式排列,每个笼与其周围的 12 个笼沿[110]方向通过窗口相连通(图 1-7(a))。但是 SBA-12 不是纯相,它由孪生的两个面心立方相(CCP)结构组成,而在这两相交界处由三维六方相(HCP)过渡(图 1-7(b))。

7. 螺旋结构介孔材料

手性螺旋结构在有机分子,尤其是生物大分子(如 DNA、蛋白质等)中非常常见,不过在无机介孔材料中出现手性螺旋孔道则是很少见的[45]。2004 年,Che 等[46]用具有手性结构的有机胺为模板剂,氨基硅烷为硅源,在碱性体系下成功合成了具有手性结构的介孔材料。这种材料具有类似于晶体的规则外形,通过扫描电子显微镜可以观察到,该材料为长 $1\mu m \sim 6\mu m$,直径 $130\mu m \sim 180nm$ 的螺旋棒;根据计算机模拟技术,与透射电子显微镜表征相结合,确定了样品具有围绕着螺旋棒的中心轴呈规则六方排列的手性螺旋形介孔孔道,孔道直径约为 2.2nm。图 1-8 为手性介孔材料的扫描电镜照片和模拟模型,图 1-9 为螺旋形手性孔道的透射电镜照片[46]。

(a)

[1$\bar{1}$0]$_c$ [111]$_c$ or [001]$_h$

[11$\bar{2}$]$_c$

←六方→

←立方1→   ←立方2→

(b)

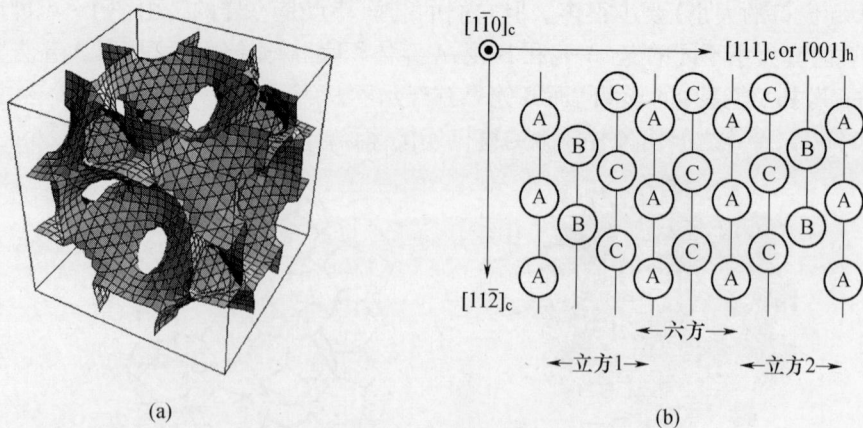

图 1-7   SBA-12 的结构解析图[44]

(a) SBA-12 的孔道模拟图;(b)沿[110]方向上,立方密堆积与六方密堆积共生的示意图。

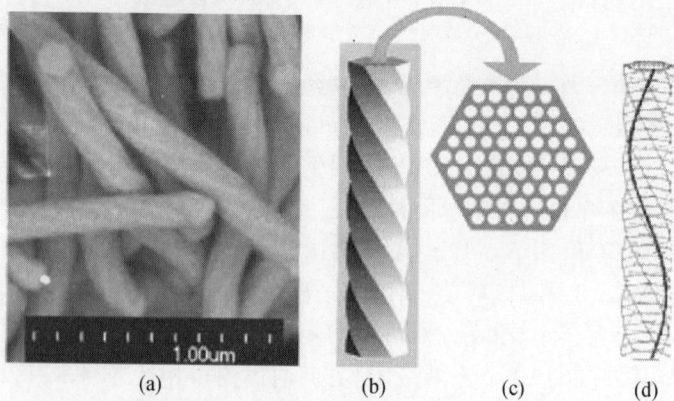

(a)   (b)   (c)   (d)

图 1-8   手性介孔材料的扫描电镜照片和模拟模型

(a) SEM 照片,显示了这个样品的微观特征;(b)通过对 TEM 照片得到的手性介孔材料的结构模拟图;
(c)切面结构;(d)这种手性介孔材料的一条手性孔道示意图[46]。

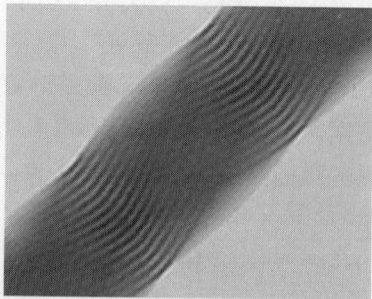

图 1-9   螺旋形手性孔道的透射电镜照片[46]

8. 非高度有序的介孔结构

除了上述提到的高度有序的介孔结构以外,还有一些介孔材料尽管有较窄的孔径分布,但是孔的形状和排列不是非常有序的,这一类孔常被称为"Worm like hole"。例如,中性条件下制备的 HMS[3]、MSU[11] 和由于盐效应而形成的 KIT－1[47] 都是这样的结构。由于有序性差的原因,这类材料在 XRD 谱图上通常只显示出一个衍射峰。但是,这类材料的孔道之间相互连通性较好,有利于物质的结构扩散,在催化、吸附和分离等方面也具有较好的应用前景。

1.3　介孔材料的合成

1.3.1　介孔材料的合成条件

介孔材料的合成虽然操作简单,但却包含着复杂多样的反应和组装过程。典型的介孔材料合成体系涉及 3 种主要组分。

（1）用来构造孔壁结构的无机物种(前驱体),选择无机物种的主要依据是溶胶—凝胶化学,即原料的水解和缩聚速度必须适当,且经过水热等处理后缩聚程度提高。根据介孔材料骨架元素的组成,无机物种可以是直接加入的无机盐或预先形成一定聚合度的无机低聚体,也可以是水解后产生无机低聚体的有机金属氧化物。

（2）自组装(介观结构形成的过程)时起决定导向作用的模板剂(表面活性剂),表面活性剂根据亲水基团性质的不同,主要分为四类:①阴离子型:具有带负电的极性基团,常用的有羧酸类,磷酸类、硫酸类和磺酸类等;②阳离子型:主要是季铵盐类,如十六烷基三甲基溴化铵(CTAB)等;③非离子型:极性基团不带电,最常见的为聚氧乙烯－聚氧丙烯共聚物(PEO－PPO)、三嵌段共聚物(PEO－PPO－PEO)和烷基聚醚如 Brij56$[C_{16}H_{33}O(EO)_{10}]$ 等;④两性型:带两个亲水基团,其中一个基团带正电,另一个基团带负电。

（3）作为反应介质的溶剂相。

介孔材料的合成是上述三种组分相互作用和反应过程平衡的结果。

各种不同类型的表面活性剂可以通过以下几种与无机物种的作用方式形成高度有序的介孔材料,如 S^+I^-、S^-I^+、$S^+X^-I^+$ 和 $S^-X^+I^-$ 等合成路线(其中 S^+ 为结构导向剂阳离子;S^- 为结构导向剂阴离子;I^+ 为无机前驱物阳离子;I^- 为无机前驱物阴离子;X^+ 为其他的无机阳离子;X^- 为其他的无机阴离子),如图 1－10 所示。

（1）S^+I^- 和 $S^+X^-I^+$:这两类作用方式发生在阳离子表面活性剂导向的合

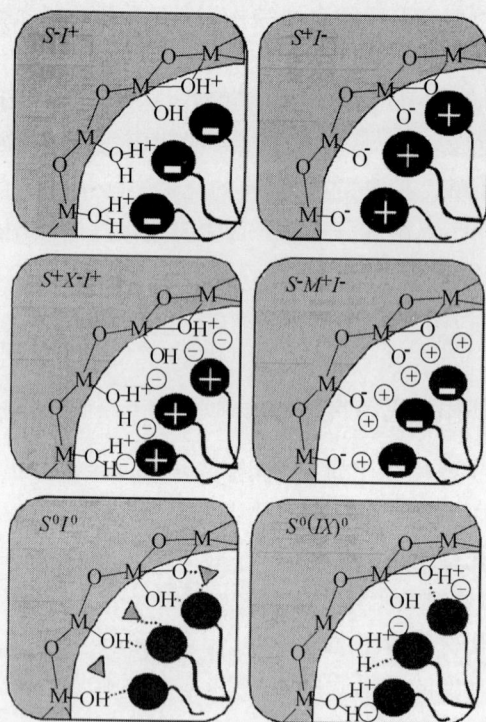

图 1-10 无机寡聚体与结构导向剂的电荷匹配作用[48]

成体系中。在碱性条件下，无机硅物种带负电荷，可与阳离子表面活性剂发生静电相互作用以 S^+I^- 的方式形成介观结构。在酸性条件下，无机硅物种带正电荷，可在盐存在的条件下通过反离子 X^- 与阳离子表面活性剂发生 $S^+X^-I^+$ 静电相互作用。以这两种途径合成的介孔材料包括 M41S、SBA-1、SBA-2、SBA-3 和 SBA-7 等。

（2）S^0I^0 和 $(S^0H^+)X^-I^+$：这两类作用方式发生在非离子表面活性剂导向的合成体系中。在 S^0I^0 途径中，中性表面活性剂，如长链脂肪族伯胺或非离子型表面活性剂，如聚氧乙烯烷基醚等，与中性的无机物种通过氢键结合在一起。例如，HMS 型介孔氧化硅是以十六烷基胺为模板在中性条件下制备的；MSU-X是以聚氧乙烯烷基醚为模板在中性条件下得到的蠕虫状介孔氧化硅。如果在强酸性介质中，使用中性或者非离子型表面活性剂为模板，那么表面活性剂的亲水基团首先与氢离子结合而带正电荷，即 (S^0H^+)，然后按照 $(S^0H^+)X^-I^+$ 型的作用方式进行组装。这类材料主要包括 SBA-11、SBA-12、SBA-15、SBA-16、FDU-1、FDU-5 和 FDU-12 等。

12

（3）S^-I^+和$S^-X^+I^-$：这两类作用方式发生在阴离子表面活性剂导向的合成体系中。按照这两种途径的设计，在酸性条件中，无机硅物种带正电，可与带负电的阴离子表面活性剂发生S^-I^+的相互作用；而在碱性条件中，无机硅物种带负电，可通过无机离子与阴离子表面活性剂发生$S^-X^+I^-$的相互作用。但在实际应用中，这两条途径均比较难以实现，通常只能生成无序介观结构或不能生成介孔结构。

1.3.2 介孔材料的合成方法

介孔材料的合成主要是采用模板法来实现。首先前驱物在模板剂的作用下排列形成介观有序的结构，然后在前驱物转化为目标物质后除去模板组分，即得到孔道均一且排列有序的介孔材料。根据所使用的模板类型不同，模板法可以分为软模板（Soft template）和硬模板（Hard template）。

软模板路线是指使用并无预先已形成有序介观结构的有机分子作为合成模板，主要包括生物大分子、表面活性剂等。根据合成时采用的具体操作过程，软模板路线又可以细分为水热法和溶剂挥发诱导自组装法。硬模板路线则是使用已经具有固定介观结构的固体材料来作为合成模板，主要以多孔阳极氧化铝（Anodic Aluminum Oxide，AAO）和多孔硅为代表，通过纳米浇铸复制来获得目标有序介孔材料的方法。

软模板法相对来说合成过程简单且容易控制，如通过改变所用模板剂的种类和反应物比例等，可以有效地控制产物的结构以及孔道尺寸。利用硬模板法合成的介孔材料完全复制了相应的硬模板的结构，因而得到的材料多为反相结构。硬模板法的优点是普适性强，可以用来合成很多利用软模板法很难得到的材料，如介孔金属单质、金属氧化物、碳化物、氮化物等，但合成过程较为繁琐。两种模板各有优势，在合成过程中要根据材料的设计需求选择合适的模板。

1. 水热法

介孔材料一般是由溶液化学反应制备的，因为其过程类似于沸石分子筛的水热合成，所以直接称为水热法。其制备过程经历了典型的溶胶－凝胶过程，如图1-11所示。典型的合成程序为：①配制模板剂的水溶液；②调节溶液至恰当的pH值；③再加入前驱物进行溶液化学反应，经历溶胶－凝胶过程获得沉淀；④进行水热反应和晶化；⑤过滤，洗涤，干燥；⑥除去模板剂。

水热法合成介孔材料常用的模板剂是以带有长链烷烃的铵盐类为代表的阳离子表面活性剂，其中十六烷基溴化铵最为常用。通过改变烷基链的长度，增加亲水端铵基个数等方法可以调整表面活性剂的亲水头体积和疏水链体积之间的比例及其表面活性剂和无机前驱物之间的电荷作用强度,从而获得对孔道形状、孔径大小和孔道排列等介观结构的调控。该类表面活性剂的疏水部分通常都为烷烃链,碳原子数约为 $12 \sim 22$ 之间,因此所得胶束尺寸通常在 $2nm \sim 4nm$ 之间,从而决定了以此类表面活性剂导向合成得到的介孔材料的孔道大小通常在 $2nm \sim 4nm$ 之间。

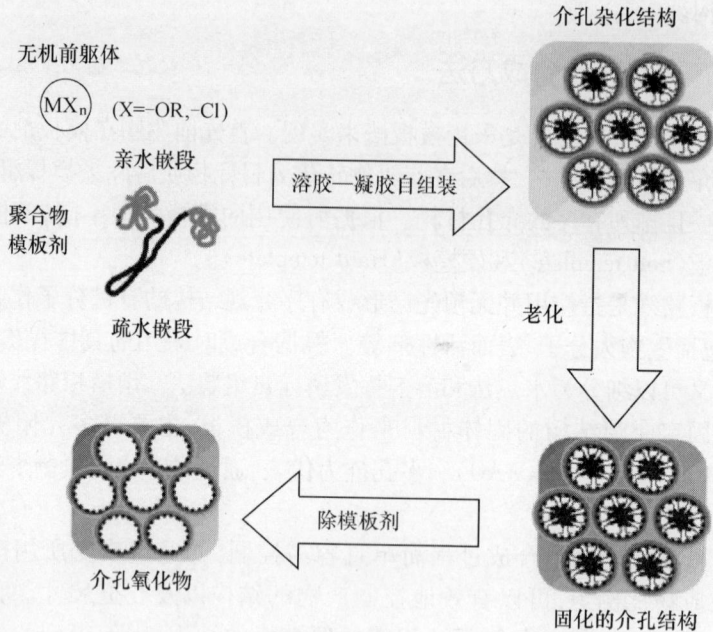

图 1-11 水热法制备介孔材料示意图

另一类常见的模板剂是非离子表面活性剂,其中使用最广泛的是聚氧乙烯醚和聚氧丙烯醚的嵌段共聚物,如 P123、F127 和 F108 等。其 EO 链段作为亲水段,PO 链段作为疏水段。通过选择不同的合成温度、水热温度、焙烧温度和添加扩孔剂等,可以调节最终所得介孔材料的孔道在 $3nm \sim 30nm$ 之间。该类材料孔壁厚,因而具有非常好的水热稳定性。此外,阴离子表面活性剂在助表面活性剂的帮助下也可以用于合成具有各种介观结构的介孔材料。

在完成溶液反应之后,所得到的是模板剂和目标材料的有序介观复合材料,需要脱除模板剂组分之后才能形成开放的孔道。模板剂的脱除通常是通过焙烧来实现,因为目前所使用的模板剂都是有机物质,只含有 C、H、O、N 等挥发性元素,可以在空气中直接焙烧除去,不留任何残留物。对于含有长链烷烃的模板剂来说,由于容易发生积碳,需要较高的焙烧温度,通常选取的是 550℃ 焙烧 5 h。对于含氧量较高的嵌段共聚物,例如 P123、F127 和 F108 等,只需要 400℃ 焙烧

14

就可以完全除去。另一个重要的模板剂脱除方法是溶剂萃取法,该法以乙醇、四氢呋喃或者丙酮等有机溶剂作为萃取剂,通过回流将模板剂溶出脱除。与焙烧方法相比,萃取所得的产物由于骨架没有经历高温收缩过程,通常比表面、孔容及孔径都比较大。除此之外,表面活性剂也可以通过微波消解,氢气反应气化,强氧化剂氧化,超流体萃取等来脱除。但这些方法由于操作不方便、一次处理量较少或者周期太长而使用较少。

2. 溶剂挥发诱导自组装法

溶剂挥发诱导自组装(Evaporation Induced Self - Assembly,EISA)合成介孔氧化硅膜的方法起源于 Mobil 公司表面活性剂模板合成技术。首先,将可溶性的硅源或其它无机源、表面活性剂溶解在易挥发的溶剂中形成均一的溶液,其初始表面活性剂的浓度低于临界胶束浓度。通过旋涂或提拉的方式制备膜的过程中,溶剂的挥发使溶液中不易挥发的表面活性剂、无机前驱体和 H_2O 等的浓度增加,连续的溶剂挥发诱导无机物种 - 有机结构导向剂复合形成液晶相,如图 1 - 12 所示。同时,该过程伴随着无机物种,如硅物种的进一步交联和聚合。该合成方法

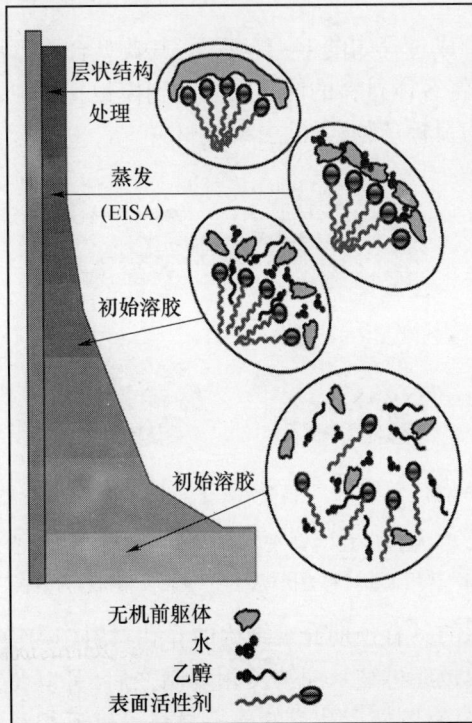

图 1 - 12 溶剂挥发诱导自组装(EISA)制备介孔材料示意图[49]

操作方便、适用性很广,为制备有序介孔材料的重要方法之一,尤其适合制备介孔材料的薄膜、单片、纤维和块体材料。与水热法相比,EISA 方法具有如下 3 个优点。

（1）模板剂选择更广泛。该方法使用的模板剂等与水热法类似,水热法能使用的几乎所有模板剂都可以用在该法中。由于不再使用水作为溶剂,很多水溶性比较差的嵌段共聚物也可以通过选用合适的溶剂用作介孔材料的合成模板。

（2）产物组成更加多样性。由于使用非水溶剂,前驱物的溶胶－凝胶过程趋于缓和,使很多在水体系中由于水解缩聚过程过于剧烈无法合成的物质也能通过该法合成。组成的多样性还体现在可以方便地通过加入混合前驱物得到复合金属氧化物,金属含氧酸盐等有序介孔材料上。

（3）形貌控制简便。由于没有明显的相分离过程的出现,在最终固化前体系通常是流体,可以任意塑型,特别适合制备具有各种特殊形貌的介孔材料,比如介孔薄膜、单片材料、纤维材料等。

3. 纳米浇铸法

纳米浇铸法的合成过程如图 1－13 所示,其典型合成过程为:①合成有序介孔材料作为模板;②将客体材料的前驱物填充到模板孔道中;③通过加热或其他处理使前驱体转化为目标产物;④除去模板材料。

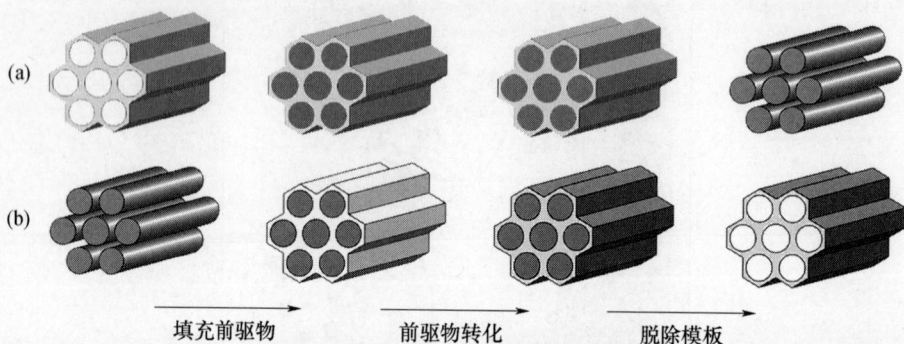

填充前驱物　　　　前驱物转化　　　　脱除模板

图 1－13　纳米浇铸法合成过程[50]

（a）选用正相材料为模板;（b）选用反相材料为模板。

首先是选择合适的具有预期介观结构的介孔材料作为模板（图 1－13）。具有不同介观结构的模板经过纳米浇铸反相复制之后,可以获得具有相应反相介观结构的目标材料,具有圆柱形孔道的模板材料可以反相获得直形纳米线阵列（图 1－13(a)）。如果选用由硬模板法合成得到的反相介孔材料作为模板,则可以通过再一次的硬模板法复制之后重新得到正相材料（图 1－13(b)）。

16

前驱物的选择需要同时满足以下两个条件:①可液化,包括熔融或者溶解在液体溶剂中,只有液体才可以方便地通过毛细管吸附作用进入到模板的介孔孔道中;②前驱物本身足够稳定,不会在填充和前驱物转化成目标物质的过程中和模板发生剧烈的化学反应。

前驱体的填充常见的方法是溶剂挥发诱导毛细管凝聚:①将前驱物溶解在较大量的挥发性溶剂中,加入模板一起搅拌并将溶剂不断挥发除去,溶液不断浓缩;②由于毛细管凝聚效应,颗粒外的液体溶剂首先被挥发除去;③最终液体几乎全部在孔道之中,从而将溶解在溶液中的前驱物带入孔道之中。另一方法是将孔道进行表面化学修饰,然后将前驱物通过化学吸附引入到孔道之中。

前驱物转变成为目标物质的操作一般通过在一定气氛中加热处理来进行。对于以介孔氧化硅为模板制备金属氧化物类材料,通常是直接在空气中焙烧。以碳为模板时,或者制备对氧敏感的目标产物时,通常选用惰性气氛保护热处理的方式。

最后一步是除去模板以获得目标物质的介孔材料。氧化硅模板可以用 HF 水溶液除去,也可以选择热的浓 NaOH 溶液除去。选择何种方法主要取决于目标产物在两种溶液中的化学稳定性。HF 除硅可以在室温下进行,一次处理即可实现完全除硅,但是 HF 对人体的危害较大。NaOH 除硅一般在加热条件下进行,通常需要两次处理,并且最终产物中含硅量稍大于 HF 除硅得到的产物,其主要优点是对人体安全。碳模板则主要通过在空气中焙烧除去。对部分易在高温下被空气氧化的目标物质而言,也可以通过在氨气中高温处理除去模板。

1.3.3 介孔材料的控制合成

对介孔材料的控制合成主要体现在对介观结构、孔径及连通性、骨架组成以及宏观形貌的控制。

1. 介观结构的控制

1) 表面活性剂堆积参数 g

Israelachvili[51] 提出了一个模型,解释并预测了表面活性剂液晶相的结构问题,并提出了分子堆积参数 g 的概念,它可以作为一个指标预测和解释产物的结构问题。$g = V/(a_0 l)$,其中 V 为溶剂化表面活性剂分子的整个体积,a_0 为表面活性剂端头的有效面积,而 l 是表面活性剂疏水链的长度,如图 1 - 14 所示。

表面活性剂堆积参数 g 能较好地描述在特定条件下生成哪一种液晶相。在对介孔材料的合成及相变研究中,霍启生等[53] 首次引入了这个概念,发现 g 值能够定性地解释和预测所得的介孔材料结构。当 g 小于 1/3 时生成 SBA - 1 结

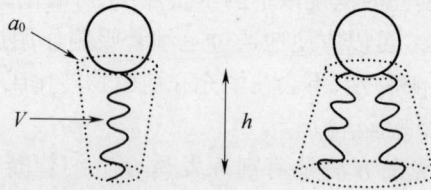

图 1-14　表面活性剂堆积参数 g 的定义[52]

构($Pm3n$ 立方相)和 SBA-2 结构($P6_3/mmc$ 三维六方相)，g 值在 1/3 至 1/2 之间生成 MCM-41 结构($p6mm$ 二维六方相)，g 值在 1/2 到 2/3 之间生成 MCM-48 结构($Ia3d$ 立方相)，g 接近 1 时生成 MCM-50 结构(层状相)。胶束的不同结构示意图见图 1-15。不同 g 值下的表面活性剂胶束的几何形状和介观相结构如表 1-2 所列。

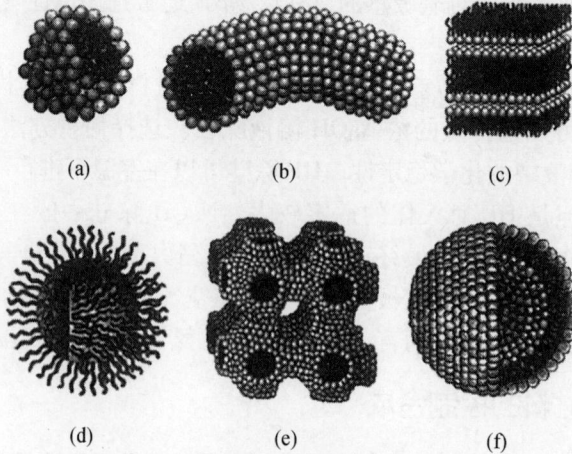

图 1-15　各种胶束结构示意图
（a）球状；（b）柱状；（c）层状；（d）反胶团；（e）双连续相；（f）囊泡结构。[54]

表 1-2　不同 g 值下表面活性剂的几何形状和介观结构相

$g = V/(a_0 l)$	胶束几何形状	典型表面活性剂	典型介观相
$g < 1/3$	球形	单链，较大极性头	$Pm3n, Fm3m, Im\bar{3}m$
$g = 1/3 \sim 1/2$	圆柱形	单链，较小极性头	$p6mm$(MCM-41)
$g = 1/2 \sim 2/3$	三维圆柱形	单链，较小极性头	$Ia3d, Pn3m$
$g = 1$	层	双链，较小极性头	层状相(MCM-50)
$g > 1$	反相的球形、圆柱形或层	双链，较小极性头	$Fd3m$

18

2）表面活性剂的几何特征

对于非离子表面活性剂导向下介孔材料的结构人们通常使用 V_H/V_L 参数（其中 V_H 代表表面活性剂分子的亲水部分，而 V_L 为表面活性剂的疏水部分）来加以讨论，也就是说不同的结构主要源自于不同体系的亲疏水性。较大亲水头较小疏水头的表面活性剂分子，由于亲水头的位阻作用以及疏水头相互不宜接触，容易以球状的方式相互结合形成胶束；而较小亲水头较大疏水头的表面活性剂分子则容易相互聚集形成层状结构或是管状结构。图 1-16 就是对表面活性剂亲疏水性影响产物结构的一个较好的示意图例。

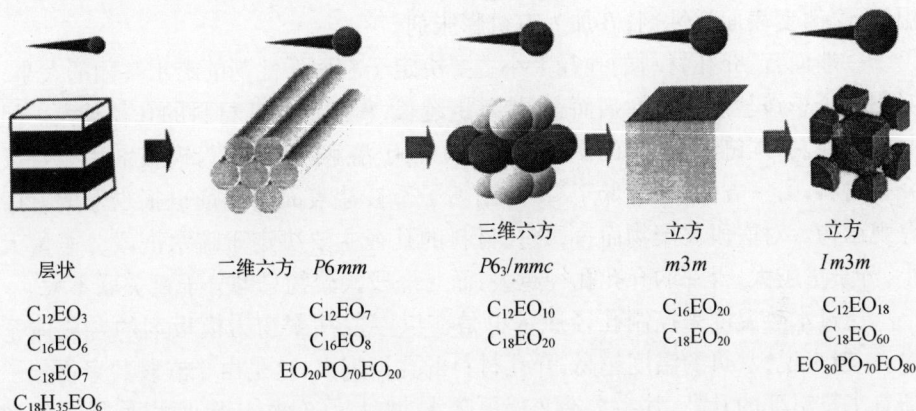

层状	二维六方 $P6mm$	三维六方 $P6_3/mmc$	立方 $m3m$	立方 $Im3m$
$C_{12}EO_3$		$C_{12}EO_{10}$	$C_{16}EO_{20}$	$C_{12}EO_{18}$
$C_{16}EO_6$	$C_{12}EO_7$	$C_{18}EO_{20}$	$C_{18}EO_{20}$	$C_{18}EO_{60}$
$C_{18}EO_7$	$C_{16}EO_8$			$EO_{80}PO_{70}EO_{80}$
$C_{18}H_{35}EO_6$	$EO_{20}PO_{70}EO_{20}$			

图 1-16 V_H/V_L 参数与不同结构介孔材料之间关系的示意图[55]

选择具有不同 V_H/V_L 参数的表面活性剂作为结构导向剂，合成不同结构的介孔材料是最常用的一种结构控制手段。但如果结构导向剂的性质发生重大变化，则必然伴随着反应温度、反应 pH 值、表面活性剂浓度以及无机前驱体的摩尔数等的改变。

3）助表面活性剂（添加剂）

助表面活性剂对介孔相的影响主要取决于助表面活性剂的性质。如 1,3,5-三甲苯（TMB）无极性，倾向于溶于胶束的尾端，使 V 显著增加，而 h 变化很小，从而使 g 值增大，导致形成的 MCM-41 介孔相转变成层状相。如果使用的是极性添加剂如醇类，则其容易进入胶束疏水和亲水的界面，增大疏水部分体积，使表面活性剂分子以低曲率的方式组装。

4）表面活性剂浓度

改变表面活性剂的浓度是控制介孔结构的有效手段，随着其浓度的升高，表面活性剂的堆积状态会发生很大的变化，进而影响到所合成的介孔材料的结构。例如，对 CTAB 而言，在其浓度较低时得到的是 MCM-41（$p6mm$），继续增大可以得到立方相 MCM-48($Ia3d$),再大时则得到层柱状的氧化硅材料。

2. 孔径的控制

介孔材料的孔径也是影响材料应用的一个重要因素,特别是在大分子催化、生物分子的吸附分离等领域,孔径的大小直接关系着目标分子能否进出孔道和物质传输的效率。对于硬模板法合成的介孔材料而言,孔径的大小取决于硬模板的墙壁厚度或者堆积颗粒的粒径,不易调控,因此,一般所谓的孔径控制都是针对软模板法而言的。

软模板法调变介孔材料的孔径的方法主要有下面几种:①改变水热处理的温度;②改变表面活性剂;③加入有机膨胀剂。

一般而言,介孔材料的孔径大小主要决定于表面活性剂的疏水基团的大小,对阳离子季铵盐表面活性剂而言,烷基链越长,得到的介孔材料的孔径越大。但并非无限制,碳链超过 C_{22} 的季铵盐在水中难于溶解,很难作为模板剂用于合成介孔材料;另一方面,碳链低于 C_8 的阳离子季铵盐表面活性剂也很难形成有序介观结构。对嵌段共聚物而言,介孔材料的孔径主要决定于疏水嵌段分子量大小,分子量越大,得到的介孔孔径越大,而与嵌段共聚物总的分子量关联不大。

通过水热温度来控制孔径通常也是在以嵌段共聚物为模板剂的合成体系中,一般来说,水热的温度越高,介孔材料的孔径越大,这是由于嵌段共聚物分子随着水热温度的升高,其亲水端变得更疏水,增大了疏水体积,所以使得孔道膨胀,孔径变大。

添加有机膨胀剂是增加介孔孔径的一个有效的方法,其原理是所添加的有机膨胀剂是疏水分子,可以进入表面活性剂的疏水基团,并增加疏水基团的体积,从而增加介孔孔径。如,Mobil 公司曾宣称,在碱性环境中以 CTAB 为模板剂合成 MCM-41 时,通过加入 1,3,5-三甲基苯(TMB),MCM-41 的孔径可达到 10nm。在保持有序介观结构的前提下,通过加入 TMB 的方法可以使 MCM-41 的孔径扩至 6nm,而 SBA-15 的孔径可以扩至 15nm。其他非极性有机分子如甲苯、苯、二甲苯、三甲苯、环己烷、长链烷烃都可以作为有机添加剂,用于介孔材料的合成,从目前的结果看,TMB 是最有效的有机添加剂。不同方法得到有序介观结构的孔径范围如表 1-3 所列。

表 1-3　不同方法得到的有序介观结构的孔径范围

方　　法	孔径范围
用不同链长的阳离子表面活性剂(包括长链季铵盐和中性有机胺)作模板剂	2nm~5nm
用长链季铵盐作模板剂,并进行高温水热处理	4nm~7nm
用带电的表面活性剂,并加入有机物膨胀剂(二甲苯、中长链胺)	5nm~8nm

方　　法	孔径范围
用非离子表面活性剂作模板剂	2nm ~ 8nm
用嵌段共聚物作模板剂	4nm ~ 20nm
二次合成（如水 – 胺合成后处理）	4nm ~ 11nm
用大分子量的嵌段共聚物作模板剂	10nm ~ 27nm
加入有机膨胀剂 TMB 和无机盐，在低温下合成	

3. 形貌的控制

在工业应用中，人们对材料的宏观结构都有一定的要求。如膜（film）材料在分离和催化反应中被广泛应用；单片（monolith）材料则在光学上具有特殊的用途；尺寸均一的球状（sphere）介孔氧化硅材料是最常用的色谱填料。

与高度晶化的微孔分子筛相比，介孔材料的无机墙壁由无定形物组成，且合成条件相对温和，这使得在控制材料介观结构的同时对其在宏观尺度上进行形貌的调控成为可能。通过控制无机物种（如硅物种）的水解和缩聚，以及采用适当的合成手段，可以方便地制得介孔球、纤维、薄膜、单片和单晶（single crystal）等形貌的介孔材料。

1）球

大部分水热条件下合成出的介孔材料都处于粉体状态，不利于其应用。相对而言，介孔微球则有着颗粒均匀，易于分离等优势，在吸附、分离和催化等领域有着广阔的应用前景。

Keisei 等[56, 57]在酸性条件下，以十六烷基三甲基氯化铵（CTAC）为介孔结构导向剂，采用 F127 控制介孔材料尺寸，通过调整体系的 pH 值变化，得到了直径为 20nm ~ 50nm 的纳米介孔球。Lin 等[58, 59]以 CTAB 为模板剂，以 TEOS 为硅源，在稀碱溶液中合成出直径 100nm 大小的介孔球，并将其用于药物缓释领域。Yano 等[60, 61]以正硅酸甲酯（TMOS）为硅源、十烷基三甲基溴化铵（C_{10}TMAB）为介孔结构导向剂，在甲醇 – 水混合体系中，通过控制合成温度、甲醇与水的比例得到了尺寸可在 $0.52\mu m$ ~ $1.25\mu m$ 范围内调变，粒径均匀的单分散超微孔（孔径在 1.8nm ~ 2nm）球。Unger 等[62]采用 TEOS 为硅源、溴代长链烷基三甲基铵为介观结构导向剂，异丙醇为共溶剂的方法，通过控制反应温度、水和 TEOS 的比例，合成出颗粒均一的、大小在 $0.2\mu m$ ~ $2\mu m$ 之间可调的介孔小球。这种介孔球可用作色谱柱中的填料。Huo 等[63]用正硅酸丁酯（TBOS）作硅源，用 CTAB 作结构导向剂，在碱性条件下得到了直径 $50\mu m$ ~ 2mm 之间可调的、透明的介孔硬球（图 1 – 17）。

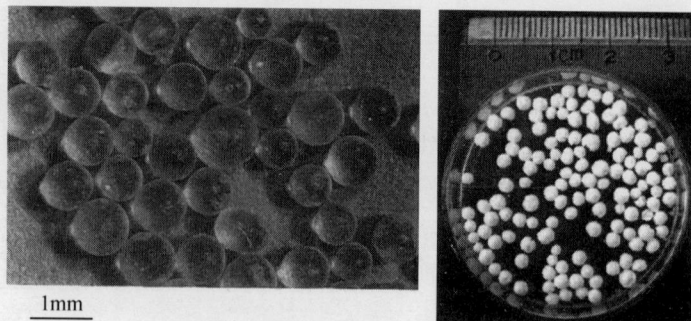

图 1-17 球形介孔材料的光学照片[64]

Yu 等[64-66]利用反相乳液法合成出超大孔空心球。他们利用无机盐调变有机-有机,有机-无机物种之间的相互作用力,以嵌段聚合物为模板剂,合成了直径在几个毫米左右的有序大孔径介孔球。随后,他们以类似方法合成了可以用于色谱固定相的介孔球,并且通过调整合成温度、反应时间和无机盐的加入量,在 $9.0\mu m \sim 17.6\mu m$ 范围内调节介孔球的直径。同时可以通过加入 TMB 或者调整水热温度来调变介孔孔径($2.3nm \sim 4.8nm$)[67]。

同时,研究者们也投入大量的精力去合成具有中空结构的介孔球,因为这种结构在药物传输、控制缓释、生物酶固化、生物分子拆分、限域催化以及超声、热学电学等方面有着潜在的应用。Stucky 等[68]在酸性条件下,利用微乳法合成了具有二维六方介孔结构的空心球。通过严格控制搅拌速率,球的大小可以在 $10\mu m \sim 50\mu m$ 之间调控,而且将 Cu^{2+} 等过渡金属离子引入介孔骨架后,能够直接用作催化剂。

2)介孔纤维材料

Stucky 等[69,70]采用单相法制备了直径为 $50nm \sim 300nm$,长度为毫米级的介孔纤维,他们通过控制反应温度、表面活性剂的种类和浓度以及加入无机盐等反应条件,得到了类似于单晶的,并具有六方有序排列的、环形或纵向排列孔道的介孔纤维。Huo 等[71]采用一步静置法,在酸性两相溶液中,合成出了直径为 $1\mu m \sim 10\mu m$,长度为 $100\mu m \sim 50mm$ 的介孔纤维。

除了直接合成法以外,人们还采用模板法合成介孔纤维材料。Zhao 等[72]利用三嵌段共聚物 PEO-PPO-PEO 为模板,正硅酸甲酯(TMOS)为硅源合成出纤维状的 SBA-15,其扫描电镜照片如图 1-18 所示。人们[73,74]也利用阳极氧化铝作为硬模板进行了介孔纤维的合成,根据选用的阳极氧化铝的孔大小,可以得到不同外径的介孔纤维材料。Wakayama 等[75]利用活性碳纤维为模板,以超临界

22

CO_2 为溶剂,得到了介孔氧化硅纤维材料,其微观形态与所用活性碳纤维的微观形态相同。

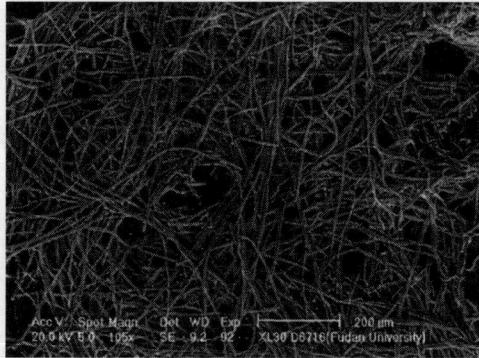

图 1-18　纤维状 SBA-15 的扫描电镜图[72]

3) 薄膜

介孔薄膜材料具有孔径均匀的有序孔道结构和高比表面积以及易操作性等特点,在各种功能材料研究领域都具有潜在的应用价值。合成介孔薄膜材料的方法主要包括溶胶-凝胶法、模板自组装法、水热和溶剂热合成法以及物理拉膜法(dip-coating)等。

Yang 等[76, 77]在酸性条件下,在云母表面和水与空气的界面上合成定向排列的介孔薄膜。Brinker 等[78-81]利用生物矿化的相似性原理,采用 dip-coating方法合成出高度有序的氧化硅和有机基团杂化的氧化硅介孔材料。一般来说,定向排列薄膜的一维介孔孔道都与薄膜表面平行,阻碍了孔道内物质的多维传递,这在一定程度上限制了其在物质分离和生物传感方面的应用。Kuroda 等[82, 83]在介孔薄膜合成过程中,利用垂直于基底的强磁场(>10 T)作用,使得大部分一维孔道都垂直于基底,提高了介孔材料的应用性。

为了提高物质在孔道中的传输性,除了合成具有垂直基底孔道的介孔薄膜以外,还可以合成一些具有三维孔道的介孔薄膜。赵东元院士[84]等利用嵌段共聚物为模板,采用 dip-coating 的方法,得到了具有二维六方($p6m$)或三维立方($Im\bar{3}m$)结构的大孔氧化硅膜(图 1-19)。Stucky 小组[85]利用双头季铵盐为模板剂合成了三维六方($P6_3/mmc$)结构的介孔氧化硅薄膜,其定向生长轴与膜的生长界面垂直,为物质在膜垂直方向上的传递提供了通道。

人们还选用了许多非硅材料进行了介孔薄膜的合成及性能研究。Crepaldi 等[86]采用溶剂挥发法合成出了介孔氧化锆薄膜。Kuroda 等[85]采用溶剂挥发法合成了介孔 Pt-Ru 合金材料,并研究了其电化学性质。Xue 等[88]采用电沉积

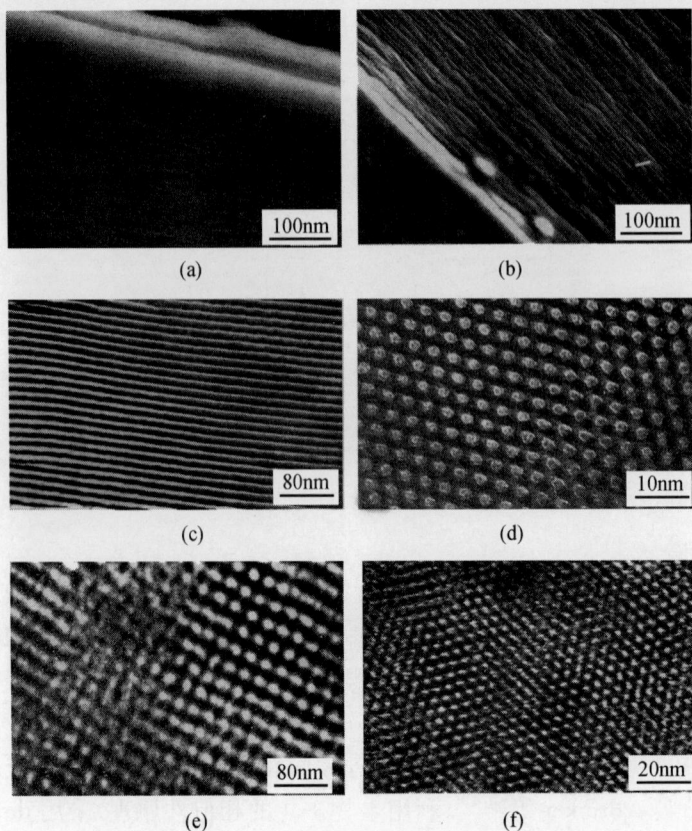

图 1-19 以 P123 为模板合成的介孔氧化硅膜[84]

的方法合成了介孔 MnO_2 薄膜,并研究了其作为微电容方面的性质。Tian 等[36]以"酸碱对"方法合成了各种氧化物、磷酸盐的介孔薄膜。

4)单片

Goltner 等[89]利用嵌段共聚物为模板,控制溶剂挥发速度,得到了具有透明单片形貌的介孔材料。Melosh 等[90]使用三嵌段共聚物 F127 为模板,合成了高度有序的直径为 2.5cm,厚度 3.0cm 介孔氧化硅单片(图 1-20(a))。为了快速制备单片材料,Yang 等[91]发明了一种石蜡保护快速挥发的方法,可在 8h 内制备出透明的氧化硅单片材料,其介观对称性为 $Ia3d$ 或 $p6m$,在合成过程中加入金属离子,可以得到具有不同颜色的单片材料(图 1-20(b))。

5)单晶

通常表面活性剂与无机物种自组装得到的介孔材料在介观尺度上是有序的,而在微观尺度上以及在原子级尺度上是无序的。由于介孔材料是规则大小

24

(a)

(b)

图 1 - 20　不同模板剂合成的介孔单片材料的形貌

（a）以 F127 为模板合成的介孔单片,Melosh 等报道[90]；

（b）以 P123 为模板合成的单片,Yang 等报道[91]。

和形状的孔或笼按一定规律堆积而成的,在一定范围内,它可能遵循某些晶体成核和生长的规律形成具有规则外形的材料。所以控制一定条件,也能够得到具有均一晶体外形,类似于"单晶"结构的介孔材料。介孔单晶与传统意义上的分子或原子晶体不同:传统的晶体指的是在原子或者分子尺度上的周期性结构;介孔单晶则在介观尺度上有序,而在原子或分子尺度上则可能是无序的。通过培养以及研究介孔单晶,可以更加深入地了解介孔材料的生长方式及其孔道结构。

Ryoo 等[92]首先合成出了具有菱形正十二面体形貌的 MCM - 48,后来 Terasaki 研究组[93]利用 TEM 表征对 MCM - 48 晶体进行了结构解析。Che 等[94]报道了 SBA - 1 单晶(图 1 - 21(a))以及具有 $P6_3/mmc$ 对称性的介孔单晶的合成,并利用电子显微镜对其进行了结构解析。最初报道的介孔单晶多是以阳离子表面活性剂为模板合成得到的,对称性包括 $Ia3d$、$Pm3n$、$P6_3/mmc$ 等,这主要是由于溶液中阳离子表面活性剂与硅物种通过静电方式作用(S^+I^- 或 $S^+X^-I^+$),作用力较强,因此生长过程中缺陷较少,容易生成单晶。嵌段共聚物与硅物种主要通过氢键作用,作用力较弱,不容易得到介孔单晶。2002 年,Yu 等[95]首次使用嵌段共聚物 F108 为模板剂,通过在溶液中加入无机盐 K_2SO_4,成功合成了大孔径(约7.4nm)的 SBA - 16($I\overline{m}3m$)单晶(图 1 - 21(b))。Mou 等[96]也采用类似的办法合成了 SBA - 16 单晶。

6)其他形貌

除了以上介绍的各种形貌以外,文献报导的介孔材料还具有其他较为特殊的形貌,如管中管结构的 MCM - 41[97],具有囊泡结构的介孔材料[98],以及具有手性螺旋结构的介孔材料[99-106]等。这些结构的形成及其形成机理研究极大地丰富了介孔材料的理论,并扩展了介孔材料的应用领域。

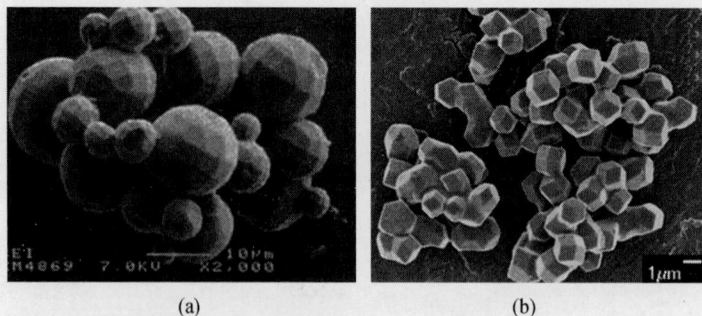

图 1-21　介孔单晶材料的 SEM 图像[75]

(a) SBA-1 单晶[94]；(b) SBA-16 单晶的 SEM 图像。

1.4　介孔材料的化学改性

虽然介孔材料在结构上具有一系列优点，但是，它们也具有化学反应活性不高等内在的缺点，大大限制了介孔材料的实际应用范围。为了实现介孔材料的潜在应用价值，提高介孔材料的水热稳定性和化学反应活性成为介孔材料的主要研究课题。为此，必须首先了解介孔材料的表面化学性质。

硅基介孔材料的骨架主要是由无定型 SiO_2 组成的，因此，介孔材料的表面化学性质与非晶态的硅胶比较接近，表面存在相当数量的硅醇键（Si-OH）。硅醇键分为 3 种类型，如自由硅醇键、双羟基硅醇键和缔合硅醇键，其中前两者具有高的化学反应活性，而水合硅醇键则没有化学活性，不能发生化学反应。

介孔材料的化学改性包括对材料骨架的修饰以及对孔道表面的功能化。由介孔材料的表面化学性质研究可知，介孔氧化硅材料表面的硅醇键具有一定的化学反应活性，这是介孔材料表面化学改性的基础。通过对介孔材料表面有意识地进行各种不同的修饰，实现介孔材料在各个领域的潜在应用价值。利用疏水性的物质进行改性，可以提高介孔氧化硅材料的水热稳定性，而且可以改变材料对气体的吸附性能；利用具有催化性能的物质进行改性，比如对介孔材料进行离子或金属掺杂，能够进行特定的化学反应，开发介孔材料在催化领域中的应用；利用具有特定官能团的硅烷偶联剂进行改性，则能够实现特殊的目的。同样还可以利用这种方法，将介孔材料设计为纳米反应器，实现了纳米材料在介孔材料孔道中的合成。

按照对介孔材料表面改性方法的不同，对介孔材料的表面改性可以归纳为元素取代法、共价键移植法和有机硅烷偶联剂法。

1. 元素取代法

对于纯硅基介孔材料来说,由于骨架全部由氧化硅构成,本身缺乏活性中心,所以为了制备具有催化活性的介孔材料,必须给硅基介孔材料基底赋予一些酸性位和催化活性位点,这就需要进行离子或金属掺杂。一般情况下是在介孔材料骨架的形成和晶化过程中引入金属杂原子前体化合物,通过该前体在合成物体系中的原位水解以及由此产生的金属物种与骨架的结合(包括聚合或同晶取代),即可将金属杂原子嵌入分子筛骨架。由于外来金属离子周围的电荷失配,可产生较强的质子酸中心或路易斯酸中心。这是制备具有高分散催化活性位的分子筛催化剂的有效途径。目前通过上述过程嵌入硅基骨架的原子有 B、Al、Ti、Zr、V、Cr、Mo、Mn、Fe、Ni、Cu、Ga、Sn 等,由此衍生出的多种新型的催化材料已在石油加工、大宗化学品生产以及精细化学品制备方面显示出良好的应用前景[107, 108]。

2. 共价键移植法

共价键移植法改进介孔材料的性能是一种不引起孔道结构破坏且非常有效的骨架修饰方法。许多化合物,如金属氯化物、金属醇盐、有机金属化合物及金属的配合物等都能够同介孔氧化硅材料表面的硅醇键(Si—OH)进行反应,通过形成 M—O 共价键而将金属固定在介孔材料的骨架上,这种方法不但能够提高介孔材料的催化性能,而且也能够提高水热稳定性,是介孔材料科学发展中的一个重要进展[109, 110]。

最典型的利用共价键移植法进行介孔材料的骨架改性的例子是 Ti 在介孔氧化硅分子筛中的液相移植反应。Thomas 等[111]将二氯化二茂钛($TiCp_2Cl_2$)和介孔氧化硅材料在氯仿中回流,通过氯与表面硅醇键的反应,失去氯而形成 Ti—O 共价键,从而将 Ti 固定到介孔材料的骨架上。该复合物经过高温煅烧失去有机成分,转化为钛氧化物。这种材料由于金属离子均匀地分散在孔道表面,因而具有良好的催化活性。

利用金属化合物的液相移植反应不仅可以在介孔材料中组装金属,达到提高介孔材料催化性能的目的,而且还能够提高介孔材料的稳定性。Mokaya[112]报导了经过氯化铝或异丙醇铝移植的介孔材料,经过水热处理 150h 后,仍然保持着介孔材料的特征,而通常制备的硅酸铝介孔材料在经过 16h 的水热处理后即失去介孔材料的所有特征。

3. 有机硅烷偶联剂法

有机硅烷偶联剂(Silane Coupling Agent)是指同时具有含碳官能团和可水解基团的一类双亲结构的物质,通式是 $YRSiX_3$,Y 代表—NH_2、—SH 等官能团,X 为 OMe 或 OEt 基团,R 代表 C—C 桥键。它们的烷氧基团水解后生成硅醇键

Si—OH,可与无机物表面基团反应,形成牢固的化学键;而碳官能团则可以与树脂、橡胶等有机材料生成化学键。少量的硅烷偶联剂的使用可以达到改善材料性能的目的,同时可以利用硅烷偶联剂的不同化学活性对材料进行有目的的设计和改造。对介孔材料表面进行有机硅烷偶联剂法修饰改性主要有两种途径,即共沉淀法和后移植法。

共沉淀法是一种一步直接合成的方法,在合成介孔材料的溶胶中直接加入硅烷偶联剂,由于硅烷偶联剂上的基团 R 不能与其他的四面体硅进行交联聚合,因此利用共沉淀法引入有机官能团的量要受到限制,一般当带 R 的硅源的引入量在小于 10%(最大不超过 20%)时最终的产物还能保持一定的介孔材料有序性。Mann 等[113]最早报道了以有机硅烷偶联剂为改性剂,采用共沉淀法对介孔材料进行改性。他们将正硅酸乙酯和苯基三甲氧基硅烷在阳离子表面活性剂的碱性水溶液中进行水解,得到 MCM – 41 型产物。

另外一种方法是后移植法。这种介孔材料表面修饰的过程非常简单,一般将新焙烧后的介孔氧化硅材料在真空条件下于 100℃ ~ 130℃加热除去物理吸附的水分子,然后在惰性有机溶剂中与活泼的有机硅烷偶联剂反应就可得到表面功能化后的介孔材料。以后移植法制备的介孔材料,结构的有序性要比以共沉淀法得到的材料要好得多。而且许多不能利用共沉淀法来制备的具有特殊性质的官能团也可以利用后移植法进行介孔材料的表面修饰,然后有选择地进行某些特殊的化学反应,实现特定目标。

1.5 介孔材料的形成机理

自从 M41S 的合成方法公开之后,人们就对介孔材料的形成过程表现出了极大的兴趣。并提出了各种模型来解释介孔材料的形成机理。比较有代表性的有液晶模板机理、硅酸盐棒状自组装模型、硅酸盐层折叠模型、电荷密度匹配模型以及协同自组装模型等。

1. 液晶模板机理

Mobil 公司最早提出了介孔材料的液晶模板机理(Liquid Crystal Templating, LCT)。该机理认为表面活性剂形成的液晶是形成 MCM – 41 介孔材料结构的模板剂,并据此提出了合成介孔材料的两条路线(图 1 – 22)。途径①:表面活性剂由于其各向异性在水溶液中首先形成胶束(micelle),进一步形成胶棒(rod)(也可以称为棒状胶束)。这些胶棒再组装成六方结构的液晶相。无机氧化硅物种在这种表面活性剂液晶相周围水解和交联,从而形成具有六方液晶相结构的氧化硅 – 表面活性剂组成的有机 – 无机复合材料,焙烧除去表面活性剂后,就得到了介孔氧化硅分子筛材料。途径②：表面活性剂可以与无机氧化硅物种相互作用，形成有机－无机的胶束结构。这种作用进一步促成氧化硅－表面活性剂复合的胶棒。这些胶棒在水热条件下，再进一步组装成六方结构的氧化硅－表面活性剂介观结构。根据 LCT 机理，可利用表面活性剂胶束的有效堆积参数与不同溶致液晶相结构之间的关系来指导如何利用不同结构的表面活性剂或加入助剂来设计合成不同结构的介孔材料。但是在实际的合成过程中，使用表面活性剂的浓度一般远低于表面活性剂形成液晶相所需要的最低浓度，因此通过路径①来合成介孔材料几乎是不可能的。尽管途径②能解释六方结构介孔相的形成过程，但也无法合理解释表面活性剂与无机源的不同比例对介孔结构的影响。因此，随着介孔材料研究的不断深入，LCT 机理的适用性受到了限制。

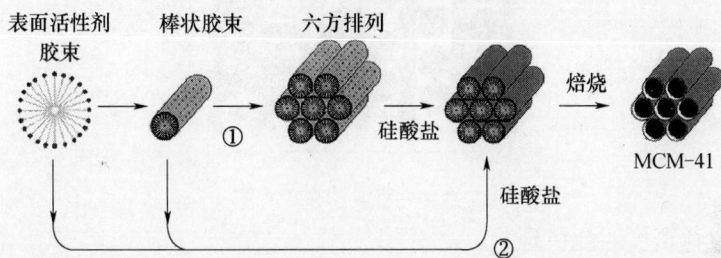

图 1-22　液晶模板机理示意图[114]

2. 棒状自组装模型

Davis 等[115]认为在合成过程中溶液不存在表面活性剂的液晶相，从而否定了液晶模板机理中途径①发生的可能，而途径②也不准确。他们认为，硅酸根离子的引入对液晶结构的形成至关重要，硅源物质与随机分布的有机棒状胶束通过库仑力相互作用，在其表面形成 2 至 3 层氧化硅，而后，这些无机－有机的棒状胶束复合物通过自组装作用形成长程有序的六方排列结构。随着反应时间的延长、温度的升高，使得硅醇键能够进一步缩合，使棒状胶束自发地组装并进行结构调整，从而获得长程有序度良好的介孔材料。反之，如果反应时间较短，则硅醇键不能充分缩合，棒状胶束无法进行充分的结构调整，这样得到的介孔材料的长程有序度就不是很好，但是材料的比表面积仍旧非常高，这与很多实验中的情况是一致的。该理论的示意图如图 1-23 所示。

3. 层折叠机理

Steel 及其同事[116]研究了 MCM-41 的形成过程，发现当硅酸盐加入时，表面活性剂可以直接自组装成六角液晶相。硅酸盐物种在溶液中首先自组装成薄层，层与层之间同成排的圆柱型胶束棒相互插入，当发生老化时，由硅酸盐物种组成的薄层围绕着六角液晶相发生折叠并重排，最后生成含有表面活性剂的

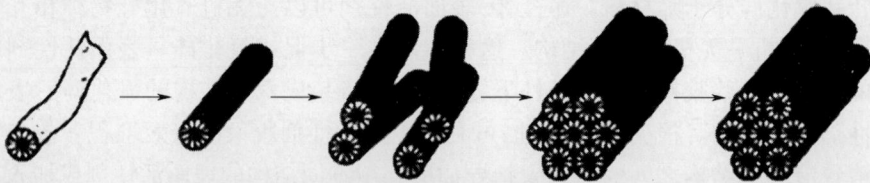

图 1-23　棒状胶束机理示意图[115]

MCM-41 介观结构,其机理示意图如图 1-24 所示。

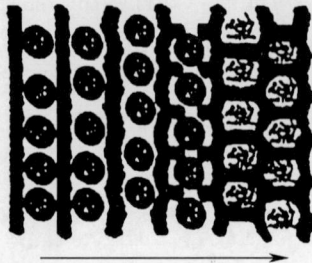

图 1-24　层折叠机理示意图[116]

4. 电荷密度匹配机理

Monnier 等[40]采用 X 射线电子衍射(XRD)技术观察到在形成 MCM-41 六角相之前,溶液中已经先生成了层状中间相,然后再发生相转变而生成六角介孔材料这个实验现象,提出了电荷密度匹配模型,如图 1-25 所示。该模型机理认为:层状中间相的形成有利于高电荷硅酸盐阴离子物种同阳离子表面活性剂之间发生电荷匹配。在形成表面活性剂-硅酸盐介观结构的过程中,硅酸盐阴离子物种在表面活性剂与硅酸盐之间的界面发生聚合,一旦硅酸盐发生聚合,负电荷密度就降低,使得表面活性剂亲水基团表面积增加,为保持电荷中性,就得增

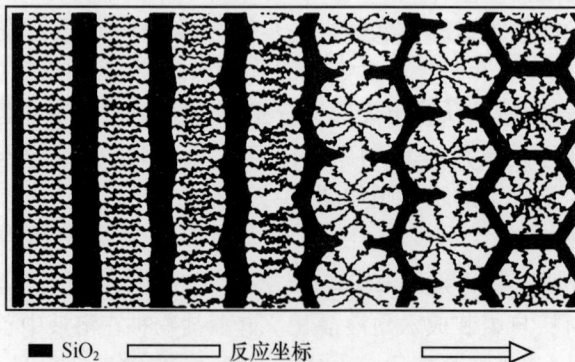

■ SiO₂　　　□—→ 反应坐标　　→

图 1-25　电荷密度匹配模型[40]

30

加二氧化硅的比例,于是引起无机物种和表面活性剂之间的界面起皱以增加界面面积来维持电荷平衡,使得介孔材料发生从层状相到六角相的转变。这种电荷密度匹配理论可以用来解释介孔材料在合成过程中的相转变。

5. 协同作用机理

1995 年,Stucky 小组[117]提出了协同作用机理(Cooperative Formation Mechanism,CFM)(图 1 - 26)。CFM 机理认为无机和有机分子物种之间的协同共组生成有序排列结构。多聚的硅酸盐阴离子与表面活性剂阳离子发生相互作用,在界面区域的硅酸根聚合改变了无机层的电荷密度,无机物种和有机物种之间的

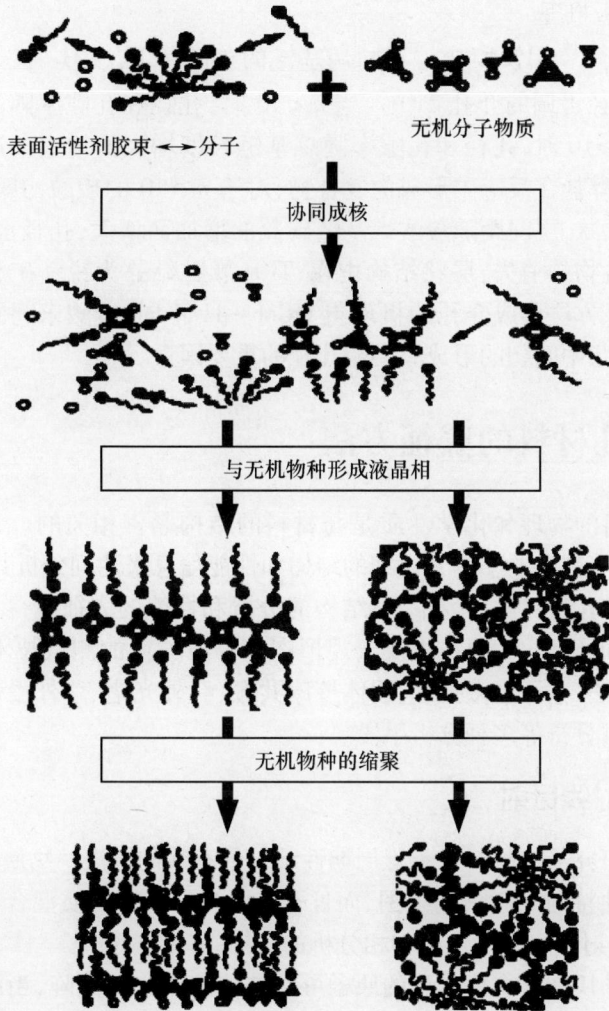

图 1 - 26　表面活性剂与无机物种的协同作用机理示意图[117]

31

电荷匹配控制表面活性剂的排列方式。这种相互作用表现为胶束加速无机物种的缩聚过程和无机物种的缩聚反应对胶束形成液晶相有序结构的促进作用。胶束加速无机物种的缩聚过程主要由于两相界面之间的相互作用(如静电吸引力、氢键作用或配位键等)导致无机物种在界面的缩聚而产生。反应的进行将改变无机层的电荷密度,整个无机和有机组成的复合相也随之而改变,最终的物相则由反应进行的程度(无机部分的聚合程度)和表面活性剂电荷匹配的组装程度决定。CFM 机理有助于解释介孔材料合成中的诸多实验现象,具有一定的普遍性,适用于一些非硅介孔材料的合成。

6. 非模板机理

Shoichi 等[118]用钛醇盐与不同烷基链的羧酸($CH_3(CH_2)_n COOH$, $n = 0 \sim 20$)制备了孔径可调的介孔 TiO_2。当 $n < 10$ 时,孔径和孔隙率随烷基链长度变化很小;当 $n \geq 10$ 时,孔径和孔隙率随烷基链长度增大而增大。进一步研究表明,羧酸与钛醇盐在反应中形成的复合物,对于 $n \geq 10$ 的羧酸,其与钛醇盐形成的复合物为层状,层间距随羧酸烷基链碳数的增加而增大,孔径也随之增大,煅烧时随着有机物的消失,层状结构坍塌,TiO_2 颗粒结晶为锐钛矿相聚集体并形成孔结构。该方法形成介孔的机理与 MCM – 41 不同,羧酸未起到真正的模板剂作用,但层状中间相的形成是控制孔径的重要因素。

1.6 介孔材料的表征方法

介孔材料的物理和化学性质是与材料的结构紧密相关的。介孔材料的合成、修饰改性等都需要了解其详细的结构和性能信息来达到分析其用途的目的。因此在有序介孔材料的研究中,对结构的分析和性能的表征显得尤为重要。目前,介孔材料的组成、微观结构及宏观形态等分析方面的测试技术有 X 射线衍射、气体吸附法、电子显微技术、固体核磁共振、红外光谱、紫外漫反射 – 可见光谱分析及热重分析等多种分析手段。

1.6.1 X 射线衍射

衍射是研究晶体材料的长程周期性结构最有效的方法。物质的每种晶体结构都有自己独特的 X 射线衍射图,而且不会因为与其它物质混合在一起而发生变化,这是 X 射线衍射法进行物相分析的依据。

晶体中的周期性有序排列的原子可以被抽象成空间点阵,当波长为 λ 的 X 射线入射到任一点阵平面上,在这一点阵平面上各个点阵的散射波入射角与反射角相等,入射角、反射角和晶面法线在同一平面上,如图 1 – 27 所示。

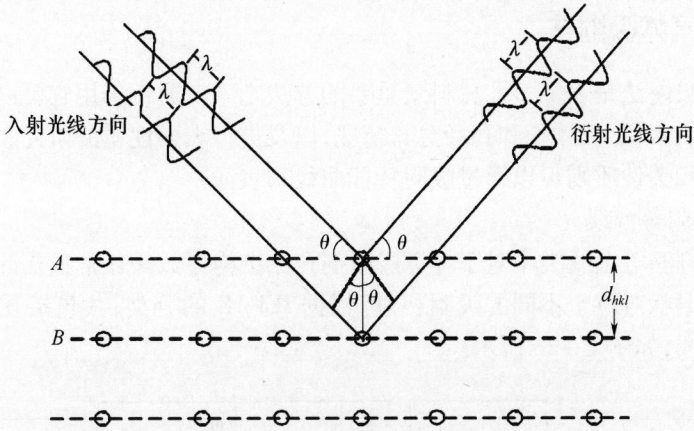

图 1 – 27　Bragg 方程示意图

X 射线的入射点与点阵平面的交角为 θ 角,当满足

$$2d_{hkl}\sin\theta = n\lambda \qquad\qquad (1-1)$$

的关系时,由于各个点阵面的散射波的光程差为波长的整数倍,它们的位相角都相同,散射波经叠加后相互加强,从而产生衍射。上式称为 Bragg 方程,式中,h,k,l 称为衍射指标,与 hkl 相对应的衍射角为 θ,在同一组点阵平面上可以产生 n 级衍射,n 为衍射级数,它是有限的正整数。由 Bragg 方程可知,晶体的每一衍射都必然和一组间距为 d 的晶面组相联系:

$$d = n\lambda/\sin\theta \qquad\qquad (1-2)$$

对于具有规则孔道结构的有序介孔材料 MCM – 41,Kruk[119] 提出由 XRD 图谱中 d_{100} 计算孔径,如式(1 – 3)所示:

$$w = cd\left(\frac{\rho V_P}{1 + \rho V_P}\right)^{1/2} \qquad\qquad (1-3)$$

其中:w 为孔径;c 为几何结构因子,$c = (8/(3^{1/2}\,\pi))^{1/2} = 1.213$(圆孔时为 1.213,六角形孔为 1.155);d_{100} 为(100)面的面间距;ρ 为孔壁的密度,$\rho = 2.2\mathrm{g}/\mathrm{cm}^3$,$V_P$ 为单位质量的介孔孔容。

介孔的壁厚可表示为 $b_d = a_0 - w_d$,a_0 为晶胞参数,对于含有微孔的有序介孔材料,Kruk[120] 提出了如下计算孔径的公式:

$$w = 1.05a\left(\frac{V_P}{1/\rho + V_P + V_{mi}}\right)^{1/2} \qquad\qquad (1-4)$$

其中:V_{mi} 为单位质量的介孔孔容。

1.6.2 气体吸附法

气体吸附法是表征多孔材料最重要的方法之一。通常采用它可以测定多孔材料的比表面积、孔体积和孔径分布情况,以及进行表面性质的研究。孔道结构的类型和相关性质则可以通过吸附特征曲线来表征。

1. 吸附等温线

正确判断等温线类型对于计算吸附剂孔隙结构参数是非常重要的。不同吸附等温线形状对应于不同的吸附机理,根据 IUPAC 的分类,共包括 6 种类型的吸附等温线,如图 1-28 所示。

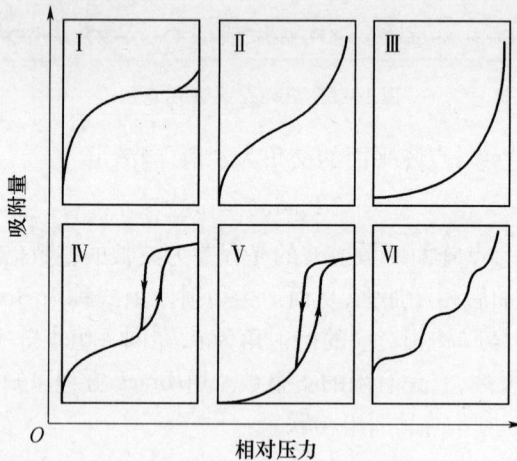

图 1-28 6 种类型的吸附等温线

Ⅰ型适用于化学吸附、无孔均一表面的单分子层吸附或微孔吸附剂的容积填充机制。气体在微孔吸附剂(活性碳、分子筛)上的吸附等温线呈现Ⅰ型,亚临界温度下吸附机理主要是孔填充。微孔内相邻壁面的气固作用势能相互叠加,使得微孔对气体的吸附作用显著增强,低压下吸附量便迅速升高,达到一定值后等温线出现平台,压力继续升高吸附量基本保持不变。

Ⅱ型适用于大孔或无孔均一固体表面的多分子层吸附。由于吸附剂表面的吸附空间没有限制,随着压力的升高吸附由单分子层向多分子层过渡。

Ⅲ型适用于大孔或无孔吸附剂的多分子层吸附,但吸附质与吸附剂分子之间相互作用较弱,第一层分子吸附热小于以后各层分子吸附热。

Ⅳ型适用于介孔吸附剂,吸附剂机理为毛细凝聚。由于吸附过程和脱附过程的 Kelvin 半径不一样,使得两个过程不能完全重合,所以有滞留回线。以 Kelvin 方程为基础,可以计算出吸附剂孔径分布。

34

Ⅴ型适用于介孔或微孔吸附剂,且吸附质与吸附剂分子之间相互作用较弱,同Ⅳ型等温线一样,由于有介孔存在,所以有滞留回线。

Ⅵ型等温线又称作阶梯状等温线,结构简单的非极性分子如:Ar、Kr、Xe等在能量均匀的吸附剂表面的吸附可以得到Ⅵ型等温线,随着温度的升高,等温线的阶梯状变得越来越不显著。等温线的垂直上升段可以认为是发生了两维相变,通过与吸附质在自由空间内发生的三维相变进行类比可以得到两维相图。

2. 吸附－脱附滞后环

迟滞作用也是由于孔的连通效应导致的,迟滞环的形状本身被简单地解释成孔穴的几何效应。IUPAC按形状将迟滞环分为4类——H1、H2、H3、H4,如图1-29所示。

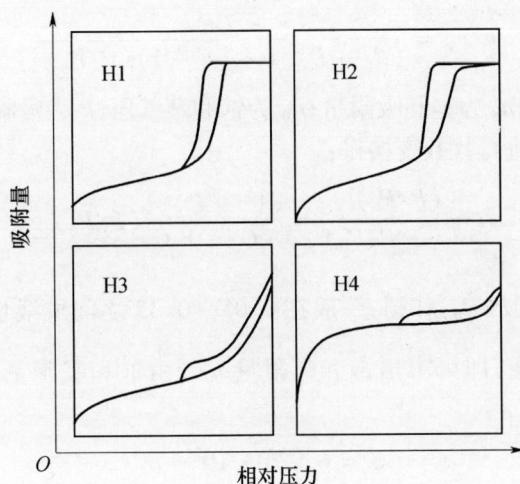

图1-29 吸附－脱附滞后环的分类

H1型迟滞环展示出平行和几乎直的滞后回线,多由孔尺寸高度均一和形状规则的简单连通孔造成的,常见的孔结构有孔径均一分布较窄的圆柱形的独立细长孔以及大小均一的球形粒子堆积而成的孔穴。

由于发生毛细冷凝现象,H2型迟滞环的吸附曲线(右线)逐渐上升,而突然下降的脱附曲线(左线)几乎直立,吸附质突然脱附,空出孔穴,相应的孔结构常常归因于墨水瓶孔(口小腔大)。根据Kelvin定律,越小孔径中的气体在越低的压力下发生毛细凝聚,对于这种口小腔大的瓶状孔,吸附时凝结在孔口的液体为孔体的吸附和凝聚提供蒸气,而脱附时则挡住孔体蒸发出的气体,必须等到孔口的液体蒸发汽化后开始脱附。也就是说,吸附线体现的是孔腔处的情况,而脱附线体现的是孔颈处的特征。

H3 型迟滞环是由不均匀的狭缝状孔引起的。

H4 型迟滞环是由形状和尺寸均匀的狭缝状孔引起的。

3. 比表面积

多孔材料比表面积通常都是通过吸附方法来确定的。早在 1911 年,Marc 就试图利用吸附法来确定无机粉末的比表面积。1916 年,Langmuir 方程的提出为气体吸附奠定了理论基础。在前人研究基础上,Brunauer、Emmett 和 Teller 于 1938 年共同提出了 BET 方程。尽管 BET 方程最初是用来描述无孔粉末材料的吸附行为,在理论方面也存在一些缺陷,但其已经成为确定多孔材料,尤其是介孔材料比表面积最为经典的方法。

BET 方程的一种表达式为:

$$n/n_s = \frac{CP}{(P_0 - P)[1 + (C-1)(P/P_0)]} \tag{1-5}$$

式中:n 为吸附量;n_s 为饱和吸附量;P_0 为饱和蒸气压;P 为吸附压力;C 为常数。

将式(1-5)进行代数变换得:

$$\frac{(P/P_0)}{n(1-P/P_0)} = \frac{1}{n_s C} + \frac{C-1}{n_s C}(P/P_0) \tag{1-6}$$

由 $\dfrac{(P/P_0)}{n(1-P/P_0)}$ 对 (P/P_0) 作图,一般在 0.05 ~ 0.35 之间成线性关系,利用线性拟合的斜率和截距,即可求出饱和吸附量 n_s。由饱和吸附量可以求出比表面积,其计算公式如下:

$$S = 6.023 \times 10^{23} n_s \sigma \tag{1-7}$$

式中:S 为比表面积;σ 为分子的截面积,通常认为 77K 时氮气分子的截面积为 $1.62 \times 10^{-20} \mathrm{m}^2$。

BET 理论假定固体表面是均匀的,同一层分子之间没有相互作用力,从第二层开始的吸附类似于液化过程。理想化假设使其适用范围受到限制。适用范围与吸附剂和吸附质密切相关,一般来说,相对压力 $(P/P_0) < 0.30$,但有些吸附剂只适于 $(P/P_0) < 0.10$。

尽管 BET 方法存在着一定的缺陷与不足,但是对于介孔吸附剂形成的 Ⅳ 型等温线,BET 方法是描述此类吸附最成功的模型,已被公认为求比表面积的标准方法。

4. 孔径分析

准确估算吸附剂孔径分布对于了解吸附剂性能是至关重要的。研究者们在这方面做了大量的工作,建立了许多计算模型,主要包括压汞法和基于 Kelvin

方程的方法。下面将对这两种计算方法做简要介绍。

1）压汞法

早在 1921 年，Washburn[121]提出了圆筒形孔的半径 r 与压差 ΔP 满足如下关系式：

$$r_p = -\frac{2\gamma\cos\phi}{\Delta p} \qquad (1-8)$$

式中：γ 为汞的表面张力，一般认为 $\gamma = 480\text{m/N}$；ΔP 为汞与孔内气体之间压力差；ϕ 为汞与固体表面接触角。

接触角大小不仅受汞与多孔材料表面接触情况影响，还与固体表面物理化学性质有关，文献中报道的接触角大都在 $135° \sim 150°$，多数研究者都采用 $\phi = 140°$。接触角与固体表面性质密切相关，应用时应根据被测定物质选用恰当的接触角。

根据压差和压入孔内汞体积可以确定对应尺寸孔径体积。压汞法通常用来测定催化剂、粘土等多孔物质的孔径分布。压汞法可以简单、快速地测定出大孔材料孔径分布来，但是当压力很高时有可能会破坏多孔材料的孔结构，对于存在墨水瓶形孔的材料，压汞法就不能准确反映出其孔径分布信息。

2）基于 Kelvin 方程的方法

由于表面张力作用，在介孔内吸附时就会发生毛细凝聚现象，当相对压力达到 1 时，所有孔都被填充满，并且在一切表面上都开始发生凝聚。相反，随着气体相对压力由 1 逐渐降低时，半径由大到小依次蒸发出孔中凝聚液。

开始发生蒸发的孔，其孔半径 r_m 与对应的相对压力之间满足 Kelvin 方程：

$$\ln\frac{P_D}{P^0} = -\frac{2\gamma V_L}{RT}\frac{1}{r_m} \qquad (1-9)$$

式中：γ 为凝聚液表面张力；V_L 为凝聚液摩尔体积。吸附压力达到饱和蒸汽压时，$r_m \rightarrow +\infty$。在计算过程中，认为吸附相为不可压缩流体。假定凝聚液表面张力和密度与主体液相相同。以氮气为吸附质，在液氮温度下达到平衡时有：$\gamma = 8.85\text{mN/m}$，V_L 为 34.65ml/mol。

在脱附过程中，凝聚液已蒸发到孔壁上，但仍然吸附着一定厚度的吸附质分子，吸附层厚度 t 与相对压力 P/P_0 有着紧密的关系。实际孔半径 r_P 与孔半径 r_m 之间有如下关系：

$$r_P = r_m\cos\phi + t \qquad (1-10)$$

式中：ϕ 为接触角，通常认为 77K 时氮气与吸附剂表面接触角 $\phi = 0$。

当以毛细凝结吸附等温线时，吸附膜—气相间圆柱界面的 Kelvin 方程转变

为:

$$\ln \frac{P_A}{P_0} = -\frac{\gamma V_L}{RT}\frac{1}{r_m} \qquad (1-11)$$

基于 Kelvin 方程计算孔径分布方法很多。最初在 Foster 的研究中,由于缺少计算吸附层厚度理论,从而忽略了吸附层厚度变化带来的影响。这在计算较小尺寸孔径时就会带来较大的误差。实际上当平衡压力由 p_1 降至 p_2 时,吸附量的降低来自两方面:一方面是对应孔径中凝聚液的蒸发;另一方面是没有发生凝聚孔壁上吸附层厚度的减薄。

用 Kelvin 方程计算孔径大小时,对于孔的形状必须给出一个假定,因为不同形状的孔其曲率半径与相对压力之间的关系不同。在各种经典的计算孔分布的方法中,BJH 是最通用的方法。此外,BDB 法和 KJS 法也是孔径分布应用比较多的方法。

(1)BJH(Barrett – Joyner – Halenda)法。BJH 方法有如下的几条假设:①孔为坚固的圆柱状;②半球形液面与吸附膜的接触角为 0°;③Kelvin 方程适用于整个计算过程;④对于多分子层厚度能够进行准确校正。

在孔发生毛细凝聚以前,对于未充满凝聚液的孔来说,Halsey[122],Harkins 和 Jura[123] 分别提出关于壁面上吸附层厚度 t 与相对压力 p/p_0 的经验方程:

$$t = t_m \left(\frac{-5}{\ln(p/p_0)} \right)^{1/3} \qquad (1-12)$$

式中:t_m 为单分子层厚度。

$$t = \left(\frac{13.99}{0.34 - \log(p/p_0)} \right)^{1/2} \qquad (1-13)$$

BJH 孔径分布一般由 77K 氮气脱附等温线数据,通过吸附层厚度公式(式(1-12)或式(1-13))和 Kelvin 方程进行计算。

(2)BDB(Broekhoff – De – Boer)法。Broekhoff – De – Boer 首先引入了 Derjaguin 提出的解析压力(disjoining pressure)概念来衡量流体 - 固体相互作用势能,即 BDB 理论。该理论考虑了表面力对平衡和吸附膜稳定性的影响,从而与 Kelvin 公式对毛细凝结和蒸发的描述有很大不同。对于圆柱孔,平衡时吸附膜的厚度取决于凝结和解析压力之间的平衡:

$$\Pi(t)V_L + \frac{\gamma V_L}{r_p - t} = RT\ln(p_0/p) \qquad (1-14)$$

解析压力等于流体 - 固体分子间相互作用的总和,BDB 理论认为解析压力 $\Pi(t)$ 和表面张力与孔壁的曲率无关,可将平面上吸附膜的解析压力应用于式

$(1-14)$，因此由 Frenkel – Halsey – Hill(FHH) 等式给出 $\Pi(t) \propto t_m$。77 K 氮气在不同吸附剂上吸附时，$m \approx 2.2 \sim 2.8$。BDB 理论假定，当吸附膜达到稳态极限时毛细凝结便会发生，临界膜厚度 $t = t_{cr}$ 时对应的稳态极限表示为：

$$-\left(\frac{\mathrm{d}\Pi(t)}{\mathrm{d}t}\right)_{t=t_{cr}} = \frac{r}{(r_p - t_{cr})^2} \qquad (1-15)$$

因此圆柱孔中毛细凝结的条件由式 $(1-15)$ 确定。Broekhoff 和 De Boer 得到如下吸附层厚度的公式[124]：

$$\log\left(\frac{p}{p_0}\right) - \frac{13.99}{t^2} + 0.034 = \frac{2.025}{r-t}, \quad t < 10\text{Å} \qquad (1-16)$$

$$\log\left(\frac{p}{p_0}\right) - \frac{16.11}{t^2} + 1.1682\exp(-0.1137t) = \frac{2.025}{r-t}, \quad t \geqslant 10\text{Å}$$

$$(1-17)$$

由上式 $(1-14)$ ~ 式 $(1-17)$ 就可计算出孔径分布。

（3）KJS(Kruk – Jaroniec – Sayari) 法。MCM – 41 有序介孔材料的出现，使我们能够用实验的方法来验证 Kelvin 方程在计算凝聚压力与孔径关系方面的可靠性，同时能够准确地得到统计的吸附膜厚度与压力的关系。Kruk 和 Jaroniec[111, 112] 用孔径 2nm ~ 6.5nm 的 12 种 MCM – 41 有序介孔材料通过 77K 氮气吸附来校正 Kelvin 方程，以及统计的吸附膜厚度，得到了两个重要的关联式：

$$r(p/p_0) = \frac{2\lambda V_l}{RT\ln(p/p_0)} + t(p/p_0) + 0.3 \qquad (1-18)$$

$$t(p/p_0) = 0.1\left[\frac{60.35}{0.03071 - \log(p/p_0)}\right]^{0.3968} \qquad (1-19)$$

式 $(1-18)$ 中低压段的吸附膜厚度 t 是通过 MCM – 41 有序介孔材料实验数据拟合出来的，高压段的厚度 t 用 Lichrospher Si – 4000 硅胶的实验数据拟合，该关联式的适用相对压力范围为 0.1 ~ 0.95。式 $(1-19)$ 为改进的 Kelvin 方程仅适用于圆柱形孔的吸附段，可以由相对压力直接计算出临界孔径。Kruk 和 Jaroniec 用 BJH 方法，通过上述两个关联式，精确地计算出一系列 MCM – 41 有序介孔材料的孔分布，其结果与用其他方法的计算结果非常吻合。

以 Kelvin 方程为基础的计算方法都可以合理地描述介孔材料孔径分布，但是都不能真实地反映出微孔情况，因为当孔径只有分子直径的几倍时，孔内力场就会叠加并显著加强，这时就不能用简单的 Kelvin 方程来描述微孔内的吸附。

1.6.3 电子显微技术

利用透射电子显微镜来研究材料的结构,不仅能显示材料内部的组织形貌衬度,而且还能获得许多与材料晶体结构有关的信息(包括点阵类型、位相关系、缺陷组态等),如果配备加热、冷却、拉伸等装置,还能在高分辨条件下进行薄膜的原位动态分析,直接研究材料的相变和形变机理,以及材料内部缺陷的发生、发展、消失的全过程,能更深刻地揭示其微观组织和性能之间的内在关系。

高分辨透射电镜为研究介孔材料结构的非常直接和有效的方法。非晶态物质的透射电镜衬度来源于电子束穿过此物质时与之作用的原子的数量和种类的不同,即质量厚度不同。当电子束从某些特定的方向穿透样品时,介孔结构将使得其透过密度呈周期性变化,因此产生具有周期花样的投影图像。目前已知的有序介孔材料的结构几乎都是利用高分辨透射电镜来确定的。

如想了解材料表面形貌的细微结构,尺寸较大、分辨率要求低时,可用扫描电子显微镜,它有很大的景深,在放大倍数为 1 万倍时,有 $1\mu m$ 景深,有很强的立体感,不仅能观察物质表面局部区域细微结构情况,还能在仪器轴向较大尺寸范围内观察各局部区域间的相互几何关系。用普通扫描电子显微镜只能观察材料的微米级孔结构,因此普通扫描电子显微镜一般多用于观测大孔材料;对于分辨率要求很高的多孔材料的表征,如微孔和介孔材料,则需要用场发射扫描电子显微镜(Field Emission Scanning Electronic Microscopy,FESEM),又称为高倍数扫描电镜,它可以实现高分辨率观察。

1.6.4 固体核磁共振

核磁共振(NMR)是基于原子核对射频辐射(Radiofrequency radiation)的吸收现象。它是对各种有机和无机物的组成和结构进行定性分析的最强有力的工具之一,有时也可进行定量分析。

固体硅核磁共振谱($^{29}Si-MAS-NMR$)是分析介孔硅基材料孔壁微结构的最有力的手段,它可以探知无机孔壁中不同聚合度的硅物种的存在,如从 MCM-41 介孔材料的 $^{29}Si-MAS-NMR$ 谱图与无定形二氧化硅的谱图具有相似性出发,即可证实 MCM-41 的孔壁具有无定形性质,从而在原子水平上给出介孔材料的无序结构准晶态特征。另外,$^{29}Si-MAS-NMR$ 谱图中在 $-100ppm$ 和 $-110ppm$ 处存在两个共振峰,分别归属为 Q_3(即 $Si(OSi)_3OH$)和 Q_4(即 $Si(OSi)_4$)环境的硅物种,少数情况下也可能在 $-90ppm$(归属为 Q_2)会出现一较小的峰。根据这些分析可以推测硅骨架中硅物种的聚合度的情况,还可以根据不同硅物种分布情况,进一步计算出硅羟基的数量。这个性质会影响材料的热稳定性和水热稳定性,以及表面酸中心的密度。

1.6.5　红外光谱

　　光谱技术是根据原子、分子或原子和分子的离子对电磁波的吸收、发射或散射来研究原子、分子的物理过程。光谱技术对晶体和无定形材料中原子的局部环境更为敏感。红外光谱(IR)和拉曼光谱属于振动光谱,可用于分析材料中的极性键的振动状态获得分子结构信息。

　　红外光谱可以表征化学键、识别化合物和结构中的官能团等。红外光谱方法具有用量少、样品处理简单、测量手段快、操作方便等优点。在介孔材料的结构研究中,红外光谱也是一种不可缺少的重要工具。其在介孔材料中的应用主要有:介孔材料骨架构型的判别、骨架元素的组成分析、阳离子分布情况、表面羟基结构、表面酸性、催化性能以及介孔材料客体结构等方面。

　　研究介孔材料的骨架振动多采用溴化钾压片法或矿物油涂膜法制备样品,在测定脱水、酸性或催化反应的原位表征时,则需要纯样品。其测定区域一般为 $200cm^{-1} \sim 4000cm^{-1}$,晶格水及羟基谱带分布在 $3700cm^{-1}$ 及 $1600cm^{-1}$ 附近,$200cm^{-1} \sim 1300cm^{-1}$ 区域的谱峰主要是介孔材料骨架振动谱带。

1.6.6　紫外漫反射 – 可见光谱分析

　　在金属掺杂的介孔材料中,骨架中的金属原子与硅原子都有明显的吸收特征,因此可以用紫外漫反射 – 可见光谱(UV – Vis DRS)来表征含金属的介孔材料。介孔材料骨架上的杂原子与骨架外呈聚集态的杂原子氧化物物种相比,由于各自配位场的不同,在谱图中由于电子跃迁所致的特征吸收峰也会有差异。一般地,以高分散形态存在于分子筛骨架中的金属物种与骨架金属氧化物物种在 190nm ~ 600nm 波长范围有完全不同的吸收特征,其中前者在 190nm ~ 230nm 范围有吸收峰出现,后者在 300nm ~ 480nm 之间有强而宽展的吸收谱带。因此可以利用骨架杂原子的特征电子跃迁峰的位置来直接判断杂原子是否进入介孔材料骨架结构中。现今,紫外漫反射—可见光谱被广泛应用于含 Ti、Co、V、Ce、W 等硅基介孔材料的表征。

1.6.7　热重分析

　　热重分析(Thermo Gravimetric Analysis,TGA)是一种通过测定分析样品在加热过程中质量变化而达到分析目的的方法。即将一定质量的样品置于具有一定加热程序的称量体系中,测定记录样品随温度变化而发生的质量变化。以分析物质量(%)为纵坐标,温度为横坐标所得的曲线即为 TGA 曲线。

采用 TGA 分析可以确定结构中水和有机模板剂的量,表面吸附水在较低温度(约 110℃ 以下)失去,孔道内部的水视结构和阳离子的不同而不同。由于有机模板剂在高温下会分解、氧化或燃烧,因此可以测得分解、氧化或燃烧的温度(一般为 300℃ ~600℃)及相应的质量损失率。该法用于测定介孔材料的吸附量、水含量、脱水及结构中其他不稳定成分(如有机模板剂)的分解温度、相变温度、结构塌陷温度等。这对介孔材料的水热和热稳定性、吸附性能以及催化剂再生性能等的研究有重要意义。

在高温下,介孔材料会发生骨架坍塌,此过程会放热,可用差热分析(Differential Thermal Analysis,DTA)进行测定。差热分析是最先发展起来的热分析技术。当给予被测物和参比物同等热量时,因二者热性质不同,其升温情况必然不同,通过测定二者的温度差达到分析目的。以参比物与样品间温度差为纵坐标,以温度为横坐标所得的曲线,称为 DTA 曲线。在介孔材料的热分析中,DTA 在低温区(600℃ 以下)的放热或吸热峰与热重的失重阶段有对应关系,它的吸放热峰通常是由于脱水、脱有机模板剂、有机物分解、氧化燃烧等引起;如果在 600℃ ~1200℃ 高温区间有明显吸放热现象,则与材料骨架结构的塌陷及晶格重组生成新的致密相有关。

1.7 介孔材料的应用

相比介孔材料的合成而言,人们更为关注的是介孔材料的应用,下面对介孔材料在催化、分离、生物医药、材料制备和光电等领域的应用情况加以介绍。

1.7.1 介孔材料在催化领域的应用

目前,国内在介孔材料应用方面的研究主要集中在催化领域,介孔材料具有高的比表面积和规则有序的孔道结构,是催化剂的优良载体,杂多酸、胺类、金属氧化物和过渡金属络合物等催化剂都可以通过材料的表面改性组装入介孔孔道。

1. 介孔材料作为催化剂

1) 酸催化

纯硅基介孔材料(如 MCM – 41)由于表面只存在 Si—OH 键,因而酸性很弱。和沸石分子筛材料一样,只要在合成时采用三价阳离子(如 Al^{3+}、B^{3+}、Ga^{3+} 和 Fe^{3+} 等)取代骨架硅原子后即可形成酸性活性中心。Trong 等[125, 126]研究了不同硼源和不同处理方法对硼取代 MCM – 41 介孔材料稳定性的影响以及该材料的酸催化活性,结果显示,这种 B – MCM – 41 介孔材料能高效催化异丁烯与甲醛的 Prins 缩合反应,其选择性达 100%。对 Al、Ga 和 Fe 原子取代硅基介孔材料的酸催化活性研究得较为广泛[127-129],掺杂材料酸强度及酸催化活性顺序为 Al > Ga > Fe。Fe - MCM - 41 材料只有微弱的酸性且绝大部分为 Lewis 酸位,热处理后大部分 Fe 会从骨架中析出。与此相反,Al 掺杂硅基介孔材料显示出很强的酸性且既有 Lewis 酸位又有 Brönsted 酸位。在许多情况下,采用铝进行硅基介孔材料的骨架掺杂是增强其酸性的最佳选择。

掺杂后,铝在硅基介孔材料的骨架中有两种存在状态:大部分为四配位,由它产生 Brönsted 酸位;其余为六配位,由它产生 Lewis 酸位。人们系统地研究了铝掺杂硅基介孔材料的酸性质[130-137],发现通常情况下其酸性位数量与骨架中的铝含量成正比,增加骨架中的铝含量能增加酸性位,但是其酸强度总是比相应的无定形硅铝材料低,而且增加骨架中的铝含量会造成介孔材料有序度的降低。铝掺杂介孔材料的(水)热稳定性强烈依赖于骨架中的 Al/Si 比以及铝原子在骨架中的存在状态[138],在焙烧前铝绝大部分以四配位形式存在,热处理后一部分铝会从骨架中析出。Biz 等[139-141]发现铝掺杂介孔材料有限的稳定性以及铝在硅骨架中的掺杂与合成所用的铝源有关。Reddy 等[142]采用不同的铝源进行掺杂,研究了铝源与介孔材料稳定性的关系,发现在溶胶中铝能以单个离子存在而不是以聚合形式存在的铝源更容易进入硅介孔材料的骨架(如铝酸钠),使用这种铝源前驱体合成相应的硅铝介孔材料能达到最大的 Al/Si 比。

具有酸性位的介孔材料还可以用作酸性载体负载其他金属和金属氧化物,作为多功能催化材料应用于氢化裂解等多步催化反应。现在使用的氢化裂解催化剂大部分为沸石类分子筛或无定形硅铝负载的金属氧化物材料。对于掺杂介孔材料,由于其比表面积较大,负载的过渡金属氧化物能够均匀分布,同时其骨架中的铝可提供合适的酸性位。

2) 碱催化

在硅基介孔材料骨架中掺杂三价的铝离子可以产生剩余正电荷,结合一个质子后形成酸性位,将此掺杂介孔材料浸渍在碱性氧化物的盐溶液中进行离子交换,即可使该介孔材料产生碱性位,碱性氧化物阳离子荷/径比越小,相应介孔骨架中氧的碱性越强[143]。Kolestra 等[144]首先采用 Na$^+$ 和 Cs$^+$ 与 Al - MCM - 41 介孔材料进行离子交换制备了介孔碱催化剂,并通过 CO$_2$ 程序升温脱附(TPD)研究了其碱性强度。结果显示,碱性位的数量与原介孔骨架中的 Al 含量有关,Al 含量越高,离子交换生成的碱性位越多,碱强度越高。此催化剂对苯甲醛与丙烯腈的 Knoevenagel 缩合反应具有高的催化活性[145]。

除了上述通过离子交换在掺杂介孔材料中引入碱性位来制备碱性介孔催化

材料外,近来又发展出一种新型碱性介孔催化材料,在该催化材料中,碱性位不是通常情况下的氧原子,而是氮原子,即氮化物和氮氧化物介孔材料。这种新型碱性介孔催化材料源于氮化物固体碱的发现与开发。无定形氧化硅[146,147]、磷酸铝[148]、磷酸锆[149]和钒酸铝[150]等化合物在973K~1173K温度下与氨气反应,其中的氧原子部分或全部被氮原子取代,形成一种新的固体碱。虽然其碱性位的形成机理还不是很清楚,但研究发现,氮化引入氨基和亚氨基的假设无法解释这种高的碱强度,碱性位只能是由骨架结合的氮引起的,其具体机理还在探索中[151]。

Kaskel 等[152-154]使用 SiCl₄ 和 NH₃ 经过多步高温反应制成了氨基化硅和氮化硅介孔材料,并研究了它们的碱催化性能。尽管其介孔为无序结构,但仍具有较高的比表面积和较窄的孔径分布,该催化材料对甲苯与苯乙烯的侧链烷基化反应具有很高的催化活性,10min 内转化率达100%。该材料负载钾盐后可作为超强碱催化剂催化烯烃异构化反应,259K 下 10min 内 2,3 - 二甲基 - 1 - 丁烯全部转化为 2,3 - 二甲基 - 2 - 丁烯。Xia 等[155]以具有 MCM - 48 结构的介孔氧化硅为前驱体,通过氨气高温氮化方法制备出高度有序的氮氧化物介孔材料(含氮量 14.8%),并研究了其碱催化性能。该催化剂催化苯甲醛与丙二腈 Knoevenagel 缩合反应的转化率为 96%,选择性达 100%。

3)氧化还原催化

在纯硅基介孔材料骨架中掺入过渡金属离子(如 Ti、V、Cr 和 Zr 等)后,介孔材料显示出优越的氧化还原性能。

钛掺杂介孔材料可以作为石蜡、烯烃和醇等有机物氧化反应的催化剂,是大孔 Ti - β 分子筛的扩展和延伸,可通过在合成介孔材料的溶胶中直接加入钛前驱体(如钛酸乙酯[156,157]、钛酸异丙酯[158]、钛酸丁酯[159]和硫酸氧钛[160]等)与白碳黑和正硅酸乙酯等硅源混合水解来制备。Corma 等[161]首先报道了 Ti - MCM - 41(Si/Ti 比 60,比表面积 936m²/g)催化烃类的选择性氧化,这种催化剂有 2nm ~ 3nm 的孔径,能催化烯烃环氧化、硫醇氧化为亚砜和砜等反应。钛掺杂介孔材料除了可以作为有机物氧化反应的催化剂外,还可以用于 CO_2 光催化还原[162]和乙酸分解[163]等反应。

钒掺杂介孔材料的制备可以用钒酸铵、硫酸氧钒或氯化钒作为前驱体。Luca 等[164]证明钒掺杂介孔材料的比表面积与合成所用的溶剂以及介孔骨架中的钒含量有关,钒含量越高,掺杂介孔材料的比表面积越小。钒掺杂介孔材料和钛掺杂介孔材料一样对有机物的分解、还原以及氧化反应都有选择性催化作用,且在 H_2O_2 和叔丁基过氧化氢存在下对苯酚、萘和环十二醇的氧化反应具有更高的催化活性[165]。实验还发现,V - MCM - 41 能高效催化环十二醇和 1 - 萘酚的部分氧化[166]。Dai 等[167]还在强酸性条件下合成了立方相的 V–SBA–1 材料 (Si/V<20)，它具有两套不同的孔道结构（孔径分别为 2nm 和 4nm），这种三维孔道网络结构更加有利于反应物及生成物的转移与扩散。

锆掺杂介孔材料的制备可以用硝酸氧锆、正丙醇锆、异丙醇锆和氯化氧锆作为前驱体。Gontier 等[168, 169]的研究结果显示，在 H_2O_2 和叔丁基过氧化氢为氧化剂时，Zr–MMS 对多种有机物如降莰烯、苯胺和环己烯等的氧化反应有较高的催化活性和选择性，但其环氧化反应的选择性比 Ti–MMS 低。Gontier 等认为这与锆掺杂介孔材料骨架中 Zr^{4+} 的强 Lewis 酸性有关；Wang 等[170]也发现在 Zr–MCM–41 中同时存在 Lewis 酸位和 Brönsted 酸位，且酸强度与骨架中的 Zr 含量以及酸位密度成正比。因此，这种锆掺杂介孔材料除了用于催化氧化还原反应外，还可用于酸催化反应。

同样，铁掺杂介孔材料也可以同时作为酸催化和氧化还原催化材料。有关介孔材料中掺杂铁的报道很多[171]，Tuel[172]报道了在使用伯胺的中性条件下合成铁掺杂骨架的介孔材料，用溶剂萃取除去有机模板剂，所得介孔材料的 Si/Fe 比为 10。Fe–MMS 材料对芳烃的羟基化反应和烯烃的环氧化反应有着很高的催化活性[173]；它们还被用在催化苯的甲基化反应[174]，其选择性可以达到 100%；对丙烯低聚反应也有很高的催化活性[175]。

除了通过在纯硅基材料的骨架中引入过渡金属离子使介孔材料本身成为氧化还原催化剂外，近年来非硅基介孔材料如过渡金属氧化物介孔材料的开发和应用为氧化还原催化反应拓展了新的发展空间。Antonelli 等[176]利用改进的溶胶–凝胶工艺合成了六方相的 TiO_2，随后又利用配位体辅助模板机理成功合成了 Nb_2O_5/Ta_2O_5 介孔材料。Stone 等[177]对介孔 TiO_2/Nb_2O_5 上的 2–丙醇光催化氧化反应进行了研究。Larsen 等[178]以十二烷基硫酸钠为表面活性剂，经 848K 焙烧合成了有序介孔氧化锆材料，并研究了低温下正丁烷的异构化及裂解等催化反应。

Tian 等[179]报道了一种具有半导体特性的六方相及立方相介孔结构的氧化锰（MOMS），它具有由微晶的 Mn_2O_3、Mn_3O_4 和 MnO_6 等多价态氧化物组成的无机骨架，具有特别高的热稳定性，对环己胺氧化及温和条件下烷烃氧化成相应的醇或酮等多种反应具有很高的催化活性。研究显示这种介孔氧化锰是一种选择性氧化催化剂，可以避免有机物的完全氧化。

2. 介孔材料作为催化剂载体

1）负载金属及金属氧化物

金属在介孔材料中的负载常采用两种方法：一种是共沉积法，即在合成介孔材料时直接加入金属前驱体，除去表面活性剂后进行还原。另一种是后移植法，先将金属前驱体分散在介孔孔道中,然后进行干燥、焙烧和还原等后处理。前一种方法由于金属装载量小且只有少量金属位于孔道表面,因而较少使用。后一种方法中将金属前驱体引入孔道一般可以采用浸渍法、离子交换法、平衡吸附法、配位络合法以及气相沉积法等,将含有金属前驱体的介孔材料还原后即可得到介孔材料负载的金属催化剂。

贵金属铂在介孔材料中的组装及其催化性能研究得较为广泛,它是催化加氢的良好催化剂。Yao 等[180]利用气相沉积法制备了负载 Pt 的介孔材料。Armor 等[181, 182]采用[Pt(NH$_3$)]$^{2+}$与 Al – MCM – 41 离子交换及焙烧还原的方法制得的催化材料对苯、菲和萘的催化加氢以及烯烃和 1, 3, 5 – 三异丙基苯的氢化裂解都具有较高的催化活性。

金属氧化物在介孔孔道内的负载除了可以采用与金属负载相同的方法外,还可以通过金属醇盐等前驱体与硅基介孔材料表面的 Si—OH 作用来实现。

介孔材料负载的 TiO$_2$ 通常用作以过氧化氢为氧化剂的氧化反应和光催化反应的催化剂。其制备通常采用四氯化钛、钛酸乙酯和异丙醇钛等钛源与硅基介孔材料一同水解然后焙烧的方法。Xu 等[183]采用异丙醇钛在硝酸和乙醇存在下通过控制水解制备钛溶胶,最终将 TiO$_2$ 附着在介孔 Al – MCM – 41 表面,该材料对水溶液中苯乙酮降解反应的催化活性高于 TiO$_x$ – MCM – 41。TiCl$_4$ 与合成的硅基介孔材料 MCM –41/FSM –16 作用,经焙烧除去表面活性剂后得到在介孔中高度分散的 TiO$_2$ 纳米团簇,该材料对若丹明的光降解反应和 H$_2$O$_2$ 氧化 α – 松油醇反应有较高的催化活性[184]。Walker 等[185]发现负载 Ti(Ⅳ)的 MCM – 41 和 MCM – 48 无论是在水溶液中还是在有机溶剂中都能高效催化酚红的过氧化溴反应。这是首次发现的同样条件下仿生物过氧化物酶的催化反应。

介孔材料负载的高分散 Cr$_2$O$_3$ 是工业上用于聚合、脱氢以及 NO$_x$ 选择性还原等反应的催化剂。Rao 等[186]将 Cr(acac)$_3$ 引入 Al – MCM – 41 介孔孔道,于 773K 焙烧后制得 Cr$_2$O$_3$ – MCM –41 介孔材料用于催化乙烯的聚合反应。

此外,负载钴[187]、镍[188]、钼[189]以及钨[190]等的介孔材料以及它们的催化性能也都有报道。

2) 负载金属络合物及有机物

将有机物催化剂以及过渡金属络合物催化剂通过一系列不同的方法固载于硅烷化的介孔材料表面,得到的多相催化剂结合了均相和多相催化的优点,并在很大程度上减少或消除了两者的缺点。

介孔材料固载大分子过渡金属络合物的方法通常有 Ship – in – bottle 合成法(从金属络合物分子结构中较小的部分原位组装该金属络合物)、直接合成法(在合成分子筛的过程中添加预先制备的络合物)和接枝法(将络合物连接到官能化的介孔孔壁表面)。Ship – in – bottle 方法并不理想,因为未络合的金属、不含金属的络合物和目的络合物碎片可能阻塞反应物和产物的扩散通道。直接合成法得到的表面负载量很小,因而催化剂的活性较低。相比之下,接枝法具有固载后催化剂结构性能稳定的优点。对介孔材料的有机官能化通常先进行表面硅烷化,然后进一步固载均相催化剂。经过有机官能化改性的有机 – 无机杂化介孔材料可应用于催化 Diels – Alder 双烯合成、羰基化、Friedel – Crafts 反应、酯化、烯丙基胺化、烷基化、加氢、氧化和各种缩合反应,特别是在手性合成方面的应用具有重要意义。

1.7.2　有序介孔材料在分离领域的应用

有序介孔材料由于具有大的比表面积、均一可调的介孔孔径、均一的传质、高的吸附容量等特性而作为吸附剂和色谱填料逐渐应用于分离科学。例如,根据蛋白质电荷和尺寸大小不同,SBA – 15 可分离纯化蛋白质;功能化的 MCM 和 SBA 型有序介孔材料用于环境水的净化,能够成功的分离出重金属和有毒阴离子。本节重点综述其在分离科学中作为吸附剂和色谱固定相的应用。

1. 吸附剂

有序介孔材料具有高的比表面积和吸附容量,是一种理想的吸附材料。经过改性后的介孔材料能够展示未经改性的材料所不具备的特性,在分离中有着广泛的用途。目前人们已利用其吸附性能来分离无机离子、有机小分子和生物大分子。

1) 有序介孔材料在分离无机物中的应用

共价键合了对重金属、过渡金属和放射性元素具有识别能力的分子的介孔材料,已经在环境水的净化中得到应用。Feng 等[191]以有序介孔材料为载体,共价健合 3 – 巯丙基三甲氧基硅烷,合成出可去除溶液中重金属的新型材料 FMMS(Functionalized Monolayers on Mesoporous Supports)。徐应明等[192]通过有机硅烷在有序介孔钛硅分子表面自组装作用,利用亲核取代反应在其表面形成乙酰氧基功能膜,考察了其对水体中金属离子 Pb^{2+}、Cd^{2+}、Zn^{2+}、Cu^{2+}、Mg^{2+} 和 Na^+ 的选择性吸附作用,饱和吸附量分别达到 196.68mg/g、56.20mg/g、51.85mg/g、62.76mg/g、45.87mg/g 和 8.10mg/g。Seneviratne 等[193]用溶胶 – 凝胶法将二乙烯基三胺键合到有序介孔硅球上,考察了其作为固相萃取(SPE)材料对 Cu^{2+} 的吸附能力,饱和吸附量为 0.156mg/g。Ju 等[194]用有机官能团修饰杂原子介孔材料制备了一种新型的有序介孔阴离子交换剂,用于放射性钍络合物的分离,其分配系数最大可以达到 210,是市售阴离子交换树脂的 13 倍。

2) 有序介孔材料在分离有机小分子中的应用

活性碳是一种吸附有机物的有效吸附剂,但再生易造成损失。介孔材料除具有较大的比表面外,还具有高的吸附碳氢化合物的容量(60%～70%),再生时损失较小,因此可以代替活性碳用来去除水中的有机污染物。Cooper 等[195]比较了 HMS、Al－HMS、Al－Si－MCM－41 及 MCM－41 吸附对氯苯酚(氯苯酚类代表)和氰尿酸(含 N 杂环除草剂代表)的性能,对这两种化合物的饱和吸附量分别达到 190mg/g 和 150mg/g 左右,并且能够通过氧化法使吸附剂再生,损失较少。

Bruzzoniti[196]在以环境污染物为吸附对象研究硅基有序介孔材料的吸附性能时,发现去除表面活性剂的介孔材料对非离子型分析物具有亲和力,未去除表面活性剂的介孔材料则对阴离子具有良好的亲和力。

Zhao 等[197]利用三甲基氯化硅烷对 MCM－41 进行硅烷化,利用较强的疏水性来去除水蒸气或废水中的有机物。孙鹤等[198]通过化学修饰在 HMS 孔内壁键合 γ－氯丙基三乙氧基硅烷(CPS),得到功能化的介孔材料 CPS－HMS,对除去水中微量三氯甲烷和苯酚效果很好。

3)有序介孔材料在分离生物大分子和药物分子中的应用

根据客体分子尺寸以及电荷的不同,通过调节孔径大小或有机官能团修饰,介孔材料可作为对特定蛋白质等生物大分子以及生物活性分子具有选择性吸附的主体材料,其选择性优于传统的溶胶－凝胶法制得的材料。Kisler 等[199]比较了 MCM－41 和 MCM－48 型分子筛作为吸附剂吸附溶解酵素、胰岛素以及核黄素的吸附速度和容量的差异。MCM－48 具有三维孔结构,比 MCM－41 更有利于吸附,而且在 MCM－41 上的吸附基本上是不可逆的,不能再生使用的。但由于空间位阻的原因,对同一种物质,MCM－48 的吸附容量小于 MCM－41。Han 等[200]以 SBA－15 和 MCF(Mesocellular Siliceous Foam)为对象,研究了蛋白质的吸收和释放过程,介孔材料同时起着分子筛和离子交换的作用。

2. 有序介孔材料作为液相色谱固定相

多孔硅胶通常用作硅基质的色谱填料,其比表面积一般小于 $500m^2/g$。有序介孔硅胶的比表面可高达 $1600m^2/g$,孔径分布窄,并且由于孔形状和大小均一而有利于传质,有望成为具备良好分离能力的色谱填料。Raimondo 等[201]将 MCM－41 作为毛细管气固色谱固定相,成功分离了小分子的碳氢混合物。和常规的气相色谱分离相比,气化温度更低。因使用较短的毛细管柱(1m)而有较短的保留时间(传统气相分离使用 25m～30m 的柱子)。相对气相色谱而言,迄今人们的兴趣主要集中在有序介孔材料作为高效液相色谱(HPLC)填料的研究。目前用作 HPLC 填料的有序介孔材料主要有硅基 MCM－41、MSU－n、SBA－3

和 SBA – 15。

MCM – 41 作为色谱填料最吸引人的特点就是可以分离各种类型的酸性、碱性及中性化合物,与其他介孔晶体和无定型氧化物相比其特点为:①单一的孔结构;②温和的 Bröensted 酸性中心;③其他元素对 Si 可进行同晶取代。缺点是颗粒较细、机械强度不够。Grün 等[202]考察了硅基 MCM – 41 和硅铝(Si/Al = 60)MCM – 41 的正相色谱行为,并与传统 Al_2O_3、ZrO_2、TiO_2、SiO_2 填料做对比。在分离胺类碱性化合物时,分析物主要与 Bröensted 酸性中心作用,在 MCM – 41 上的保留时间与在传统 SiO_2 上相当,峰形对称性和在 Al_2O_3、ZrO_2、TiO_2 上相当;分离苯酚类酸性化合物时,SiO_2 由于有 Bröensted 酸性中心而具有明显优势,在 Al_2O_3、ZrO_2、TiO_2 上保留时间较长且峰形较差,此时 MCM – 41 的色谱行为与传统 SiO_2 相当;分离多环芳烃中性化合物时,多环芳烃上分布着 π 电子而有 Lewis 碱性中心,与 Al – Si – MCM – 41 中 Lewis 酸性中心作用达到分离。

介孔材料与一般的色谱填料相比,除了表面孔以外,内部还有几乎完全相同的孔道结构,从而减少扩散带来的影响,使色谱峰的展宽和拖尾现象得到改善。赵建伟等[203]用 SBA – 15 作为色谱固定相来分离巯基化合物。未硅烷化的 SBA – 15 无法完全分开半胱氨酸、6 – 巯基嘌呤、多巴胺和谷胱甘肽,但是由于半胱氨酸和谷胱甘肽分子量差异较大,在 SBA – 15 分子筛的作用下可以得到部分分离。分析物在 C_{18} – SBA – 15 上和在市售 C_{18} 键合硅胶柱上流出顺序相同,但色谱峰的展宽和拖尾现象得到改善,并且多巴胺的塔板数较市售 C_{18} 键合硅胶柱提高 1 倍。

有序介孔材料作为色谱固定相已表现出较多优势,但仍存在一些问题尚待解决。

(1)球形有序介孔材料制备过程中容易发生团聚,通过研磨、超声或控制合成条件虽可得到单分散较好的微球,但会产生部分碎片,并在一定程度上影响孔结构和有序性。因此,在填料的制备方法上还需要进一步完善,减轻团聚现象,同时,粒径分布还应进一步控制在更窄的范围。

(2)机械强度不够是有序介孔材料用于色谱填料面临的最大问题。目前的研究主要是硅基材料,而非硅组成的有序介孔材料在一些方面具有比硅基材料更好的性能。如有序介孔氧化锆,尤其是掺杂氧化锆稳定性好,机械强度也比硅基材料高,具有做色谱填料的潜能。

(3)分析物在介孔填料上的保留时间要比常规色谱填料长,长的保留时间容易导致谱峰展宽。因此,在色谱柱的尺寸设计方面可能要有别于传统的色谱柱。

1.7.3 介孔材料在生物医药领域的应用

1. 酶的固定化

介孔材料用于酶蛋白质的固定是其在生物技术领域中应用最广泛的一个方面。一般生物大分子如蛋白质、酶、核酸等的分子质量约在1万~100万时其分子尺寸小于10nm,有序介孔材料的孔径可在2nm~50nm范围内连续调节和无生理毒性的特点使其非常适用于这些物质的固定。

1996年,Balkus等[204]首先报道了有序介孔材料对酶的固定化研究。他们通过物理吸附法成功地将球蛋白酶、细胞色素C、木瓜蛋白酶和胰岛素固定于平均孔径为4nm的MCM-41分子筛孔道中,而分子直径较大(4.8nm)的辣根过氧化物酶未能有效地被固定于介孔当中。随后,不同的研究者又先后报道了MCM-41、MCM-48和SBA-15等介孔材料对酶的固定化[205-209]。为了增强介孔材料与酶或蛋白质之间的相互作用,防止酶的泄漏,人们在介孔材料表面引入如硫醇、氨、氯和羧酸等功能化基团[210,211]。结果表明官能团化的材料能够提高固定化酶的活性和稳定性,而且其重复利用率也增高。

生物技术应用中,大分子材料需要介孔材料有着较大的孔,有利于溶剂和酶进入孔道并防止堵塞现象。对于氯过氧化物酶(CPO)来说,孔径在15nm~40nm的介孔层状泡沫(MCF)提供了更高的酶的负载量,固定化酶的活性与溶液中的相似[212]。Zhang等[213]用微乳剂模板,采用后合成嫁接法合成了胺功能化的大孔径的介孔层状泡沫,孔径分布在17nm~34nm。研究表明这种材料对葡萄糖氧化酶有着很好的亲和力,共价结合于孔内表面的酶具有高度的催化活性和热稳定性,而且可以重复利用。

2004年,Chong等[214]分别制备了不同官能团化的大孔径SBA-15,这些官能团包括—SH、—C_6H_5、—C≡C、—NH_2(随后与戊二醛反应)、C≡N(随后转变成—COOH)。比较这些官能团对PGA的吸附量和催化活性的影响,结果表明C≡C与PGA之间有良好的亲合作用,是优异的官能化基团。戊二醛是有效的交联剂,为PGA和载体材料之间提供了共价键,从而减少了酶的泄漏,提高了酶的稳定性。

2. 生物传感器

生物传感器是由固定化生物物质(酶、蛋白质、抗原、抗体和生物膜等)作敏感元件与适当的化学信号转换器件组成的生物电化学分析系统。生物传感器的设计需要最大程度地保留生物分子的反应和效率。

介孔材料的出现为生物传感器开辟了新的局面。Cosnier等[215]采用介孔材料TiO_2膜作为电极材料,用戊二醛交联法或用功能化的聚吡咯膜物理吸附法将葡萄糖氧化酶固定在 TiO_2 电极上,阴极检测空气饱和的水溶液中的 H_2O_2,成为安培法检测葡萄糖的有效生物传感器。在此基础上他们又利用电化学方法将包含酶分子的聚合物膜固定在具有渗透性的介孔 TiO_2 层体上[216]。在这种工艺下,电解液和化学活性物质能通过 TiO_2 膜扩散而与下面的 SnO_2 传导层紧密接触,使得即便在电极电势比平台电位值更正的情况下,所有的电化学反应也能进行。

Xu 等[217]对介孔 Nb_2O_5 膜在蛋白质氧化还原和生物传感器的应用上进行了直接电化学研究。介孔 Nb_2O_5 的结构特点和对亚铁血红素的电荷平衡使其对生物分子有很强的吸附能力,同时能有效地促进蛋白质在氧化还原点与电极表面之间的直接电子转移。而且,辣根过氧化物酶在 Nb_2O_5 电极上的固定化能提供良好的生物活性,可作为安培生物传感器检测含量在 $0.1\mu mol/L$ ~ $0.1mmol/L$ 之间的 H_2O_2。

考虑到医学监测、疾病诊断、食品或药物的质量控制以及其他各种生物相关过程的需要,坚固耐用、微型化、多样化的高效生物传感器的需求越来越多。因此,关于介孔材料在生物传感器方面的研究有待于进一步深入和扩展。

3. 药物的包埋和控释

药物的直接包埋和控释是有序介孔材料很好的应用领域。有序介孔材料具有很大的比表面积和比孔容,可以在材料的孔道里固定包埋各种药物,并可对药物起到控释作用,提高药效的持久性;还可利用生物导向作用,有效、准确地击中靶细胞和病变部位,充分发挥药物的疗效。

Horcajada 等[218]研究了 MCM – 41 孔的大小对药物输送速度的影响因素。为了达到目的,止痛剂布洛芬分别被引入不同孔径大小的 MCM – 41 材料中,研究表明当载体孔径在 $2.5nm$ ~ $3.6nm$ 之间时,布洛芬在模拟体液中的输送速度随着孔径的减小而减小。

Charnay 等[219]对布洛芬在介孔材料上的负载和释放进行了研究。结果表明:负载的程度受过程的影响,MCM – 41 颗粒连续地加入到布洛芬的乙醇溶液中使药物分子包埋量更多;模拟胃肠液体中包埋的布洛芬可以快速而彻底地释放,主要是因为分子的无序状态和介孔硅的孔径使分子能轻易地从孔中扩散出来。

为了给介孔材料在主—客体方面提供更多的应用机会,Zeng 等[220]通过用有机官能团修饰的 MCM – 41 进行药物的传输研究。结果发现:尽管修饰后会导致孔径减小,但仍然能负载各种各样的分子;而且 MCM – 41 孔道中的官能团增多,和一些药物分子中的基团反应,相当于药物控释体系的储藏器。

作为药物的包埋和控释体系,控释往往是更重要的环节。Shi 等[221]合成的

HMS 结构的空心球能够实现客体药物分子(布洛芬)的高储藏量(是文献报道的普通介孔材料储藏量的 3 倍),而且介孔壳上的贯穿介孔孔道能够实现客体药物分子的内外传输。他们还利用介孔空心球的空心核与介孔壳的贯穿孔道以及聚电解质具有环境响应的特点,通过层层自组装技术(layer – by – layer technique),使包裹在介孔空心球外层的聚电解质对 pH 值或者离子强度等条件产生结构性能的响应,实现对介孔孔道的封堵与开放,从而起到药物控制释放的"开关"作用[222]。

1.7.4 介孔材料在材料制备领域的应用

对合成材料的尺寸和形貌进行有效地控制是科学家长期以来追求的目标。有序介孔材料在介观尺度上有序排列的孔道为人们提供了一个比较理想的可控纳米反应器。在介孔孔道中可以组装各种纳米粒子,可以形成高分子、金属和半导体纳米材料。

最初,人们利用 CVD 方法,将介孔材料作为模板成功合成了一些纳米半导体材料[223]。Dag 等[224]利用类似的方法在六方相介孔膜中得到了硅纳米晶。虽然这种方法在一定程度上取得了成功,但是它的反应条件需要高温或者较长的时间去成核及生长。而且这种方法不能保证纳米粒子或者纳米线完全充满介孔孔道,因此人们继续寻找其他的方法利用介孔材料进行纳米材料合成。2001年,Coleman 等[225, 226]以超临界流体(Supercritical Fluids,SCFs)作为传输介质,在介孔材料孔道中组装了半导体硅和锗纳米线。Rice 等[227]也利用 SCFs 在介孔薄膜中合成了 Co 的纳米线。这是因为 SCFs 的高扩散性和对无机盐的高溶解性,保证组装成分在孔道中快速、均匀的分散,提高了组装效率和组装效果。

另外,介孔材料的限域效应在制备高分子材料方面具有特殊的潜在价值和优越性,特别是作为聚合反应的纳米反应器[228]。Bein 等[229, 230]在介孔材料中成功地合成出具有优异导电性能的聚苯胺丝和导电碳丝。另外,孔道的限域作用在一定程度上减少了双自由基终止的机会,延长了自由基的寿命,通过改变单体和引发剂的量即可控制聚合物的分子量,可以使得到的聚合物分子量分布比相应条件下自由基聚合的产物分子量分布更窄,并且还可以在介孔材料的骨架中引入活性中心、加快反应进程、提高产率。Aida 等[231]以液相移植的方法在介孔中引入 Ti 作为催化剂,合成出分子量很高的结晶态聚乙烯。由此可见,介孔材料为功能性高分子的组装提供了良好的无机环境,为在分子水平上得到具有特异功能性的有机材料提供了一种新的途径。

1.7.5 介孔材料在光电领域的应用

介孔材料在光学和电学方面也有着广泛的应用前景[232]。在介孔材料中引进功能性客体可以使介孔材料具有非线性光学特性,可在激光器、光传感、光存储、太阳能电池和光催化等领域得到应用。

介孔材料在发光领域的潜在应用引起了研究者极大的兴趣。杨秀健[233]等人以 $Zr(SO_4)_2 \cdot 4H_2O$ 为无机源、十六烷基三甲基溴化铵($C_{16}TMABr$)为反应模板剂,用水热法合成了二维六方的介孔 ZrO_2。研究发现介孔 ZrO_2 的发光强度比用共沉淀法制备得到的 ZrO_2 纳米晶体的发光强度高两个数量级。这是由于介孔 ZrO_2 材料有着规则的孔径排列,形成天然的光增益通道,很大程度上消除了颗粒散射对光发射的耗散作用。发射光(主要在孔径表面区,因墙体大多为非晶,光发射较弱)沿着有序孔径相干增长,从而大大提高其发射强度。

在光电领域,介孔材料最有可能应用的方向在于合成电脑芯片领域中用作低介电常数(low $-k$)材料[234]。传统芯片中作为主要绝缘材料的二氧化硅材料具有良好的热稳定性以及抗湿性等特点,但是其介电常数约为 $3.9 \sim 4.2$ 之间,不能满足微电路尤其是纳米电路构筑的要求。所以在微电子领域,对于低介电常数($k < 2.5$)的材料的需要已经迫在眉睫,其中一种解决方案就是合成具有低介电常数($k < 2.2$)的介孔氧化硅材料。利用嵌段型共聚物合成的大孔径介孔材料具有较低的 k 值[235]。刚合成出的或者是经过长时间放置的介孔薄膜,由于其表面硅羟基的极化效应和水分子吸附,导致其 k 值相对较高,对其表面进行疏水处理以后也可以得到 low $-k$ 介孔材料。在介孔氧化硅骨架中掺杂入有机基团,也可进一步降低材料的介电常数。

1.8 介孔材料存在的问题及发展方向

1. 存在的问题

(1)纯硅的介孔材料,由于骨架网络中缺陷少,酸性较弱,尤其对于强酸催化的反应催化活性不高,因此提高介孔材料的酸强度是急待解决的问题。

(2)由于介孔材料多为无定形孔壁,且易与水等极性介质作用而呈现差的热稳定性和水热稳定性。

(3)介孔材料合成所用的模板剂往往与骨架结构有较强的静电匹配或氢键作用,使得模板剂较难脱除,影响了介孔材料的稳定化。

(4)制备过程中使用的表面活性剂价格较高,再生较为困难,使得总体成本增加。

(5)介孔材料虽在功能性材料、电磁性质及催化剂等方面取得了一些成果,但目前的研究大都局限于制备及性能的讨论上,如何制备和研究功能(复合)材料的特异性能是当今面临的一大课题。

（6）许多介孔材料和结构中的微观结构还不够清楚，需要改进理论模型，开发更多更有效的原位分析鉴定手段来进行研究。

（7）由于介孔材料合成过程中存在复杂的影响因素，尽管存在着液晶模板机理、硅酸盐棒状自组装模型、硅酸盐层折叠模型、电荷密度匹配模型以及协同自组装模型等，但是对介孔材料合成机理的研究却一直难以得到肯定的结论。

2. 发展方向

1）合成新型结构的介孔材料

从合成角度，需要更深入了解结构导向剂的结构与其导向制备的介孔材料性能之间的关系，在充分理解合成机制的基础上，制备具有新结构、新性能的介孔材料。

2）对现有的硅基介孔材料进行有机官能化

有机官能团的引入不仅使得介孔材料骨架带有疏水特性，有利于有机反应的进行，同时可将有机官能团的特殊性能引入介孔材料体系，实现介孔材料功能化。

3）实现介孔材料的设计及合成目标

随着大量新型介孔材料的出现，人们开始认识到了介孔合成过程中化学裁剪的作用，结合目前对介孔材料形成机理的计算机模拟辅助手段的快速进展，可望实现介孔材料的分子设计及合成的目标。

4）制备结构理想、大面积无缺陷的介孔薄膜

结构理想、大面积无缺陷的介孔薄膜在膜分离，膜反应器以及化学、生物传感器等方面具有广阔的应用前景。然而，目前报道的研究工作主要侧重于薄膜材料制备的工艺条件上，对成膜机理还需要进一步深入研究。

5）对非硅体系介孔材料进行深入系统的研究

非硅基介孔材料由于孔结构在除去表面活性剂后容易坍塌，制备难度较大，但非硅组成的过渡金属氧化物介孔材料，同时具有酸性与碱性表面中心及良好的离子交换性能，是一种理想的多功能催化剂。因此，对非硅体系介孔材料需要进行深入系统的研究。

6）介孔复合材料的制备

将介孔材料与金属、金属配合物、酸及介孔－微孔分子筛等复合，拓展介孔材料的应用范围。

7）介孔材料的工业化应用

介孔材料最主要的问题是现有的材料还不能完全满足多数应用的具体要

求,有序介孔材料目前尚未获得大规模的工业化应用。国内外都要求工业化实现"绿色化",介孔材料作为一种具有巨大应用潜力的新型材料,需要不断探索介孔材料的新性能,同时要将 SBA – 15 和 MCM – 41 等比较成熟的介孔材料引向工业应用,发挥其潜在的工业应用价值。

参 考 文 献

[1] Davis M E. Ordered porous materials for emerging applications. Nature, 2002, 417(6891): 813 – 821.

[2] Yanagisawa T, Shimizu T, Kuroda K, et al. The preparation of alkyltrimethyl ammonium kanemite complexes and their conversion to microporous materials. Bull. Chem. Soc. Jpn. , 1990, 63(5): 988 – 992.

[3] Tanev P T, Pinnavaia T J. A neutral templating route to mesoporous molecular sieves. Science, 1995, 267(5199): 865 – 867.

[4] Tanev P T, Chibwe M, Pinnavaia T J. Titanium – containing mesoporous molecular sieves for catalytic oxidation of aromatic compounds. Nature, 1994, 368(6469):321 – 323.

[5] Huo Q S, Margolese D I, Ciesla U, et al. Generalised synthesis of periodic surfactant/inorganic composite materials. Nature, 1994, 368(6469): 317 – 321.

[6] Huo Q S, Leon R, Petroff P M, et al. Mesostructure design with gemini surfactants: supercage formation in a 3 – D hexagonal array. Science, 1995, 268(5215): 1324 – 1327.

[7] Zhao D Y, Feng J L, Huo Q S, et al. Triblock Copolymer syntheses of mesoporous silica with periodic 50 to 300 Ångstrom pores. Science, 1998, 279 (5350): 548 – 552.

[8] Zhao D Y, Huo Q S, Feng J L, et al. Nonionic triblock and star diblock copolymer and oligomeric surfactant syntheses of highly ordered, hydrothermally stable, mesoporous silica structures. J. Am. Chem. Soc. , 1998, 120 (24): 6024 – 6036.

[9] Ryoo R, Kim J M, Ko C H. et al. Disordered molecular sieve with branched mesoporous channel network. J. Phys. Chem. , 1996, 100(45):17718 – 17721.

[10] Kleitz F, Liu D N, Anilkumar G M, et al. Large cage face – centered – cubic Fm3m mesoporous silica: synthesis and structure. J. Phys. Chem. B, 2003, 107(51): 14296 – 14300.

[11] Bagshaw S A, Pinnavaia T J. Templating of mesoporous molecular sieves by nonionic polyethylene oxide surfactants. Science, 1995, 269(5228): 1242 – 1244.

[12] Kim S S, Pauly T R, Pinnavaia T J. Nonionic surfactant assembly of ordered, very large pore molecular sieve silicas from water soluble silicates. Chem. Commun. , 2000, 17: 1661 – 1662.

[13] Yu C Z, Yu Y H, Zhao D Y. Highly ordered large caged cubic mesoporous silica structures templated by triblock PEO – PBO – PEO copolymer. Chem. Commun. , 2000, 7: 575 – 576.

[14] Shen S D, Li Y Q, Zhang Z D, et al. A novel ordered cubic mesoporous silica templated with tri – head group quaternary ammonium surfactant. Chem. Commun. , 2002, 19: 2212 – 2213.

[15] Wang L M, Fan J, Tu B, et al. The synthesis of large pore size and highly ordered silica mesoporous material with cheap domestic reagent. Chin. J. Inorg. Chem. , 2002, 18: 1053 – 1056.

[16] Fan J, Yu C Z, Gao F, et al. Cubic mesoporous silica with large controllable entrance sizes and advanced adsorption properties. Angew. Chem. Int. Edit. , 2003, 42(27): 3146 −3150.

[17] El – Safty S A, Hanaoka T. Monolithic nanostructured silicate family templated by lyotropic liquid – crystalline nonionic surfactant mesophases. Chem. Mater. , 2003, 15(15): 2892 −2902.

[18] El – Safty S A, Hanaoka T. Microemulsion liquid crystal templates for highly ordered three – dimensional mesoporous silica monoliths with controllable mesopore structures. Chem. Mater. , 2004, 16 (3): 384 − 400.

[19] Che S, Garcia – Bennett A E, Yokoi T, et al. Mesoporous silica of novel structures with periodic modulations synthesized by anionic surfactant templating route. Nature Mater. , 2003, 2(12):801 −805.

[20] Garcia – Bennett A E, Terasaki O, Che S, et al. Structural investigations of AMS – n mesoporous materials by transmission electron microscopy. Chem. Mater. , 2004, 16 (5): 813 − 821.

[21] Liang C D, Dai S. Synthesis of mesoporous carbon materials via enhanced hydrogen – bonding interaction. J. Am. Chem. Soc. , 2006, 128(16): 5316 −5317.

[22] Meng Y, Gu D, Zhang F Q, et al. Ordered mesoporous polymers and homologous carbon frameworks: amphiphilic surfactant templating and direct transformation. Angew. Chem. Int. Ed. , 2005, 44 (43): 7053 −7059.

[23] Meng Y, Gu D, Zhang F Q, et al. A family of highly ordered mesoporous polymer resin and carbon structures from organic – organic self – assembly. Chem. Mater. , 2006, 18(18): 4447 −4464.

[24] Zhang F Q, Meng Y, Gu D, et al. Facile aqueous route to synthesis highly ordered mesoporous polymers and carbon frameworks with Ia3d bicontinuous cubic structure. J. Am. Chem. Soc. , 2006, 127(39): 13508 −13509.

[25] Zhang F Q, Meng Y, Gu D, et al. An aqueous cooperative assembly route to synthesis ordered mesoporous carbons with controlled structures and morphology. Chem. Mater. , 2006, 18(22): 5279 −5288.

[26] Sayari A, Karra V R, Reddy J S. et al. Synthesis of mesostructured lamellar aluminophosphates. Chem. Commun. , 1996, 3: 411 −412.

[27] Kimura T, Sugahara Y, Kuroda K. Synthesis of a hexagonal mesostructured aluminophosphate. Chem. Lett. , 1997, 10: 983 −984.

[28] Feng P Y, Xia Y, Feng J L, et al. Synthesis and characterization of mesostructured aluminophosphates using the fluoride route. Chem. Commun. , 1997, 10: 949 −950.

[29] Tiemann M, Froba M, Rapp G. , et al. Nonaqueous Synthesis of Mesostructured Aluminophosphate/surfactant composites: synthesis, characterization, and in – situ SAXS studies. Chem. Mater. , 2000, 12 (5): 1342 − 1348.

[30] Zhao D Y, Luan Z H, Kevan L. Synthesis of thermally stable mesoporous hexagonal aluminophosphate molecular sieves. Chem. Commun. , 1997, 11: 1009 −1010.

[31] Tian B Z, Liu X Y, Tu B, et al. Self – adjusted synthesis of ordered stable mesoporous minerals by acid – base pairs. Nat. Mater. , 2003, 2(3): 159 −163.

[32] Antonelli D M, Ying J Y. Synthesis of hexagonally – packed mesoporous TiO2 by a modified sol – gel method. Angew. Chem. Int. Ed. , 1995, 34(18): 2014 −2017.

[33] Yang P D, Deng T, Zhao D Y, et al. Hierarchically ordered oxides. Science, 1998, 282(5397): 2244 − 2246.

[34] Yang P D, Zhao D Y, Margolese D I, et al. Block copolymer templating syntheses of mesoporous metal oxides with large ordering lengths and semicrystalline framework. Chem. Mater., 1999, 11 (10): 2813 – 2826.

[35] Yang P D, Zhao D Y, Margolese D I, et al. Generalized syntheses of large – pore mesoporous metal oxides with semicrystalline frameworks. Nature, 1998, 396(6707): 152 – 155.

[36] Tian B Z, Liu X Y, Solovyov L A, et al. Facile synthesis and characterization of novel mesoporous and mesorelief oxides with gyroidal structures. J. Am. Chem. Soc., 2004, 126 (3): 865 – 875.

[37] Zhu K K, Yue B, Zhou W Z, et al. Preparation of three – dimensional chromium oxide porous single crystals templated by SBA – 15. Chem. Commun., 2003, 1: 98 – 99.

[38] Tian B Z, Liu X Y, Yang H F, et al. General synthesis of ordered crystallized metal oxide nanoarrays replicated by microwave – digested mesoporous silica. Adv. Mater., 2003, 15(14): 1370 – 1374.

[39] Gao F, Lu Q Y, Zhao D Y. Synthesis of crystalline mesoporous CdS semiconductor nanoarrays through a mesoporous SBA – 15 silica template technique. Adv. Mater., 2003, 15(9): 739 – 742.

[40] Monnier A, Schuth F, Huo Q S, et al. Cooperative formation of inorganic – organicinterfaces in the synthesis of silicate mesostructures. Science, 1993, 261(5126): 1299 – 1303.

[41] Liu X Y, Tian B Z, Yu C Z, et al. Room temperature synthesis of large pore three – dimensional bicontinuous mesoporous silica with Ia3d symmetry in acidic media. Angew Chem. Int. Edit., 2002, 41(20): 3876 – 3878.

[42] Finnefrock A C, Ulrich R, Du Chesne A, et al. Metal – containing mesoporous silica with bicontinuous plumber's nightmare morphology from a block copolymer – hybrid mesophase. Angew. Chem – Int. Edit., 2001, 40(7): 1208 – 1211.

[43] Sakamoto Y, Kaneda M, Terasaki O, et al. Direct imaging of the pores and cages of three – dimensional mesoporous materials. Nature, 2000, 408(6811): 449 – 453.

[44] Sakamoto Y, Diaz I, Terasaki O, et al. Three – dimensional cubic mesoporous structures of SBA – 12 and related materials by electron crystallography. J. Phys. Chem. B, 2002, 106 (12):3118 – 3123.

[45] Davis M E. New vistas in zeolite and molecular sieve catalysis. Acc. Chem. Res., 1993, 26 (3): 111 – 115.

[46] Che S, Liu Z, Ohsuma T, et al. Synthesis and characterization of chiral mesoporous silica. Nature, 2004, 429(6989): 281 – 284.

[47] Tanev P T, Pinnavaia T J. Biomimetic templating of porous lamellar silicas by vesicular surfactant assemblies. Science, 1996, 271(5253): 1267 – 1269.

[48] Hoffmann F, Cornelius M, Morell J, et al. Silica – based mesoporous organic – inorganic hybrid materials. Angew. Chem. Int. Ed., 2006, 45(20): 3216 – 3251.

[49] Grosso D, Cagnol F, Soler – Illia G, et al. Fundamentals of mesostructuring through evaporation – induced self – assembly. Adv. Funct. Mater., 2004, 14(4): 309 – 322.

[50] 施益峰. 纳米浇铸法合成有序介孔高温陶瓷材料及金属硫化物、氮化物材料[D]. 复旦大学博士学位论文, 2007.

[51] Israelachvili J N, Mitchell D J, Ninham B W. Theory of the self – assembly of hydrocarbon amphiphiles into micelles and bilayers. J. Chem. Soc. Faraday Trans. II, 1976, 72(9): 1525 – 1568.

[52] de A A Soler – Illia G J, Sanchez C, Lebeau B, et al. Chemical strategies to design textured materials:

from microporous and mesoporous oxides to nanonetworks and hierarchical structures. Chem. Rev. , 2002, 102(11): 4093 –4138.

[53] Huo Q S, Margolese D I, Stucky G D. Surfactant control of phases in the synthesis of mesoporous silica – based materials. Chem. Mater. , 1996, 8(5): 1147 – 1160.

[54] Garcia C, Zhang Y, Disalvo F, et al. Mesoporous aluminosilicate materials with superparamagnetic γ – Fe_2O_3 particles embedded in the walls. Angew. Chem. Int. Ed. , 2003, 42(13): 1526 – 1530.

[55] Kim J M, Sakamoto Y, Hwang Y K, et al. Structural design of mesoporous silica by micelle – packing control using blends of amphiphilic block copolymers. J. Phys. Chem. B. , 2002, 106 (10): 2552 – 2558.

[56] Suzuki K, Ikari K, Imai H. Synthesis of silica nanoparticles having a well – ordered mesostructure using a double surfactant system. J. Am. Chem. Soc. , 2004, 126(2): 462 –463.

[57] Ikari K, Suzuki K, Imai H. Grain size control of mesoporous silica and formation of bimodal pore structures. Langmuir, 2004, 20(26): 11504 – 11508.

[58] Lin V S Y, Radu D R, Han M K, et al. Oxidative polymerization of 1, 4 – diethynylbenzene into highly conjugated poly (phenylene butadiynylene) within the channels of surface – functionalized mesoporous silica and alumina materials. J. Am. Chem. Soc. , 2002, 124(31): 9040 – 9041.

[59] Cheng Y L, Trewyn G B, Dusan M, et al. A mesoporous silica nanosphere – based carrier system with chemically removable CdS nanoparticle caps for stimuli – responsive controlled release of neurotransmitters and drug molecules. J. Am. Chem. Soc. , 2003, 125(15): 4451 –4459.

[60] Yano K, Fukushima Y. Particle size control of monodispersed super microporous silica spheres. J. Mater. Chem. , 2003, 13(10): 2577 –2581.

[61] Yamada Y, Yano K. Synthesis of monodispersed supermicroporous/mesoporous silica spheres with diameters in the low submicron range. Microporous Mesoporous Mater. , 2006, 93(1 –3): 190 – 198.

[62] Unger K K, Kumar D, Grun M, et al. Synthesis of spherical porous silicas in the micron and submicron size range: challenges and opportunities for miniaturized high – resolution chromatographic and electrokinetic separations. J. Chromatogr. A, 2000, 892(1 –2): 47 –55.

[63] Huo Q S, Feng J L, Schütch F, et al. Preparation of hard mesoporous silica spheres. Chem. Mater. , 1997, 9(1): 14 –17.

[64] Yu C Z, Tian B Z, Fan J, et al. Synthesis of siliceous hollow spheres with uitra large mesopore wall structures by reverse emulsion templating. Chem. Lett. , 2002, (1): 62 –63.

[65] Yu C Z, Tian B Z, Fan J, et al. Salt effect in the synthesis of mesoporous silica templated by nonionic block copolymers. Chem. Commun. , 2001, 24: 2726 –2727.

[66] 余承忠, 范杰, 赵东元. 利用嵌段共聚物及无机盐合成高质量的立方相、大孔径介孔氧化硅球[J]. 化学学报, 2002, 60(8): 1357 –1360.

[67] 雷杰, 余承忠, 范杰, 等. 可用于色谱固定相的介孔氧化硅球材料的合成[J]. 化学学报, 2005, 63 (8): 739 –744.

[68] Schacht S, Huo Q S, Voiht – MartinG, et al. Oilwater interface templating of mesoporous macroscale structures. Science, 1996, 273(5276): 768 –771.

[69] Wang J, Zhang J, Asoo B Y, et al. Structrue – selective synthesis of mesostructured/mesoporous silica nanofibers. J. Am. Chem. Soc. , 2003, 125(46): 13966 –13967.

[70] Wang J E, Tsung C K, Hong W B, et al. General synthesis of ordered nonsiliceous mesoporous materials.

Chem. Mater. , 2004, 16(24): 5169 –5181.

[71] Huo Q S, Zhao D Y, Feng J L, et al. Room temperature growth of mesoporous silica fibers: a new highsur-facearea optical waveguide. Adv. Mater. , 1997, 9(12): 974 –978.

[72] Huang L M, Wang H T, Hayashi C Y, et al. Single – strand spider silk templating for the formation of hi-erarchically ordered hollow mesoporous silica fibers. J. Mater. Chem. , 2003, 13: 666 –668.

[73] Zhao D Y, Sun J Y, Li Q, et al. Morphological control of highly ordered mesoporous silica SBA – 15. Chem. Mat. , 2000, 12(2): 275 –279.

[74] Yang Z L, Niu Z W, Cao X Y, et al. Template synthesis of uniform one dimensional mesostructured silica materials and their arrays in anodic alumina membranes. Angew. Chem. Int. Ed. , 2003, 42 (35): 4201 –4203.

[75] Wakayama H, Fukushima Y. Nanoporous silica prepared with activated carbon molds using supercritical CO2. Chem. Mater. , 2000, 12(3): 756 –761.

[76] Yang H, Kuperman A, Coombs N, et al. Synthesis of oriented mesoporous silica films on mica. Nature, 1996, 379(6567): 703 –705.

[77] Yang H, Coombs N, Sokolov I, et al. Free – standing and oriented mesoporous silica films grown at the air – water interface. Nature, 1996, 381(6583): 589 –592.

[78] Lu Y F, Ganguli R, Drewien C A, et al. Continuous formation of supported cubic and hexagonal meso-porous films by sol – gel dip – coating. Nature, 1997, 389(6649): 364 –368.

[79] Sellinger A, Weiss P M, Nguyen A, et al. Continuous self – assembly of organic – inorganic nanocomposite coatings that mimic nacre. Nature, 1998, 394(6690): 256 –260.

[80] Lu Y F, Fan H Y, Doke N, et al. Evaporation – induced self – assembly of hybrid thin film and particulate silica mesophases with integral organic functionality. J. Am. Chem. Soc. , 2000, 122(22): 5258 –5261.

[81] Brinker C J, Lu Y F, Sellinger A H, et al. Evaporation – induced self – assembly: Nanostructures made easy. Adv. Mater. , 1999, 11(7): 579 –585.

[82] Yamauchi Y, Sawada M, Sugiyama A, et al. Magnetically induced orientation of mesochannels in 2D – hexagonal mesoporous silica films. J. Mater. Chem. , 2006, 16(37): 3693 –3700.

[83] Yamauchi Y, Sawada M, Noma T, et al. Orientation of mesochannels in continuous mesoporous silica films by a high magnetic field. J. Mater. Chem. , 2005, 15(11):1137 –1140.

[84] Zhao D Y, Yang P D, Melosh N, et al. Continuous mesoporous silica films with highly ordered large pore structures. Adv. Mater. , 1998, 10(16): 1380 –1385.

[85] Alberius P C A, Frindell K L, Hayward R C, et al. General predictive syntheses of cubic. hexagonal, and lamellar silica and titania mesostructured thin films. Chem. Mater. , 2002, 14(8): 3284 –3294.

[86] Crepaldi E L, Soler – Illia G, Grosso D, et al. Design and post – functionalisation of ordered mesoporous zirconia thin films. Chem. Commun. , 2001, 11: 1582 –1583.

[87] Yamauchi Y, Ohsuna T, Kuroda K. Synthesis and structural characterization of a highly ordered meso-porous Pt – Ru alloy via "evaporation – mediated direct templating". Chem. Mater. , 2007, 19 (6): 1335 –1342.

[88] Xue T, Xu C L, Zhao D D, et al. Electrodeposition of mesoporous manganese dioxide supercapacitor elec-trodes through assembled triblock copolymer templates. J. Power Sources, 2007, 164 (2): 953 –958.

[89] Goltner C G, Antonietti M. Mesoporous materials by templating of liquid crystalline phases. Adv. Mater. ,

1997, 9(5): 431 –436.

[90] Melosh N A, Lipic P, Bates F S, et al. Molecular and mesoscopic structures of transparent block copolymer – silica monoliths. Macromolecules, 1999, 32 (13): 4332 – 4342.

[91] Yang H F, Shi Q H, Tian B Z, et al. A fast way for preparing crack – free mesostructured silica monolith. Chem. Mater. , 2003, 15 (2): 536 –541.

[92] Kim J M, Kim S K, Ryoo R. Synthesis of MCM –48 single crystals. Chem. Commun. , 1998, 3: 259 – 260.

[93] Kaneda M, Tsubakiyama T, Carlsson A, et al. Structural study of mesoporous MCM –48 and carbon networks synthesized in the spaces of MCM –48 by electron crystallography. J. Phys. Chem. B, 2002, 106 (6): 1256 –1266.

[94] Che S, Sakamoto Y, Terasaki O, et al. Control of crystal morphology of SBA –1 mesoporous silica. Chem. Mater. , 2001, 13 (7): 2237 –2239.

[95] Yu C Z, Tian B Z, Fan J, et al. Nonionic block copolymer synthesis of large – pore cubic mesoporous single crystals by use of inorganic salts. J. Am. Chem. Soc. , 2002, 124 (17): 4556 –4557.

[96] Chen B C, Chao M C, Lin H P, et al. Faceted single crystals of mesoporous silica SBA –16 from a ternary surfactant system: surface roughening model. Micro. Meso. Mater. , 2005, 81(1 –3): 241 –249.

[97] Lin H P, Mou C Y. Hollow tubules – within – tubule structure of mesoporous molecular sieves MCM –41. Science, 1996, 273(2): 756 –768.

[98] Kim S S, Zhang W, Pinnavaia T J. Ultrastable mesoporous silica vesicles. Science, 1998, 282(5392): 1302 –1305.

[99] Moreau Joël J E, Vellutini L, Man M W C, et al. New hybrid organic – inorganic solids with helical morphology via H – bond mediated sol – gel hydrolysis of silyl derivatives of chiral (R,R) – or (S,S) – diureidocyclohexane. J. Am. Chem. Soc. , 2001, 123(7): 1509 –1515.

[100] Yang Y G, Suzuki M, Owa S, et al. Control of helical silica nanostructures using a chiral surfactant. J. Mater. Chem. , 2006, 16: 1644 –1650.

[101] Yang Y G, Suzuki M, Fukui H, Preparation of helical mesoporous silica and hybrid silica nanofibers using hydrogelator. Chem. Mater. , 2006 18(5): 1324 –1329.

[102] Yang Y G, Suzuki M, Owa S, et al. Preparation of helical nanostructures using chiral cationic surfactant. Chem. Commun. , 2005, 35: 4462 –4464.

[103] Yang Y G, Nakazawa M, Suzuki M, et al. Formation of helical hybrid silica bundles. Chem. Mater. , 2004, 16(20): 3791 –3793.

[104] Jin H Y, Liu Z, Ohsuna T, et al. Control of morphilogy and helicity of chiral mesoporous silica. Adv. Mater. , 2006, 18(5): 593 –596.

[105] Ohsuna T, Liu Z, Che S N, et al. Characterization of chiral mesoporous materials by transmission electron microscopy. Small, 2005, 1(2): 233 –237.

[106] Wang J G, Wang W Q, Sun P C, et al. Hierarchically helical mesostructured silica nanofibers templated by achiral cationic surfactant. J. Mater. Chem. , 2006, 16(42): 4117 –4122.

[107] Ryoo R, Ko C H, Kim J M, et al. Preparation of nanosize Pt clusters using ion exchange of [Pt (NH$_3$)$_4$]$^{2+}$ inside mesoporous channel of MCM –41. Catal. Lett. , 1996, 37: 29 –33.

[108] Badiel A R, Bonneviot L. Modification of mesoporous silica by direct template ion exchange using cobalt

complexes. Inorg. Chem. , 1998, 37 (16): 4142 - 4145.

[109] Huber C, Moller K, Bein T. Reacivity of a trimethylstannyl molybdenum complex in mesoporous MCM – 41. J. Chem. Soc. Chem. Commun. , 1994, 22: 2619 – 2620.

[110] Zhou W Z, Thomas J M, Shephard D S, et al. Ordering of ruthenium cluster carbonyls in mesoporous silica. Science, 1998, 280(5364): 705 – 708.

[111] Maschmeyer T, Rey F, Sankar G, et al. Heterogeneous catalysts obtained by grafting metallocene complexes onto mesoporous silica. Nature, 1995, 378(6554): 159 – 162.

[112] Mokaya R. Ultrastable mesoporous aluminosilicates by grafting routes. Angew. Chem. Int. Ed. Engl. , 1999, 38(19): 2930 – 2934.

[113] Burkett S L, Sims S D, Mann S. Synthesis of hybrid inorganic – organic mesoporous silica by co – condensations of siloxane and organosiloxane precursors. Chem. Commun. , 1996, 11: 1367 – 1368.

[114] Beck J S, Vartuli J C, Roth W J, et al. A new family of mesoporous molecular sieves prepared with liquid crystal templates. J. Am. Chem. Soc. , 1992, 114 (27): 10834 – 10843.

[115] Chen C, Burkett S L, Li H, et al. Synthesis mechanism of MCM – 41. Micro. Mat. , 1993, 2: 27 – 34.

[116] Steel A, Carr S W, Anderson M W. 14N – NMR study of surfactant mesophases in the synthesis of mesoporous silicates. Chem. Commun. , 1994, 13: 1571 – 1572.

[117] Firouzi A, Kumar D, Bull L M, et al. Cooperative organization of inorganicsurfactant and biomimetic assemblies. Science, 1995, 267(5201): 1138 – 1143.

[118] Shoichi T, Ryoji T, Satoshi S, et al. Structural study of mesoporous titania prepared from titanium alkoxide and carboxylic acids. J. Sol – Gel Sci. Technol. , 2000, 19: 711 – 715.

[119] Kruk M, Jaroniec M. Adsorption study of surface and structural properties of MCM – 41 materials of different pore sizes. J. Phys. Chem. B, 1997, 101: 583 – 589.

[120] Kruk M, Jaroniec M, Sang H J, et al. Characterization of regular and plugged SBA – 15 silicas by using adsorption and inverse carbon replication and explanation of the plug formation mechanism. J. Phys. Chem. B, 2003, 107(10): 2205 – 2213.

[121] Washburn E W. The dynamics of capillary flow. Phys. Rev. , 1921, 17(3): 273 – 283.

[122] Halsey G D. Physical adsorption on nonuniform surfaces. J. Chem. Phys. , 1948, 16(10): 931 – 937.

[123] Harkins W D, Jura G. Surfaces of Solids. XIII. A vapor adsorption method for the determination of the area of a solid without the assumption of a molecular area, and the areas occupied by nitrogen and other molecules on the surface of a solid. J. Am. Chem. Soc. , 1944, 66 (8): 1366 – 1373.

[124] Broekhoff J C P, De Boer J H. Studies on pore systems in catalysts: XI. Pore distribution calculations from the adsorption branch of a nitrogen adsorption isotherm in the case of "ink – bottle" type pores. J. Catal. , 1968, 10(4): 377 – 390.

[125] Trong On D, Joshi P N, Kaliaguine S. Synthesis, stability and state of boron in Boron – substituted MCM – 41 mesoporous molecular sieves. J. Phys. Chem. , 1996,100(16): 6743 – 6748.

[126] Trong On D, Joshi P N, Lemay G, et al. Acidity and structural state of boron in mesoporous boron silicate MCM – 41. Stud. Surf. Sci. Catal. , 1995, 97: 543 – 549.

[127] Kosslick H, Landmesser H, Fricke R. Acidity of substituted MCM – 41type mesoporous silicates probed by ammonia. J. Chem. Soc. Farad. Trans. , 1997, 93(9): 1849 – 1854.

[128] Kosslick H, Lischke G, Walther G, et al. Physico – chemical and catalytic properties of Al – , Ga – and

61

Fe – substituted mesoporous materials related to MCM – 41. Micro. Mater. , 1997, 9(1): 13 –33.

[129] Kosslick H, Lischke G, Landmesser H, et al. Acidity and catalytic behavior of substituted MCM – 48. J. Catal. , 1998, 176(1): 102 – 114.

[130] Corma A, Fornes V, Navarro M T, et al. Acidity and stability of MCM – 41 crystalline aluminosilicates. J. Catal. , 1994, 148(2): 569 – 574.

[131] Busio M, Janchen J, Van Hoof J H C. Aluminum incorporation in MCM – 41 mesoporous molecular sieves. Micro. Mater. , 1995, 5(4): 211 – 218.

[132] Zhao X S, Lu G Q, Millar G J, et al. Synthesis and characterisation of highly ordered MCM – 41 in an alkali free system and its catalytic activity. Catal. Lett. , 1996, 38(1 – 2): 33 – 37.

[133] Jentys A, Pham N H, Vinek H. Nature of hydroxy groups in MCM – 41. J. Chem. Soc. , Faraday Trans. , 1996, 92(17): 3287 – 3291.

[134] Kim J H, Tanabe M, Niwa M. Characterization and catalytic activity of the Al – MCM – 41 prepared by a method of gel equilibrium adjustment. Micro. Mater. , 1997, 10(1 – 3): 85 – 93.

[135] Chen X Y, Huang L M, Ding G Z, et al. Characterization and catalytic performance of mesoporous molecular sieves Al – MCM – 41 materials. Catal. Lett. , 1997, 44(1 – 2): 123 – 128.

[136] Liepold A, Roos K, Reschetilowski W, et al. The nature of the acid sites in mesoporous MCM – 41 molecular sieves. Stud. Surf. Sci. Catal. , 1997, 105: 423 – 430.

[137] Chakraborty B, Viswanathan B. Surface acidity of MCM – 41 by in – situ IR studies of pyridine adsorption. Catal. Today, 1999, 49 (1 – 3): 253 – 260.

[138] Mokaya R. Al content dependent hydrothermal stability of directly synthesized aluminosilicate MCM – 41. J. Phys. Chem. B, 2000, 104(34): 8279 – 8286.

[139] Biz S, White M G. Syntheses of aluminosilicate mesostructures with high aluminum content. J. Phys. Chem. B, 1999, 103(40): 8432 – 8442.

[140] Badamali S K, Sakthivel A, Selvam P. Influence of aluminium sources on the synthesis and catalytic activity of mesoporous Al – MCM – 41 molecular sieves. Catal. Today, 2000, 63(2): 291 – 295.

[141] Cesteros Y, Haller G L. Several factors affecting Al – MCM – 41 synthesis. Micro. Meso. Mater. , 2001, 43(2): 171 – 179.

[142] Reddy K M, Song C. Synthesis and catalytic applications of novel mesoporous aluminosilicate molecular sieves. Mater. Res. Soc. Sym. Proc. Ser. , 1997, 454: 125 – 137.

[143] Corma A, Fornés V, Martín – Aranda R M, et al. Zeolites as base catalysts, condensation of aldehydes with derivatives of malonic esters. J. Appl. Catal. , 1990, 59(1): 237 – 248.

[144] Kloestra K R, van Bekkum H. Progress in zeolite and microporous materials. Stud. Surf. Sci. Catal. , 1997, 105: 431 – 438.

[145] Kloestra K R, van Bekkum H. Base and acid catalysis by the alkali – containing MCM – 41 mesoporous molecular sieve. J. Chem. Soc. Chem. Commun. , 1995, (10): 1005 – 1006.

[146] Lednor P W, de Ruiter R. The use of a high surface area silicon oxynitride as a solid basic catalyst. J. Chem. Soc. Chem. Commun. , 1991, (22): 1625 – 1626.

[147] Lednor P W. Synthesis, stability, and catalytic properties of high surface area silicon oxynitride and silicon carbide. Catal. Today, 1992, 15(2): 243 – 261.

[148] Benítez J J, Odriozola J A, Marchand R, et al. Surface basicity of a new family of catalysts: aluminophos-

phate oxynitride (ALPON). J. Chem. Soc. Faraday Trans. , 1995, 91(24): 4477 – 4479.

[149] Fripiat N, Parvulescu V, Parvulescu V I, et al. Role of nitrogen on the acid – base properties of zircono-phosphate (ZrPON) oxynitride catalysts. Appl. Catal. A, 1999, 181(2): 331 – 346.

[150] Wiame H M, Cellier C M, Grange P. Aluminovanadate oxynitride catalyst: proposition for the basic site. J. Phys. Chem. B, 2000, 104(3): 591 – 596.

[151] Fripiat N, Centeno M A, Grange P. Identification and stability of the nitrogenous species in zirconium phosphate oxynitride catalysts. Chem. Mater. , 1999, 11(6): 1434 – 1445.

[152] Kaskel S, Farrusseng D, Schlichte K. Synthesis of mesoporous silicon imido nitride with high surface area and narrow pore size distribution. Chem. Commun. , 2000, (24): 2481 – 2482.

[153] Kaskel S, Schlichte K. Porous silicon nitride as a superbase catalyst. J. Catal. , 2001, 201(2): 270 – 274.

[154] Farrusseng D, Schlichte K, Spliethoff B, et al. Pore – size engineering of silicon imido nitride for catalytic applications. Angew. Chem. Int. Ed. , 2001, 40(22): 4204 – 4207.

[155] Xia Y D, Mokaya R. Highly ordered mesoporous silicon oxynitride materials as base catalysts. Angew. Chem. Int. Ed. , 2003, 42(23): 2639 – 2644.

[156] Sayari A. Catalysis by crystalline mesoporous molecular sieves. Chem. Mater. , 1996, 8(8): 1840 – 1852.

[157] Mathieu M, Van Der Voort P, Weckhuysen B M, et al. Vanadium – incorporated MCM – 48 materials: optimization of the synthesis procedure and an in situ spectroscopic study of the vanadium species. J. Phys. Chem. B, 2001, 105(17): 3393 – 3399.

[158] Luan Z, Maes E M, van der Heide P A W, et al. Incorporation of titanium into mesoporous silica molecu-lar sieve SBA – 15. Chem. Mater. , 1999, 11(12): 3680 – 3686.

[159] 任瑜, 钱林平, 岳斌, 等. 对环氧化反应具有高催化活性的钛硅介孔分子筛的制备[J]. 催化学报, 2003, 24(12): 947 – 950.

[160] Bagshaw S A, Kemmitt T, Milestone N B. Mesoporous [M] – MSU – x metallosilicate catalysts by nonionic polyethylene oxide surfactant templaling acid [N⁰(N⁺)X⁻I⁺] and base(N⁰M⁺I⁻) catalysed pathways. Microporous Mesoporous Mater. , 1998, 22(1 – 3): 419 – 433.

[161] Corma A, Navarro M T, Pariente J P. Synthesis of an ultralarge pore titanium silicate isomorphous to MCM – 41 and its application as a catalyst for selective oxidation of hydrocarbons. J. Chem. Soc. Chem. Commun. , 1994, (2): 147 – 148.

[162] 郭宗英, 何静, 白琰, 等. 单金属双中心 Ti – MCM – 41 分子筛催化剂的光催化性能[J]. 催化学报, 2003, 24(3): 181 – 186.

[163] Kosuge K, Singh P S. Titaniumcontaining porous silica prepared by a modified sol – gel method. J. Phys. Chem. B, 1999, 103 (18): 3563 – 3569.

[164] Luca V, MacLachlan D J, Morgan K. Synthesis and characterization of porous vanadium silicates in organ-ic medium. Chem. Mater. , 1997, 9(12): 2720 – 2730.

[165] Reddy J S, Liu P, Sayari A. Vanadium containing crystalline mesoporous molecular sieves. Leaching of vanadium in liquid phase reactions. Appl. Catal. A, 1996, 148(1): 7 – 21.

[166] Reddy K M, Moudrakovski I, Sayari A. Synthesis of mesoporous vanadium silicate molecular sieves. Chem. Commun. , 1994, (9): 1059 – 1060.

[167] Dai L X, Tabata K, Suzuki E. Synthesis and characterization of V – SBA – 1 cubic mesoporous molecular

sieves. Chem. Mater. , 2001, 13(1): 208 –212.

[168] Gontier S, Tuel A. Novel zirconium containing mesoporous silicas for oxidation reactions in the liquid phase. Appl. Catal. A, 1996, 143(1): 125 –135.

[169] Tuel A, Gontier S, Teissier R. Zirconium containing mesoporous silicas: new catalysts for oxidation reactions in the liquid phase. Chem. Commun. , 1996, (5): 651 –652.

[170] Wang X X, Lefebvre F, Patarin J, et al. Synthesis and characterization of zirconium containing mesoporous silicas: I. Hydrothermal synthesis of Zr – MCM –41type materials. Micro. Meso. Mater. , 2001, 42(2 –3): 269 –276.

[171] Echchahed B, Badiei A – R, Béland F, et al. Fe and Co modifications of siliceous MCM –41 and 48 using direct or postsynthesis methods. Stud. Surf. Sci. Catal. , 1998, 117: 559 –566.

[172] Tuel A. Modification of mesoporous silicas by incorporation of heteroelements in the framework. Micro. Meso. Mater. , 1999, 27(2 –3):151 –169.

[173] Tuel A. Transition metal – modified mesoporous silicas as catalysts for oxidation reactions. Stud. Surf. Sci. Catal. , 1998, 117: 159 –170.

[174] Cao J M, He N Y, Li C, et al. Fe – containing mesoporous molecular sieves as benzylation catalysts. Stud. Surf. Sci. Catal. , 1998, 117: 461 –467.

[175] Zhang W, Wang J, Tanev P T, et al. Catalytic hydroxylation of benzene over transition – metal substituted hexagonal mesoporous silicas. Chem. Commun. , 1996, (8): 979 –980.

[176] Antonelli D M, Ying J Y. Synthesis of stable hexagonally – packed mesoporous niobium oxide molecular sieves through a novel ligand – assisted templating mechanism. Angew. Chem. Int. Ed. Engl. , 1996, 35 (4): 426 –430.

[177] Stone V F Jr, Davis R J. Synthesis, characterization, and photocatalytic activity of titania and niobia mesoporous molecular sieves. Chem. Mater. , 1998, 10(5): 1468 –1474.

[178] Larsen G, Lotero E, Nabity M, et al. Interaction of isobutene with the surface of different solid acids. J. Catal. , 1996, 164(1): 246 –248.

[179] Tian Z, Tong W, Wang J, et al. Manganese oxide mesoporous structures: mixed – valent semiconducting catalysts. Science, 1997, 276(5314): 926 –930.

[180] Yao N, Pinckney C, Lim S, et al. Synthesis and characterization of Pt/MCM –41 catalysts. Micro. Meso. Mater. , 2001, 44 –45: 377 –384.

[181] Armor J N. Pd – MCM –41 Al$_2$O$_3$ catalyst for hydrogenation of aromatics. Appl. Catal. 'A, 1994, 112 (2): N21.

[182] Reddy K M, Song C. Synthesis of mesoporous zeolites and their application for catalytic conversion of polycyclic aromatichydrocarbons. Catal. Today, 1996, 31(1 –2):137 –144.

[183] Xu Y, Langford C H. Photoactivity of titanium dioxide supported on MCM –41, Zeolite X, and Zeolite Y. J. Phys. Chem. B, 1997, 101(16): 3115 –3121.

[184] Aronson B J, Blanford C F, Stein A. Solution – phase grafting of titanium dioxide onto the pore surface of mesoporous silicates: synthesis and structural characterization. Chem. Mater. , 1997, 9 (12): 2842 –2851.

[185] Walker J V, Morey M, Carlsson H, et al. Peroxidative halogenation catalyzed by transition – metal – ion – grafted mesoporous silicate materials. J. Am. Chem. Soc. , 1997, 119(29): 6921 –6922.

[186] Rao R R, Weckhuysen B M, Schoonheydt R A. Ethylene polymerization over chromium complexes grafted onto MCM – 41 materials. Chem. Commun. , 1999, (5): 445 – 446.

[187] Khodakov A Y, Bechara R, Griboval – Constant A. Fischer – Tropsch synthesis over silica supported cobalt catalysts: mesoporous structure versus cobalt surface density. Appl Catal A, 2003, 254(2): 273 – 288.

[188] Lensveld J D, Mesu J G, van Dillen A J, et al. Synthesis and characterisation of MCM – 41 supported nickel oxide catalysts. Micro. Meso. Mater. , 2001, 44 – 45: 401 – 407.

[189] Li T, Cheng S, Lee J F, et al. MCM – 41 supported Mo/Zr mixed oxides as catalysts in liquid phase condensation of 2 – methylfuran with acetone. J. Mol. Catal. A, 2003, 198(1 – 2): 139 – 149.

[190] Brégeault J M, Piquemal J Y, Briot E, et al. New approaches to anchoring or inserting highly dispersed tungsten oxo(peroxo) species in mesoporous silicates. Micro. Meso. Mater. , 2001, 44 – 45: 409 – 417.

[191] Feng X, Fryxell G E, Wang L Q, et al. Functionalized monolayers on ordered mesoporous supports. Science, 1997, 276(5314): 923 – 926.

[192] 徐应明, 王榕树. 介孔钛硅分子筛表面功能膜的制备及对水体中铅的去处作用[J]. 高等学校化学学报, 1999, 20(7):1002 – 1006.

[193] Seneviratne J, Cox A J. Sol – gel materials for the solid phase extraction of metals from aqueous solution. Talanta, 2000, 52(5): 801 – 806.

[194] Ju Y H, Webb O F, Dai S, et al. Synthesis and characterization of ordered mesoporous anion – exchange inorganic/organic hybrid resins for radionuclide separation. Ind. Eng. Chem. Res. , 2000, 39(2): 550 – 553.

[195] Cooper C, Burch R. Mesoporous materials for water treatment processes. Water Res. , 1999, 33(18): 3689 – 3694.

[196] Bruzzoniti M C, Mentasti E, Sarzanini C, et al. Retention properties of mesoporous silica based materials. Anal. Chim. Acta, 2000, 422(2): 231 – 238.

[197] Zhao X S, Lu G Q. Modification of MCM – 41 by surface silylation with trimethylchlorosilane and adsorption study. J. Phys. Chem. B, 1998, 102(9): 1556 – 1561.

[198] 孙鹤, 石方, 王榕树. 功能性介孔分子筛用于环境水体净化的研究[J]. 环境科学学报, 2000, 20(1): 38 – 41.

[199] Kisler M J, D – hler A, Stevens W G, et al. Separation of biological molecules using mesoporous molecular sieves. Micro. Meso. Mater. , 2001, 44 – 45: 769 – 774.

[200] Han Y J, Stucky D G, Butler A. Mesoporous silicate sequestration and release of proteins. J. Am. Chem. Soc. , 1999, 121(42): 9897 – 9898.

[201] Raimondo M, Perez G, Sinibaldi M, et al. Mesoporous M41S materials in capillary gas chromatography. Chem. Comm. , 1997, 15: 1343 – 1344.

[202] Grün M, Kurganov A A, Schacht S, et al. Comparison of an ordered mesoporous aluminosilicate, silica, alumina, titania and zirconia in normal – phase high – performance liquid chromatography. J. Chromatogr. A, 1996, 740(1): 1 – 9.

[203] Zhao J W, Gao F, Fu Y L, et al. Biomolecule separation using large pore mesoporous SBA – 15 as a substrate in high performance liquid chromatography. Chem. Comm. , 2002, 7: 752 – 753.

[204] Diaz J F, Balkus K J Jr. Enzyme immobilization in MCM 41 molecular sieve. J. Mol. Catal. B: Enzym. ,

1996, 2(2 –3): 115 –126.

[205] Gimon – Kinsel M E, JimenezV L, Washmon L, et al. Mesoporous molecular sieve immobilized enzymes. Stud. Surf. Sci. Catal. , 1998, 117: 373 –380.

[206] Wei Y, Xu J, Feng Q, et al. Encapsulation of enzymes in mesoporous host materials via the nonsurfactanttemplated sol – gel process. Mater. Lett. , 2000, 44(1): 6 –11.

[207] He J, Li X F, Evans D G, et al. A new support for the immobilization of penicillin acylase. J. Mol. Catal. B: Enzym. , 2000, 11(1): 45 –53.

[208] Takahashi H, Li B, Sasaki T, et al. Catalytic activity in organic solvents and stability of immobilized enzymes depend on the pore size and surface characteristics of mesoporous silica. Chem. Mater. , 2000, 12 (11): 3301 –3305.

[209] Washmon – Kriel L, Jimenez V L, Balkus K J Jr. Cytochrome c immobilization into mesoporous molecular sieves. J. Mol. Catal. B: Enzym. , 2000, 10(5): 453 –469.

[210] Yiu Y J, Wright P A, Botting N P, et al. Enzyme immobilization using SBA – 15 mesoporous molecular sieves with functionalized surfaces. J. Mol. Catal. B: Enzym. , 2001, 15(1 –3): 81 –92.

[211] Goradia D, Cooney J, Hodnett B K, et al. The adsorption characteristics, activity and stability of trypsin onto mesoporous silicates. J. Mol. Catal. B: Enzym. , 2005, 32(5 –6): 231 –239.

[212] Han Y J, Watson J T, Stucky G D, et al. Catalytic activity of mesoporous silicate – immobilized chloroperoxidase. J. Mol. Catal. B: Enzym. , 2002, 17(1): 1 –8.

[213] Zhang X, Guan R F, Wu D Q, et al. Enzyme immobilization on amino – functionalized mesostructured cellular foam surfaces, characterization and catalytic properties. J. Mol. Catal. B: Enzym. , 2005, 33 (1 –2):43 –50.

[214] Chong A S M, Zhao X S. Design of large – pore mesoporous materials for immobilization of penicillin G acylase biocatalyst. Catalysis Today, 2004, 93/95: 293 –299.

[215] Cosnier S, Gondran C, Senillou A, et al. Mesoporous TiO2 film: new catalytic electrode materials for fabricating amperometric biosensors based on oxidases. Electroanalysis, 1997, 9(18): 1387 –1392.

[216] Cosnier S, Senillou A, GrätzelM, et al. A glucose biosensor based on enzyme entrapment within polypyrrole films electrodeposited on mesoporous titanium dioxide. J. Electroanal. Chem. , 1999, 469 (2): 176 –181.

[217] Xu X, Liu B H, Zhao D Y, et al. Ordered mesoporous niobium oxide film: a novel matrix for assembling functional proteins for bioelectrochemical applications. Adv. Mater. , 2003, 15(22): 1932 –1936.

[218] Horcajada P, Ramila A, Perez – Pariente J, et al. Influence of pore size of MCM – 41 matrices on drug delivery rate. Micro. Meso. Mater. , 2004, 68(1 –3): 105 –109.

[219] Charnay C, Bégu S, Tourné – Péteilh C, et al. Inclusion of ibuprofen in mesoporous templated silica:drug loading and release property. Eur. J. Pharm. Biopharm. , 2004, 57(3): 533 –540.

[220] Zeng W, Qian X F, Zhang Y B, et al. Organic modified mesoporous MCM – 41 through solvothermal process as drug delivery system. Mater. Res. Bull. , 2005, 40(5): 766 –772.

[221] Zhu Y F, Shi J L, Shen W H, et al. Preparation of novel hollow mesoporous silica spheres and their sustained – release property. Nanotechnology, 2005, 16(11): 2633 –2638.

[222] Zhu Y F, Shi J L, Shen W H, et al. Stimuli – responsive controlled drug release from a hollow mesoporous silica sphere/polyelectrolyte multilayer core – shell structure. Angew. Chem. Int. Ed. , 2005, 44

(32): 5083 - 5087.

[223] Moller K, Bein T. Inclusion chemistry in periodic mesoporous hosts. Chem. Mater. , 1998, 10(10): 2950 - 2963.

[224] Dag O, Ozin G A, Yang H, et al. Fast luminescence from silicon clusters in hexagonal oriented mesoporous silica film. Adv. Mater. , 1999, 11(6): 474 - 480.

[225] Coleman N R B, Morris M A, Spalding T R, et al. The formation of dimensionally ordered silicon nanowires within mesoporous silica. J. Am. Chem. Soc. , 2001, 123(1): 187 - 188.

[226] Coleman N R B, O'Sullivan N, Ryan K M, et al. Synthesis and characterization of dimensionally ordered semiconductor nanowires within mesoporous silica. J. Am. Chem. Soc. , 2001, 123(29): 7010 - 7016.

[227] Rice R L, Arnold D C, Shaw M T, et al. Ordered mesoporous silicate structures as potential templates for nanowire growth. Adv. Funct. Mater. , 2007, 17(1): 133 - 141.

[228] Pereira C, Kokotailo G T, Gorte R J. Acetylene polymerization in a H - ZSM - 5 zeolite. J. Phys. Chem. , 1991, 95(2): 705 - 709.

[229] Wu C G, Bein T. Conducting polyaniline filaments in a mesoporous channel host. Science, 1994, 264 (5166): 1757 - 1759.

[230] Wu C G, Bein T. Conducting carbon wires in ordered, nanometer - sized channels. Science, 1994, 266 (5187): 1013 - 1015.

[231] Kageyama K, Tamazawa J I, Aida T. Extrusion polymerization: catalyzed synthesis of crystalline liner polyethylene nanofibers within a mesoporous. Science, 1999, 285(5436): 2113 - 2115.

[232] Stein A, Melde B J, Schroden R C. Hybrid inorganic - organic mesoporous silicates nanoscopic reactors coming of age. Adv. Mater. , 2000, 12(19): 1403 - 1419.

[233] 杨秀健, 施朝淑, 陈永虎, 等. 纳米介孔 ZrO$_2$ 及其表面修饰的发光性质[J]. 发光学报, 2003, 24 (4): 407 - 411.

[234] Jain A, Rogojevic S, Ponoth S, et al. Porous silica materials as low - k dielectrics for electronic and optical interconnects. Thin solid films, 2001, 398 - 399: 513.

[235] Marlow F, Mcgehee M, Zhao D Y, et al. Doped mesoporous silica fibers: a new laser material. Adv. Mater. , 1999, 11(8): 632 - 636.

第2章 介孔碳材料的合成

多孔碳材料是指具有一定孔道结构的碳材料,包括活性碳、碳黑、以及碳纤维等。按照其孔径大小,多孔碳材料可以分为如下 3 种:微孔碳材料(孔径<2nm)、介孔碳材料(2nm<孔径<50nm)和大孔碳材料(孔径>50nm)。多孔碳材料传统的制备方法主要是将煤、椰子壳和沥青进行物理或化学活化。但上述方法得到的碳材料主要以微孔为主,且孔径分布较宽,这就限制了它在有机染料和生物大分子吸附、色谱分离填料和锂离子电池等方面的应用。因此,在上述应用领域迫切需要具有较大孔径的介孔碳材料。此外,具有大比表面积、大孔容以及独特有机骨架的介孔碳材料容易进一步被功能化,在生物反应器、传感器、选择性膜、微型电泳池和催化剂载体等方面具有广泛的应用前景。本章重点介绍介孔碳材料的合成方法、介孔碳材料的功能化及其形貌控制 3 方面内容。

2.1 介孔碳材料的合成方法

2.1.1 催化活化法

催化活化法是使碳材料获得介孔的有效途径之一。催化活化法通常是在碳材料中添加金属化合物组分,以增加碳材料微孔内部表面活性点。活化时,金属原子对结晶性较高的碳原子起气化作用,从而使微孔扩充为介孔。金属粒子周围均是碳原子发生气化反应的活性点,金属粒子周围的碳原子优先发生氧化作用,在碳材料表面形成介孔。此外,气化产物向材料表面逃逸时也形成孔隙残留在最终的碳材料中。

各种类型的金属催化剂,如铁、镍、钴、稀土金属、硼、硝酸盐、硼酸盐等都被用于制备介孔碳,其中过渡金属对碳材料的催化活化特别有利于介孔的形成。Marsh 和 Rand[1] 研究聚糠醇树脂碳化时发现,当树脂中含有金属铁和镍时,碳材料的介孔比例增加。Tamon 等[2] 用有机稀土金属化合物作为添加剂,制备出 BET 比表面积 $110m^2/g \sim 1400m^2/g$,介孔率 70%~80% 的介孔碳材料。

催化活化法制备的介孔碳中不可避免地会残留部分金属元素,这种活性碳用于液相吸附时,金属元素就可能以离子的形式进入溶液,尽管其含量很低,但在某些情况下却是非常有害的,因此人们又提出了其他制备介孔碳材料的方法。

2.1.2　有机凝胶碳化法

有机凝胶碳化法主要是通过控制碳材料前驱体在凝胶化前的结构以达到控制孔径的目的。该方法不使用金属离子作为添加剂,避免了上述催化活化法的缺点。Pekala 等[3]于 1987 年首次制备出间苯二酚—甲醛有机气凝胶(RF 凝胶),并碳化得到碳气凝胶(Carbon aerogel)[4]。碳气凝胶是由球状纳米粒子相互连结而成的一种新型多孔纳米材料的气凝胶,典型的孔隙尺寸小于 50nm,比表面积高达 $600m^2/g \sim 1100m^2/g$。

通常情况下,碳气凝胶的制备分为三步:①有机湿凝胶的制备;②有机湿凝胶的干燥;③有机气凝胶的碳化。碳气凝胶的制备首先从有机活性单体开始,利用溶胶 – 凝胶方法形成有机凝胶。制备碳气凝胶一般以间苯二酚和甲醛为原料,如图 2 – 1 所示。间苯二酚(CR)的 2,4(或 6)位被甲醛(CF)分子取代后,可以相互凝聚并在溶液中形成具有纳米尺寸的团簇,进一步交联形成具有三维空间网络状结构的水凝胶。

有机湿凝胶的干燥通常采用超临界干燥的方法脱除孔隙内的溶剂,超临界流体无气液界面,不存在表面张力,可以避免干燥过程中凝胶内的微孔由于表面张力的变化而发生过度收缩,保留凝胶的网络状织构,能得到具有三维网状织构的有机气凝胶。

制备碳气凝胶的最后一步是有机气凝胶在惰性气氛下碳化。但并不是所有的有机气凝胶都可以碳化形成碳气凝胶,制备碳气凝胶的有机气凝胶必须是热固性聚合物,否则碳化过程将破坏凝胶结构。

Tamon 等[6]对碳气凝胶的多孔结构进行了分析,发现改变间苯二酚与水的比例能够控制孔的大小和孔的体积。依照 Tamon 等提出的经验方程式,在 2.5nm ~ 9.2nm 范围内严格控制介孔大小是可行的。1997 年,Lin 等[7]采用 Na 保护下缓慢升温脱除溶剂的方法,制备了孔结构集中于大孔径微孔和小孔径介孔的碳气凝胶,并将同样通过蒸发干燥得到的高密度碳气凝胶称之为"碳干凝胶"。

有机凝胶碳化法的缺陷在于制备凝胶时必须有碱性催化剂的催化。当催化剂浓度较高时,凝胶在超临界干燥和碳化过程中均有很大收缩,难以得到低密度的碳气凝胶;而当催化剂浓度较低时往往得不到凝胶,而且制备周期长、工艺复杂,且难以控制。

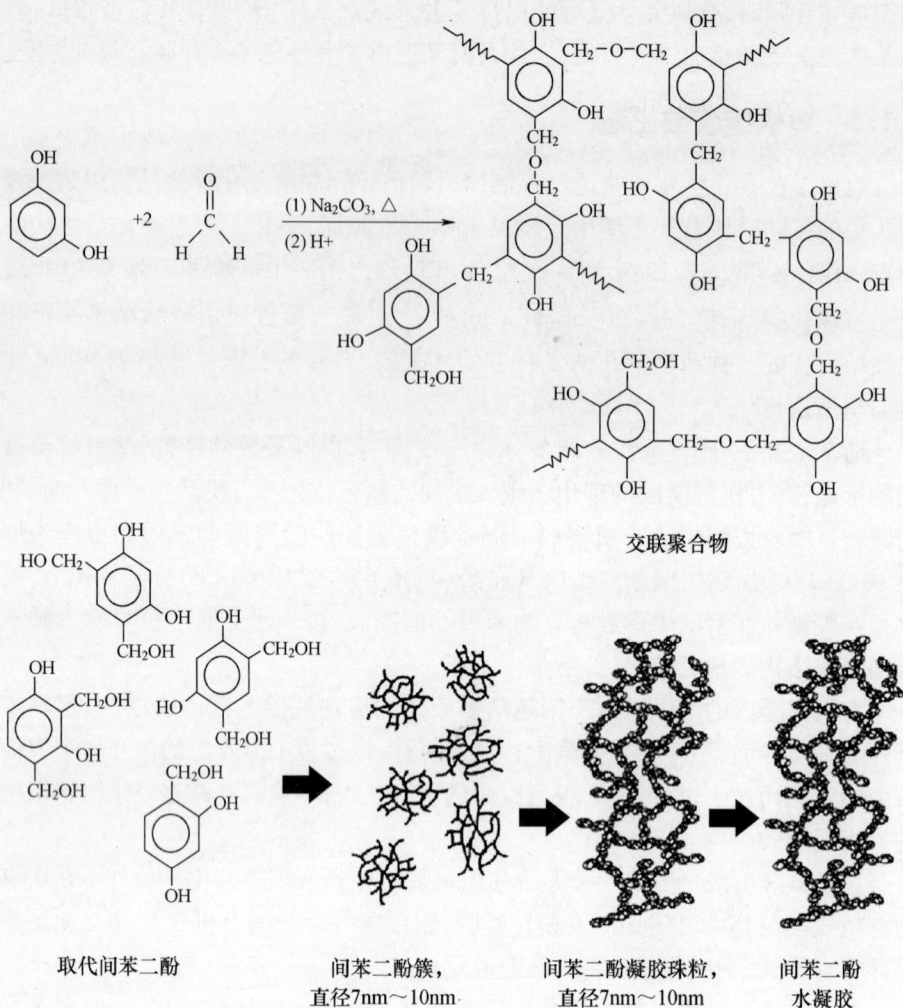

图 2-1　间二苯酚-甲醛气凝胶的制备示意图[5]

2.1.3　模板法

模板法是以模板为主体构型去控制、影响和修饰材料的形貌,控制尺寸进而决定材料性质的一种合成方法。到目前为止,模板法被公认为是调变碳材料孔结构最有效和最有前途的方法。它是一种可以从近于分子级别的纳米尺度来设计并控制聚合物前驱体结构的有效方法,通过采用特殊的碳化过程使这种微观结构得以保存并发生碳化反应,从而得到与传统意义上完全不同的多孔碳材料。模板法最突出的特点是具有良好的结构可控性。用模板法所制备的材料具有与模板孔腔相似的结构特征,若采用的模板具有均一的孔径,则所合成的材料亦将具有均匀的结构。

1. 模板法合成介孔碳材料的步骤

模板法制备介孔碳材料通常包括如下 3 个步骤:碳前驱体的填充、碳化和模板剂的脱除。

1) 碳前驱体的填充过程

碳前驱体的填充方法有两种:液相浸渍和化学气相沉积。

液相浸渍法是将碳前驱体以溶液的形式填充到模板的孔道中,然后通过碳化和酸处理工艺获得介孔碳材料。如 Ryoo 等[8]在合成 CMK -1 介孔碳时,以蔗糖为碳前驱体,分子筛 MCM -48 为模板,将 MCM -48 首先浸入到蔗糖的硫酸溶液中,为了获得完全的碳前驱体填充,须对 MCM -48 进行反复浸渍—干燥—热处理,然后将干燥产物在低压或惰性气体保护下加热到 1100℃进行碳化。此过程中蔗糖在硫酸的催化作用下转化为碳,最后通过氢氧化钠/乙醇稀溶液或 HF 溶液溶解脱除模板获得具有有序介观结构的产物。

Fuertes[9]考察了填充程度对介孔碳孔道结构的影响,认为当硅孔道被完全填充时将得到单孔隙介孔碳,孔径约 3nm,这类孔来源于氧化硅壁;当硅孔道被部分填充时得到双孔隙介孔碳,一类孔来源于氧化硅壁,孔径约 3nm,另一类来源于未填充的硅孔间合并,孔径约 18nm,因此仅仅使用一种硅模板就可合成出不同孔径尺寸的介孔碳。

液相浸渍法存在一突出的缺点即工艺复杂,它通过液态分子扩散来实现孔内填充,为达到孔内分子的紧密堆积,须反复进行浸渍和干燥处理,显然需要的时间长,而且很难保证填充效率及重复性。

化学气相沉积法(Chemical Vapor Deposition,CVD)是一种或多种气体化合物通过高温下的化学反应形成新的物质,并在惰性固体表面沉积析出的方法,如利用低分子量的碳氢化合物在高温下热解产生碳沉积在预成型体孔内。它的特点是模板孔道中的碳量易控制,填充效果好,能阻止微孔的形成。Zhang 等[10]采用催化化学气相沉积技术将单体乙烯与含钴的 SBA -15 直接接触聚合形成聚合物/分子筛复合物,再经热解碳化和酸溶过程得到碳物质,此物质具有典型介孔特征。

2) 碳化过程

碳化是指有机物质加热,使非碳元素减少,以制备出碳质材料的过程。该过程既属于固相碳化,又属于热解过程。当碳化温度超过聚合物的热解温度时,聚合物会发生热分解。碳化时,将聚蔗糖或别的碳前驱体与其他物质的复合体置入碳化炉中,通入 N_2 进行加热,当温度达到 300℃时聚合物开始失去所含的非碳原子逐渐变成碳,生成难石墨化的聚合物基碳化产物,又称为聚合物碳。

随着碳化温度的升高,聚合物的热分解可分为 4 个阶段。温度小于 300℃ 时为预碳化过程,这个过程主要包括聚合物的进一步聚合和聚合物中少量非碳异质原子的损失;在 300℃~600℃ 之间的碳化阶段产生大量的化学变化,聚合物发生热分解生成气体小分子和残余的固体碳,与聚合物的形成相比,残余的固体碳的形成需较高能量,但这种能量可以由生成小分子时所放出的能量来平衡;碳化温度在 600℃~1200℃ 范围时,生成的固体碳进入脱氢反应阶段,在这一阶段中,芳香族核生长且其数量减少,边界长度减小,当碳中的氢元素被脱除后,碳原子发生结构重排。在固体碳中,随着由结构扭曲所形成的自由体积减小,碳结构中的芳香环增大,结构的无序性降低。在足够高的温度下经过足够长的时间后,固体碳的结构最终逐渐向多晶石墨的结构靠近。

3)模板剂的脱除过程

模板剂的脱除是介孔碳材料合成中重要的一步,只有在脱除过程中较好地保持结构的稳定性,才能够得到有序性较好的介孔碳材料。在脱除硅模板时,通常用氢氟酸(HF)溶液浸渍碳化后的硅/碳复合物,HF 溶液能溶解 SiO_2 和硅酸盐,生成气态的 SiF_4。

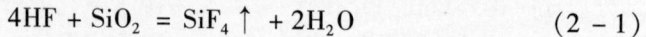

$$4HF + SiO_2 = SiF_4 \uparrow + 2H_2O \qquad\qquad (2-1)$$

在利用 HF 溶液对有关硅氧化物进行刻蚀的过程中,硅氧化物的结构和组成对刻蚀速率存在影响,如石英的耐化学刻蚀性能高于非晶态的硅氧化物。硅氧化物中含有亲电性的掺杂原子时,其刻蚀速率将得到提高。此外,硅氧化物中存在氢氧基团也会使得硅氧化物的刻蚀速率得到大幅度的提高。

2. 模板法合成介孔碳材料的研究进展

1999 年 Ryoo 等[9]首次报道了以 MCM-48 为硬模板通过纳米浇铸的方法合成有序介孔碳,命名为 CMK-1,其合成步骤如图 2-2 所示,首先将蔗糖与少量硫酸催化剂通过溶液浸渍的方法填入 MCM-48 的孔道中,然后将蔗糖高温碳化(>600℃),最后用 HF 溶液或者 NaOH 溶液将氧化硅溶解脱除得到介孔碳材料 CMK-1。以立方笼状结构(Pm3n)的 SBA-1 为硬模板,可以合成得到介孔碳材料 CMK-2[11]。两种介孔碳材料的结构如图 2-3 所示。

以各种结构的氧化硅为模板,人们得到了一系列的介孔碳材料。Hyeon 等[12]将酚醛树脂引入到 MCM-48 的孔道中,得到的介孔碳材料命名为 SNU-1。Pinnavaia 等[13]采用 MSU-H 为模板也得到了类似结构的材料(命名为 C-MSU-H)。与 SBA-15 相比,MSU-H 的合成成本更低,它是采用硅酸钠为原料在接近中性的条件下合成的,不需要引入大量的酸。

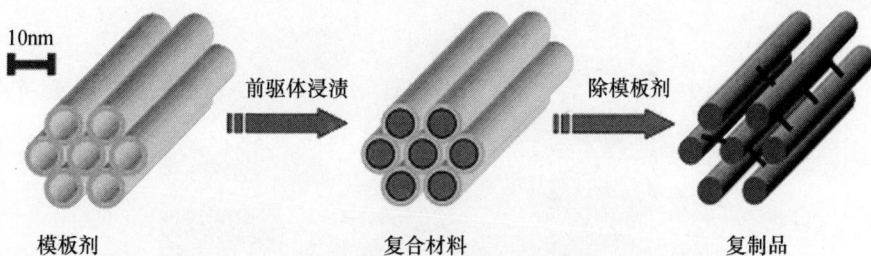

图 2-2　硬模板法合成介孔碳材料示意图[8]

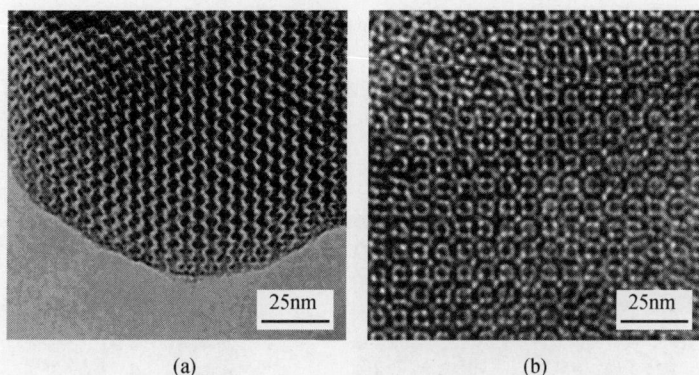

(a)　　　　　　　　　　　　　(b)

图 2-3　介孔碳材料的 TEM 照片[11]

(a) CMK-1 沿(111)方向；(b) CMK-2 沿(100)方向的 TEM 照片。

　　Ryoo 等[14]将蔗糖引入到 SBA-15 孔道中,碳化后除去模板可以得到规则的介孔碳材料 CMK-3,其 TEM 照片如图 2-4 所示。CMK-3 介孔材料的骨架是由平行排列的棒状碳纤维组成,纤维之间通过一些细小的碳棒连接,这种结构很好地保持模板剂原有的纳米结构形态,恰好反相复制了 SBA-15 的结构,同时也为深入研究 SBA-15 的孔道结构提供了依据。

　　以 SBA-15 为模板时,除了可以得到介孔碳材料 CMK-3 之外,还可以得到介孔碳材料 CMK-5[15]。若 SBA-15 的孔道被碳完全填充可以得到 CMK-3,但若 SBA-15 的介孔孔道只有表面被碳膜所覆盖,脱除模板后得到的却是具有六方排列的空心碳管特征的 CMK-5,如图 2-5 所示。Ryoo 小组于 2001 年合成了具有纳米管状排列的介孔碳材料 CMK-5,合成过程是以糠醇为碳源,再利用 A1Cl₃ 的催化作用使糠醇分子之间发生缩合反应,在靠近孔壁处形成高分子聚合物,在真空干燥条件下聚合物中心出现中空。合成的 CMK-5 具有两套孔道,一套来自于聚合物形成的管中心的孔,孔径大小为 5.9nm,另一套是硅骨架去除后形成的孔,孔径为 4.2nm 左右,纳米管道之间通过细小的碳棒连接。

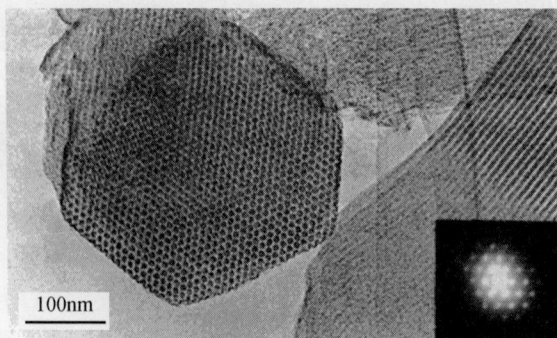

图 2-4　介孔碳材料 CMK-3 的 TEM 照片[14]

此外,采用催化化学气相沉积(CVD)技术,使用含有金属催化剂的 SBA-15 为模板,以乙烯为碳源也可以得到介孔碳材料 CMK-5,而且通过改变气相沉积的时间长短可以控制所得 CMK-5 的孔壁厚度。

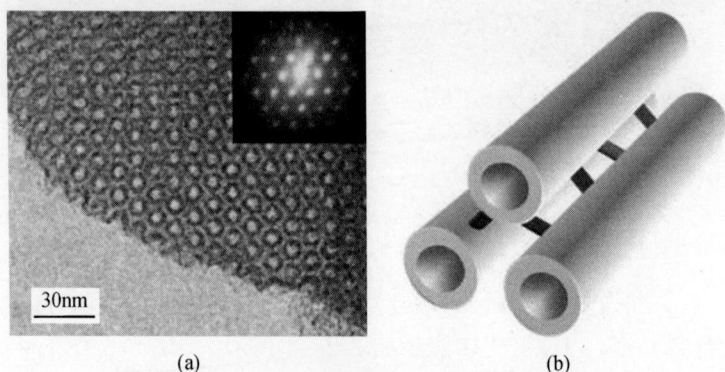

(a)　　　　　　　　　(b)

图 2-5　CMK-5 的 TEM 照片和结构模型[15]

(a) CMK-5 的 TEM 照片; (b) CMK-5 的结构模型。

　　Lu 等[16]通过水热处理 SBA-15 模板得到具有类似结构的材料 NCC-1,他们是通过水热处理 SBA-15 模板实现的,经过处理后 SBA-15 主孔道中形成一个介孔隧道,糠醇分子限定在隧道中聚合,除去模板后得到管状排列的碳材料。催化气相沉积法(CVD)也可以得到类似结构的材料。Kim[17]等先将钴离子引入到乙二胺修饰的 SBA-15 孔道内,然后通过气相沉积的方法将有机化合物沉积到孔道内,在钴的催化作用下碳化,沿介孔孔道形成网络结构,溶去模板后即得到管状排列的介孔碳材料。

　　与 SBA-15 类似,MCM-41 是具有一维直通道的介孔分子筛,但 MCM-41 却不能作为有序介孔碳分子筛合成的模板剂,这是由其微观结构所决定的。因为 SBA-15 的一维介孔孔道之间有微孔连通,而 MCM-41 具有一维六边的孔道相互没有连通,当模板 MCM－41 被溶去后,碳化时在多孔碳中形成的纳米孔道就会坍塌,无序碳棒发生堆积,形成高比表面积的微孔结构的碳材料。其对比示意图如图 2－6 所示。

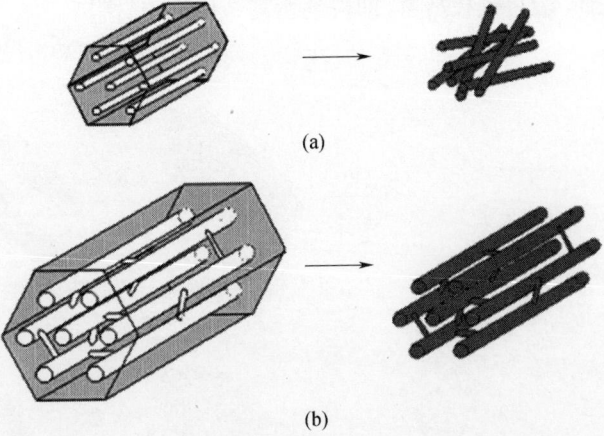

(a)

(b)

图 2－6　采用不同模板剂合成介孔碳材料的对比[9]
(a)MCM－41 为模板合成介孔碳材料;(b) SBA－15 为模板合成介孔碳材料。

　　值得注意的是,上述这些碳材料的孔壁都是无定形结构,而在一些实际应用中如电子、吸附和催化等领域,需要碳材料具有一定的石墨相结构。2003 年,Ryoo 小组[17]报道了一种具有石墨相孔壁结构的介孔碳材料 CMK－3G,研究者以萘嵌戊烷等芳环分子为碳源,将其引入到 SBA－15 材料的孔道中,在高温高压和 AlCl$_3$ 为催化剂的条件下芳环分子转变为沥青相物质,碳化后采用 HF 溶液溶去模板。材料的孔壁由片状石墨组成(图 2－7),其机械强度明显高于采用蔗糖或糠醇合成的 CMK－3 材料。

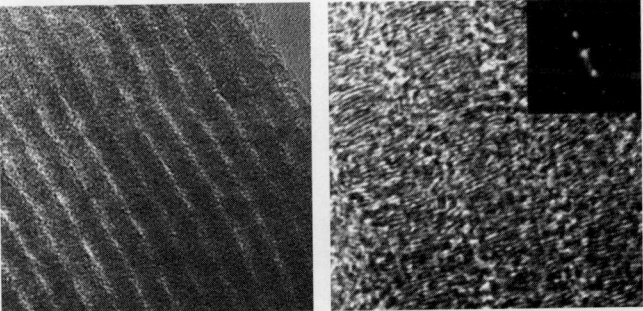

图 2－7　具有石墨化墙壁的介孔碳材料的 TEM 照片[17]

　　Pinnavaia 等[18]以苯乙烯等为碳源也得到了石墨相孔壁的介孔碳,这种材料具有很好的导电性能,且该实验不需要高温高压的处理过程,简化了合成步骤。

75

Yang 等[19]以中间相沥青作为碳前驱物,采用一步熔体浸渍法合成得到了石墨化介孔碳材料和碳纳米纤维束,合成过程如图2-8所示。首先将中间相沥青粉末在140℃熔融,并将该熔体通过搅拌浸渍注入介孔氧化硅粉末的孔道中,高温碳化后,采用HF酸将模板溶解,即得到所需石墨化碳材料。

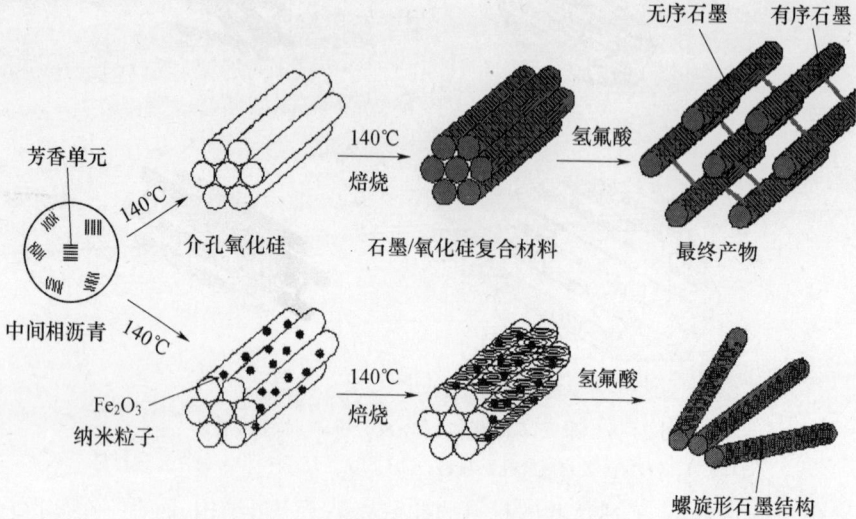

图2-8 制备石墨化介孔碳材料和碳纳米纤维束的熔体浸渍法示意图[19]

Mokaya 等[20]采用化学气相沉积的方法也得到了石墨相孔壁的介孔碳材料,其SEM照片如图2-9所示。该方法不引入任何催化剂,直接在高温下将苯乙烯或乙腈沉积到 SBA-15 上,溶去模板后可以得到一种中空球形的碳壳,材料的孔壁具有石墨相结构,并含有一定量 N 元素。这种碳的微观结构与 CMK系列材料有明显区别,已经不是模板形貌的简单复制。研究者认为气相沉积首

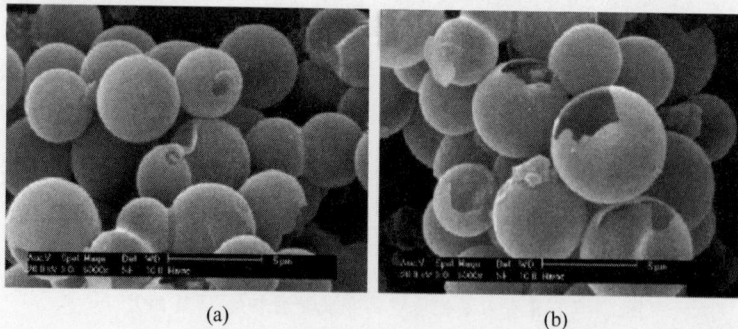

(a)   (b)

图2-9 采用化学气相沉积方法得到的石墨相孔壁的介孔碳材料的 SEM 图像[21]

先发生在模板的外表面,阻塞了气体分子进入材料的孔道内部,因此在去除模板之后留下中空壳形的结构,进一步通过控制晶化温度改变 SBA - 15 的结构,得到了不同形貌的碳材料,如纳米管状和纳米棒状等[21]。

　　控制介孔碳材料的孔径大小相对困难。碳材料的介孔一般是通过溶掉硅模板后形成的,模板材料的孔壁厚度决定了碳材料的孔径大小,然而改变介孔 SiO_2 的孔壁厚度并不容易,Ryoo 等[21]采用混合模板($C_{16}TAB$ 和 $C_{16}EO_8$)在酸性条件下合成介孔 SiO_2 ,通过降低 $C_{16}TAB$ 与 $C_{16}EO_8$ 的比值, SiO_2 的孔壁厚度可以由 1.4nm 增加到 2.2nm,以这些材料作为模板得到的碳材料的孔径在 2.2nm ~ 3.3nm 范围内调节。

　　上述报道介孔碳材料的合成周期都比较长,合成成本也很高,一个重要原因就是制备介孔 SiO_2 模板本身就比较复杂,需要用到昂贵的表面活性剂作为模板剂。此外,还要通过液态分子扩散来实现孔内填充,为达到孔内分子的紧密堆积,须进行多次的浸渍—干燥处理,需要的时间长,而且很难保证填充效率及重复性。因此,采用简单经济的方法来制备介孔碳材料是该领域的研究方向。

　　Yu 等[22]对采用 MCM - 48 作为模板合成介孔碳材料的路线进行了改进,他们将聚二乙烯基苯引入到含有模板剂的 MCM - 48 原粉中,进行碳化合成碳材料,聚二乙烯基苯和 CTAB 直接作为碳源使用,得到碳材料的结构比 CMK - 1 更好。Hyeon 等[23]采用一步合成的方法也得到了介孔碳材料,他们是将合成后的 SBA - 15 用浓 H_2SO_4 进行预碳化,再经过高温碳化后溶去模板得到的。

　　另一种简单的方法是直接采用商业硅胶作为模板。Tatsumi 研究组[24]利用尺寸均一的氧化硅胶体晶为硬模板,合成了孔径达 10nm 的有序介孔碳材料,其 TEM 图像如图 2 - 10 所示。Hyeon 小组[25]采用 SiO_2 溶胶颗粒为模板剂,先将间苯二酚和甲醛在平均粒径为 8nm 的商业硅胶 Ludox SM - 30 存在的条件下聚合,在酚醛树脂合成过程中加入液体硅胶,形成酚醛树脂/ SiO_2 复合物,碳化以后采用 HF 溶液溶去 SiO_2 得到孔状的碳材料 SMC - 1,该材料比表面积为 $1000m^2/g$,孔容为 $4cm^3/g$,孔径分布在 10nm ~ 100nm,对废水中的染料分子和腐殖质酸具有很强的吸附性能。但 SMC - 1 材料的孔径分布比较宽,这主要是由于在合成过程中 SiO_2 纳米粒子容易发生团聚,为了抑制团聚的发生,他们采用表面活性剂修饰的 SiO_2 粒子作为模板,这种修饰过的 SiO_2 均匀的镶嵌在酚醛树脂中,碳化后溶去 SiO_2 形成均一的介孔,孔径的大小与 SiO_2 粒子的尺寸一致。采用阳离子表面活性剂十六烷基三甲基溴化铵(CTAB)为模板得到了碳材料 SMC - 2,该材料孔径集中分布于 12nm 左右,孔容为 $1.7cm^3/g$,BET 比表面积 $1089m^2/g$ 。Jaroniec 等[26]也报道了一种硅胶镶嵌合成介孔碳的方法,他们采用中间相沥青作为碳源,通过改变 SiO_2 粒子的大小、合成温度和时间可以有效地控制最终碳材料的孔径大小、比表面积和孔容量,有趣的是这种材料的孔壁具有石墨相结构且不含有微孔,经过高温(2673K)处理后,孔壁的石墨化程度进一步增强,得到的介孔石墨碳被成功地用作色谱柱的固定相材料。

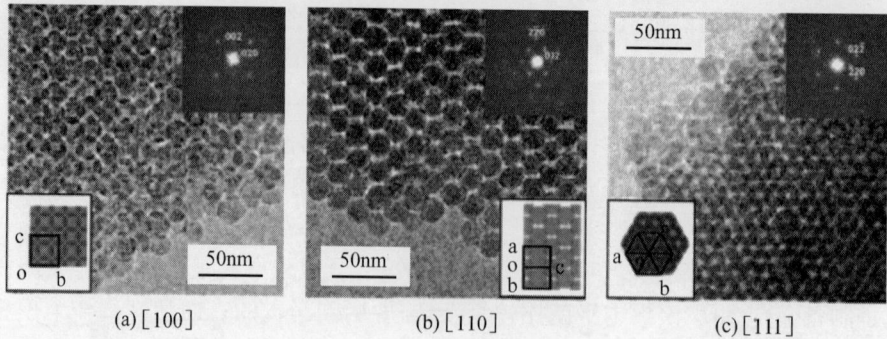

(a)[100]   (b)[110]   (c)[111]

图 2 - 10   以氧化硅胶体晶为硬模板合成的介孔碳材料的 TEM 图像[24]

(a) 沿[100]方向;(b) 沿[110]方向;(c) 沿[111]方向。

同步模板合成碳化法,也称为一步法,近年来引起了人们的极大兴趣。该方法是将碳前驱体和硅源混合,通过溶胶 – 凝胶过程直接得到无机/有机复合物,在此过程中硅分子筛的生成与碳前驱体聚合反应同步发生,经碳化和去模板获得介孔碳材料。Kyotani 等[27]采用正硅酸乙酯和糠醇为原料,在 HCl 为催化剂的条件下聚合形成纳米复合物,经高温碳化后得到 SiO_2/碳材料,HF 溶液溶去 SiO_2 即得到介孔碳,合成过程中硬模板和碳骨架同时形成,省去了合成介孔模板和灌注有机化合物的复杂步骤。SiO_2 在碳化过程中起到硬模板的作用,通过改变干燥温度或 HCl 的用量,可以有效的控制 SiO_2 粒子的大小,进而控制碳材料的孔径。以糠醇作为碳源,在反应过程中首先形成聚合高分子,高温下分解形成碳骨架,它可以被其他有机物取代,如 Hu 等[28]以蔗糖为碳源,在类似的体系下也合成出介孔碳材料,他们还用 H_3PO_4 代替 HCl 作为催化剂,合成出孔径在 2nm ~ 15nm 范围内可调节的碳材料,研究者认为 H_3PO_4 对蔗糖碳化具有催化作用,通过改变 H_3PO_4 的用量可以控制蔗糖的聚合,实现对孔径的控制。

Li[29]等人利用一步法合成出了六方纤维状的有序介孔碳材料。使用三嵌段共聚物 P123 作为结构导向剂,蔗糖为附加碳源,正硅酸乙酯为硅源,一步合成出有机/无机复合物,直接碳化得到碳/硅复合物,再经除硅获得有序介孔碳材料。合成示意图如图 2 - 11 所示。

作为硬模板的介孔氧化硅材料主要有 MCM – 48、SBA – 1、SBA – 15、SBA – 16、MSU 和 HMS 等。采用硬模板法已经成功地制备出一系列不同形貌(棒状、片状、纤维状、面包圈状)、不同结构(立方相、六方相、层状)的有序介孔碳材料。这些介孔碳材料有着有序的纳米孔阵列,孔径分布很窄(2nm ~ 6nm),且可调,

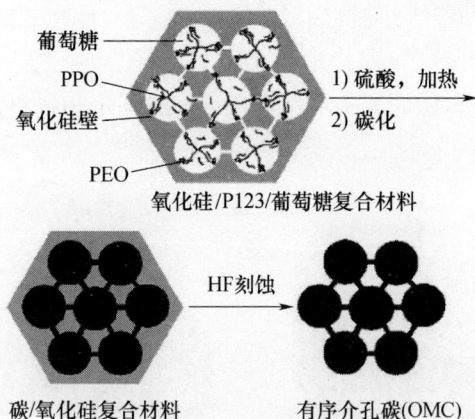

图 2-11 一步法合成介孔碳材料的示意图[29]

并有极高的比表面积(1400m²/g ~ 2000m²/g),因而具有极大的吸附容量(1cm³/g~2cm³/g),还有很好的热稳定性和机械稳定性。

但是,介孔氧化硅两步模板法的一个很严重的缺陷就是需要额外的步骤去制备介孔氧化硅模板,整个过程比较繁琐,而且最后同时要牺牲表面活性剂模板和氧化硅模板,成本较高,难以工业化生产,应用上也有较大的局限性。

与硬模板法相比,软模板法步骤简单、过程容易控制、成本低、环境污染也相对较小,基于这些考虑,利用软模板法直接合成介孔碳材料已经成为这一领域的研究热点。

1999 年,Moriguchi 等[30]率先利用阳离子表面活性剂 CTAB 为结构导向剂,尝试与酚醛树脂预聚体进行组装,然而表面活性剂脱除后得到了无序的碳材料。此后还有一些失败的例子。不过,这些尝试为后续研究提供了宝贵的借鉴经验。

2006 年,Dai 等[31]采用吡啶基团和间苯二酚或者环氧乙烷和间苯三酚间强氢键作用合成了高度有序的介孔碳材料,进一步发展了强氢键作用合成路线。图 2-12 为含有亲水的聚 4 - 乙烯基吡啶(P4VP)、间苯二酚和疏水的聚苯乙烯(PS)区域的自组装形成的有序六方介观结构的薄膜。存在亲水区域的间苯二酚的弯曲性使得介观结构从有序层状向有序柱状转变(此时 PS 端在复合物中比重为 35%)。PS 嵌段和 P4VP/间苯二酚之间足够的斥力有利于在挥发过程中保持间苯二酚骨架的有序排列。甲醛气体吹扫后与间苯二酚薄膜发生聚合。该步骤限定了间苯二酚和甲醛缩聚发生在固定区域内。经 800℃碳化后,介孔碳薄膜具有定向垂直于基底的柱状孔道,大小为 33.7nm ± 2.5nm。但这种化学气相沉积方法步骤复杂,且不适合于大规模生产。

在热固性树脂间苯三酚/甲醛基础上,Tanaka 课题组[32]采用三嵌段共聚物

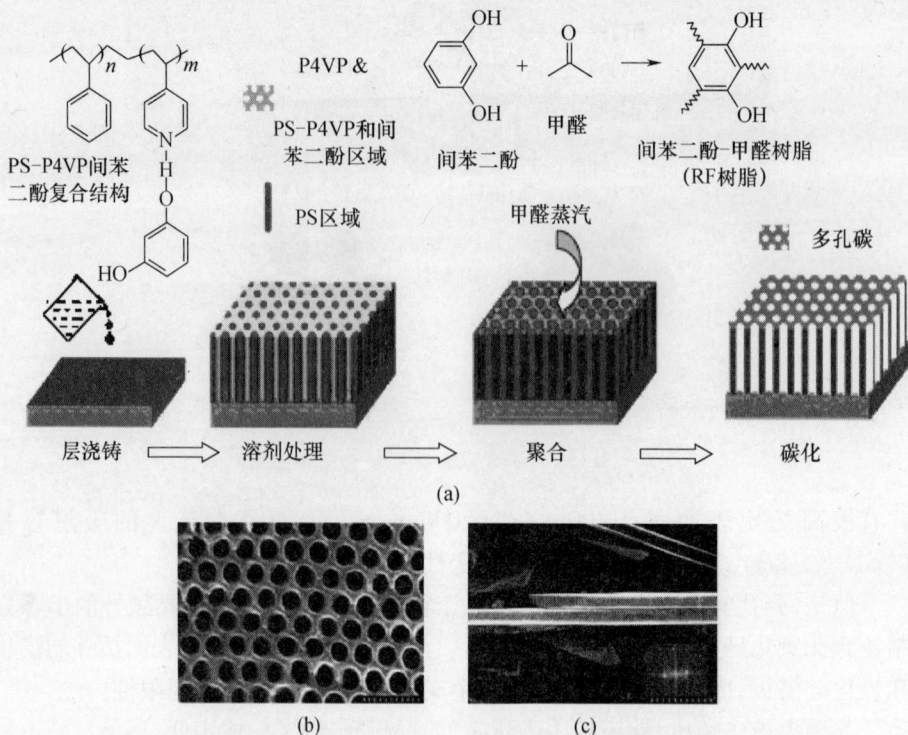

图 2 - 12　含有亲水的聚 4 - 乙烯基吡啶(P4VP)、间苯二酚和疏水的聚
苯乙烯(PS)区域的自组装薄膜的制备过程及其 SEM 图像[31]
(a) 间苯二酚/甲醛和两嵌段共聚物 PS - P4V P 通过有机 - 有机自组装制备介孔碳的示意图；
(b) 碳膜表面的高分辨 SEM 图；(c) 膜切面的 SEM 图。
内插图为膜切面的傅里叶转换图,标尺大小为 100nm。[31]

F127 为模板,合成了有序介孔碳薄膜 COU - 1。在合成过程中使用了一种较贵
的有机小分子三乙基乙酸酯(Triethyl Orthoacetate,EOA),将其与间苯二酚、甲醛
一起作为碳前驱体,EOA 的加入可以在强酸性的条件下降低间苯二酚与甲醛的
缩聚速率和增强碳源与表面活性剂模板间的相互作用。过快的缩聚会导致树脂
的自聚合而不在亲水基附近有序排列。

　　COU - 1 的场发射扫面电镜图(FE - SEM)如图 2 - 13 所示,从图中可以看
出孔道与膜表面平行,并具有周期性排列的六方孔道结构。但是,所得介孔碳只
显示一个强 XRD 衍射峰及不太规则的 N_2 吸附等温线[30]。这些结果表明该介
观结构不是很有序。此外,在高温碳化过程中碳的有序介观结构可能有部分坍
塌。因此,有机前驱物和模板以及有机前驱物间的相互作用对于合成各种结构
的介孔碳材料至关重要。

80

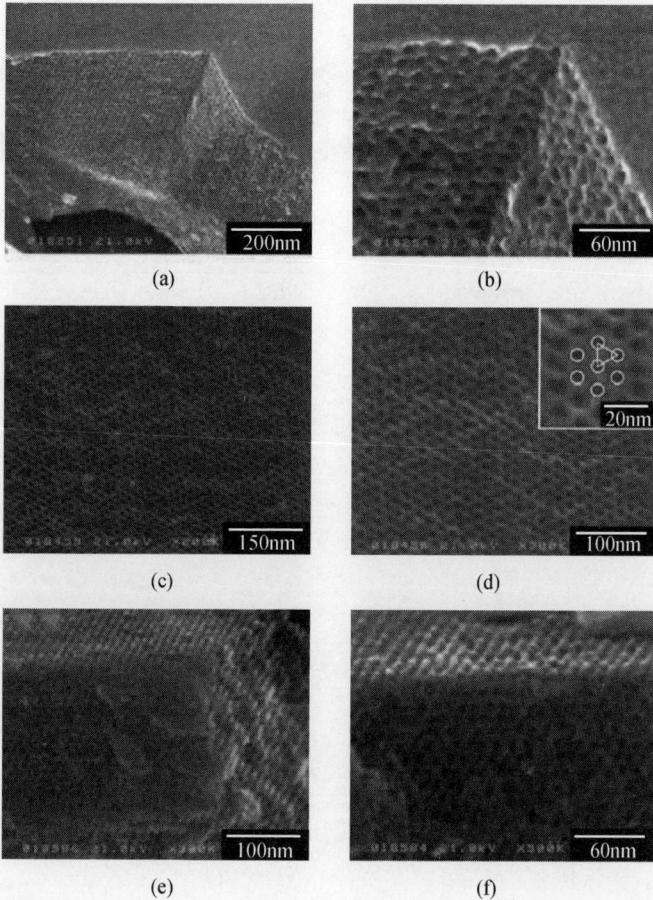

图 2 - 13　介孔碳 COU - 1 的 FE - SEM 图[32]

(a)、(b) 400℃ ;(c)、(d) 600℃ ;(e)、(f) 800℃ 条件下碳化。

Nishiyama 研究组[32]报道了介孔碳材料 COU 的合成,见图 2 - 14 右,他们以商品化的表面活性剂 F127（$EO_{106}PO_{70}EO_{106}$）为模板,通过 EISA 过程使其与间苯二酚/甲醛组装得到 F127 - 酚醛树脂复合材料,然后直接碳化得到了二维六方 $p6m$ 结构的有序介孔碳 COU,孔径为 6.2nm。

复旦大学赵东元教授课题组[33,34]结合"软物质"化学和介孔氧化硅材料自组装技术,发展了一种"有机 - 有机自组装"合成了一系列具有不同介观结构的介孔碳和介孔聚合物材料,如图 2 - 15 所示。以嵌段共聚物 F127 为模板,将 F127 与分子量小于 500 的酚醛树脂前驱体溶于适量乙醇中,通过 EISA 过程使二者组装得到具有介观周期性结构的 F127 - 酚醛树脂复合物,然后升温使酚醛树脂热聚,最后在氮气气氛下碳化,得到了具有 $p6m$ 或 $Im\overline{3}m$ 对称性的介孔碳材

81

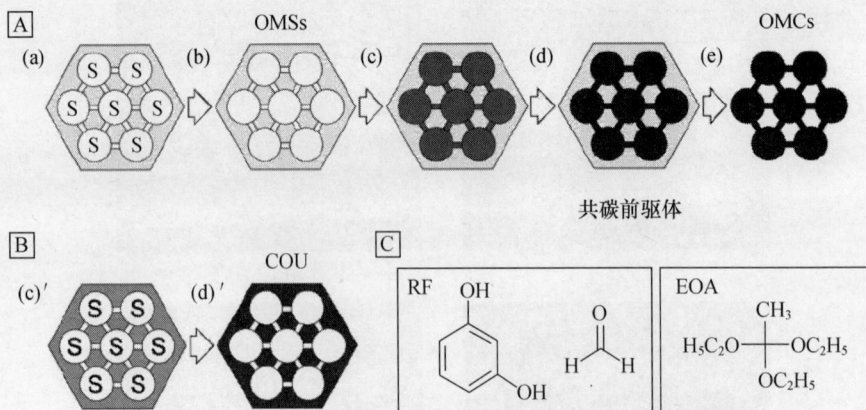

图 2-14 以 F127 为模板合成介孔碳材料的示意图[32]

(a) 氧化硅前驱体和表面活性剂的自组装;(b) 通过裂解或溶剂抽提除去表面活性剂得到
有序介孔氧化硅(OMS);(c) 采用碳前驱体浸渍有序介孔氧化硅模板剂的孔;
(d) 碳化;(e) 氢氟酸刻蚀掉氧化硅,获得有序介孔碳(OMC);(c′)碳前驱体和表面活性剂
的自组装;(d′)直接碳化除去表面活性剂得到具有有序孔道结构的介孔碳材料(COU-1)。
A—传统的浸渍途径;B,C—共碳前驱体法合成。

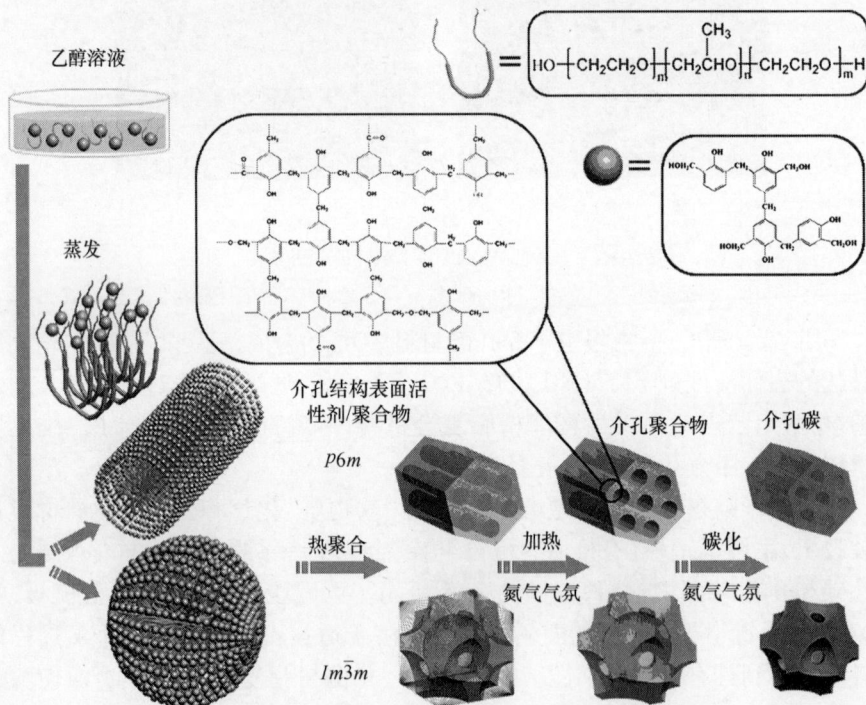

图 2-15 以 F127 为模板合成 FDU-15 和 FDU-16 的示意图[34]

82

料,分别命名为 FDU – 15 和 FDU – 16,使用亲/疏水比较小的嵌段共聚物 P123 ($EO_{20}PO_{70}EO_{20}$)为模板,可以得到具有更小界面曲率的(对称性 $Ia3d$)的介孔碳材 FDU – 14,采用这种方法得到的碳材料具有极高的热稳定性(>1400℃)。

为了便于工业化生产有序的介孔高分子和碳材料,复旦大学赵东元院士课题组[35-37]提出了一种单层氢键诱导有机 – 有机自组装的机理来解释介孔碳的形成,如图 2 – 16 所示。嵌段共聚物上的亲水段 PEO 与酚醛树脂前驱体上的酚羟基有着较强的氢键作用,二者经过协同组装得到具有有序结构的嵌段共聚物/酚醛树脂复合材料。自组装过程中,亲水/疏水界面曲率大小决定了最终得到的介观相,使用具有不同亲水/疏水比的表面活性剂以及改变表面活性剂与前驱体的比例,可以有效地调节界面的曲率,最终实现对介孔材料结构的控制。当使用较大的亲水/疏水比的三嵌段共聚物 F127 为模板时,得到了具有很高界面曲率的体心立方结构(FDU – 16,$Im\overline{3}m$)。当使用亲水/疏水比较小的 P123 为模板时,得到了具有较小界面曲率的双连续立方结构(FDU – 14,$Ia3d$)。随着反应物中 P123/phenol 比的减小,体系中的亲水/疏水比逐渐增加,亲水/疏水界面曲率会增加以降低能量,最终导致体系中发生了从 $Ia3d$ 到 $p6m$ 的相变。在 P123 体系中加入十六烷或癸烷后,烷烃分子会进入 P123 的疏水区域,增大疏水体积,这

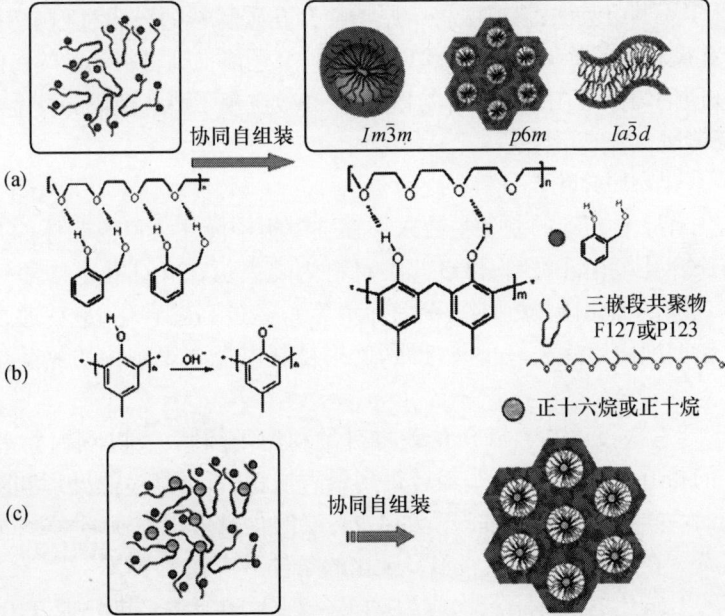

图 2 – 16 水相中碱性条件下合成有序介孔高分子和碳材料的形成机理[37]

83

也会同时增大亲水区体积,使得更多的酚醛树脂前驱体与亲水的 PEO 段作用,最终导致亲水和疏水体积同时增加(图 2 – 16(c)),能量平衡的结果使得体系中亲水/疏水界面曲率增加,并最终导致了从 $Ia3d$ 到 $p6m$ 的相变,合成了具有纯 p6m 相的 FDU – 15。

2.2　介孔碳材料的功能化

介孔碳材料的功能化是进一步扩展其应用范围和性能的重要手段,然而,通常情况下,碳的表面非常惰性,很难在其表面修饰一些功能基团,最主要的是在高温碳化过程中功能化分子容易流失,键能弱的 C—X 键不能经受高温碳化,在碳化过程中容易断键。所以对碳材料的功能化研究很少。介孔碳材料的功能化方法可大体分为:直接合成法、表面氧化、用 KOH 或 CO_2 进行活化、磺化、卤化、接枝、浸渍等。

2.2.1　直接合成法

直接合成法是介孔碳材料功能化比较直接和简单的方法。它可以细分为两种方法:①浇铸法:用含杂原子的溶液进行纳米灌注或用化学气相沉积的方法进行灌填;②多元共组装法:该方法将杂原子在介孔碳材料的合成过程中引入,使其固定在介孔碳材料的骨架中,不仅可以稳定骨架,还能提高材料的水热稳定性。此外,掺杂物质均匀分布在介孔材料的骨架中,有效避免了堵孔现象的发生。

1. 浇铸法

1)氮杂化有序介孔碳材料

氮杂化有序介孔碳的制备主要采用在硬模板中灌注含氮前驱体的办法。即先制备有序介孔氧化硅材料,再以此类材料为硬模板在介孔孔道中灌注含氮碳源(如乙二胺/四氯化碳、聚吡咯、聚丙烯腈等),经过高温碳化,最后通过氢氟酸或氢氧化钠溶液溶解除去氧化硅,得到反相复制模板介观结构的氮杂化介孔碳材料。

Lu 等[38]首次报道的含氮介孔碳材料是利用丙烯腈为前驱物,将其填充到 SBA – 15 的孔道中,通过自由基聚合得到聚丙烯腈后,再经过热处理和除去氧化硅后得到的。并且根据热处理温度的不同,氮的含量可以在 4mol % ~ 15mol % 范围内可调。在 200℃热处理、850℃碳化的条件下产物为 NCC – 2 – a,在 230℃热处理、850℃碳化的条件下产物成为 NCC – 2 – b,在 250℃热处理、1100℃碳化的条件下产物成为 NCC – 2 – c,其 TEM 图像如图 2 – 17 所示。从图 2 – 17 可以看出,所得氮杂化有序介孔碳保留了与 SBA – 15 相似的形貌。

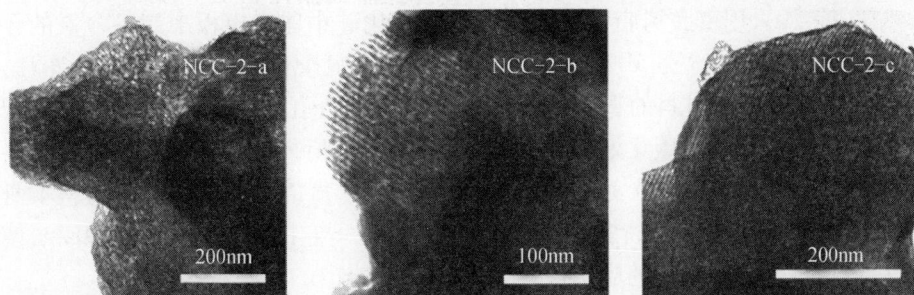

图 2 – 17 含氮介孔碳材料 NCC – 2 – a、NCC – 2 – b 和 NCC – 2 – c 的 TEM 图像[38]

Fuertes 和 Centeno[39] 报道了利用吡咯为前驱体,分别以 SBA – 15 和硅溶胶为模板,制备具有石墨化墙壁的氮杂化介孔碳材料。制备过程是在 $FeCl_3$ 的作用下,吡咯在氧化硅的孔道中发生原位聚合,$FeCl_3$ 的存在使碳材料形成有序的石墨化结构。所得氮杂化介孔碳材料的 BET 比表面积大于 $1000m^2/g$,其双孔体系的孔径分别在 3nm ~ 4nm 和 10nm ~ 14nm。所得石墨化含氮介孔碳材料具有良好的导电性能,其电导率为 0.14 S/cm,远大于无定形墙壁的介孔碳材料 (0.003 S/cm)。所得碳材料的 TEM 图片如图 2 – 18 所示。其中,C – S 为以 SBA – 15 为模板得到的氮杂化介孔碳材料,C – X 为以硅溶胶模板得到的氮杂化介孔碳材料。从图 2 – 18(a)可以看出,C – S 氮杂化介孔碳材料具有有序的二维六方排列结构,很好的保留了 SBA – 15 的结构特征。从图 2 – 18(b)可以看出,C – X 氮杂化介孔碳材料的孔道结构是无序的,因为其反向复制了硅溶胶的无序结构。

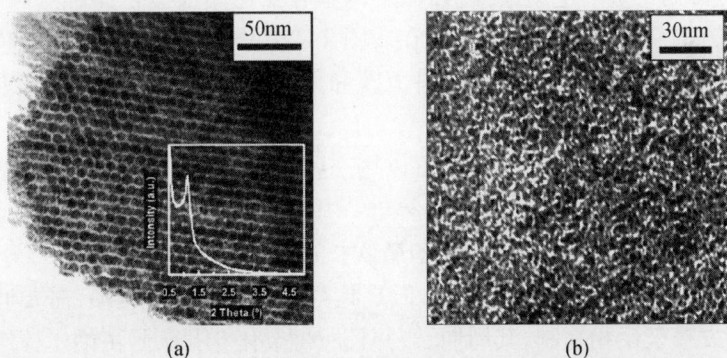

图 2 – 18 氮杂化介孔碳材料的 TEM 图像[39]

(a) 以 SBA – 15 为模板得到的氮杂化介孔碳材料 C – S 的 TEM 图像,插图为 C – S 的小角 XRD 谱图;

(b) 以硅溶胶模板得到的氮杂化介孔碳材料 C – X 的 TEM 图像。

Li 等[40]采用密胺树脂(MF)为前驱物,氧化硅小球为模板来制备含氮的介孔碳小球。图 2-19 是 MF/SiO₂ 小球复合材料和氮杂化介孔碳球的 SEM 图片,MF/SiO₂ 小球复合材料的直径大约为 $2\mu m$,氮杂化介孔碳球直径大约为 $1.2\mu m$,骨架收缩是由于经过碳化处理和 HF 处理导致的。所得到的氮杂化介孔碳材料比表面积为 $1460m^2/g$,含氮量为 6%(质量分数),氮的引入可以提高材料本身的导电性和表面润湿性,在 0.5 A/g 的电流密度下它的电容可达到 159F/g,使材料在超级电容器方面的应用极具吸引力。

图 2-19 MF/SiO₂ 小球复合材料和氮化介孔碳球的 SEM 图片[43]

(a) MF/SiO₂ 小球复合材料的 SEM 图片;(b) 氮杂化介孔碳球的 SEM 图片。

通过乙二胺和四氯化碳在介孔氧化硅 SBA-15 孔道中进行聚合和裂解也可以制备得到含氮介孔碳材料 MCN-1[41]。所得 MCN-1 比表面积为 $505m^2/g$,孔容为 $0.55cm^3/g$。图 2-20 为所得产物的高分辨透射电镜(HRTEM)和能量过滤透射电镜(EF-TEM)的图像。图 2-20(a)显示的为条纹图案,为 MCN-1 沿(100)方向的透射电镜图像,插图中傅里叶变化图仅显示一维点阵列,表明在沿孔的方向有非晶态有序结构存在。图 2-20(b)清晰显示了产物具有二维六方有序结构。元素谱图表明材料由碳和氮元素组成,没有发现其他的痕量元素。

除上述硬模板法合成以外,还可以用一些易挥发的含氮有机分子做前驱物通过 CVD 的方法来进行合成。Xia 等[42,43]用化学气相沉积(CVD)的方法,在大于 900℃ 的条件下,用氮气将饱和乙腈吹扫进入介孔氧化硅孔道中,得到 N 含量为 6.4%~8% 的氮掺杂介孔碳。但是此类方法制备过程繁琐,需要通过介孔氧化硅为硬模板反相复制,其周期长,并且所得杂化介孔碳是由纳米棒组成的阵列,不具有开放的骨架结构。

2)其他杂原子掺杂介孔碳材料

Vinu[44]采用二维六方介孔碳材料作为模板,氮化硼(BN)作为硼源,在 1500℃~1750℃高温下进行取代反应制备得到硼氮掺杂的介孔碳材料 MBCN,

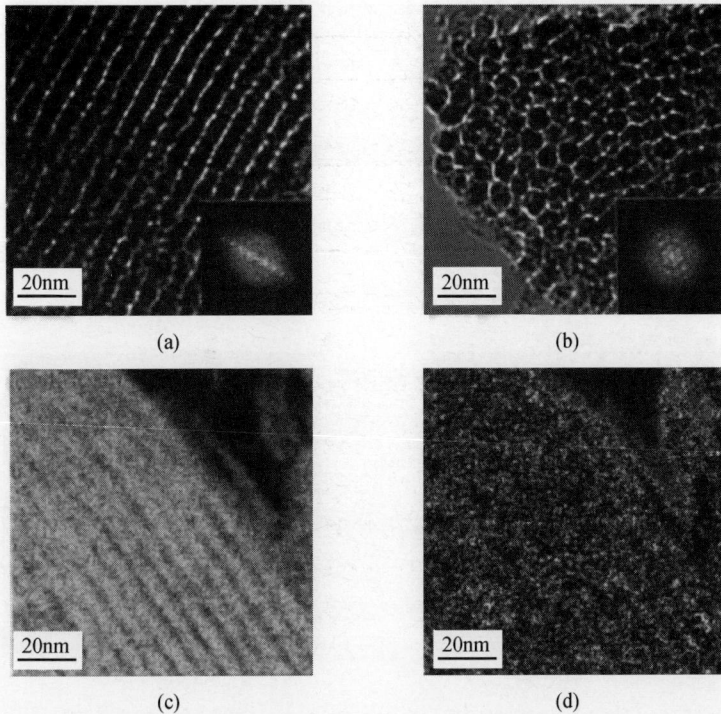

图 2 - 20　含氮介孔碳材料 MCN - 1 的 HRTEM(a,b)和 EF - TEM(c,d)图像[41]
(a) 沿介孔方向的 HRTEM 图像;(b) 垂直于介孔方向的 HRTEM 图像,插图为相应的傅里叶变化图像;
(c) 碳元素的元素谱图;(d) 氮元素的元素谱图。

其 HRTEM 图像如图 2 - 21 所示。从图 2 - 2(a)可以看出,介孔碳杂化材料 MB-CN 具有相互连接的 BCN 层,表明无定形的介孔碳的孔壁可以转化成晶化的 BCN 孔壁。图 2 - 21(b - d)为介孔碳杂化材料 MBCN 的元素谱图,从谱图中可以看出,B、C、N 元素均匀分布在介孔碳杂化材料 MBCN 中,而且没有检测到其他的杂原子存在。介孔碳杂化材料 MBCN(1450℃)的 BET 比表面积为 740m^2/g,孔容为 0.69cm^3/g,孔径为 3.1nm。

2 - 噻吩甲醇在硬模板剂中线性聚合可以制备得到硫官能化的介孔碳材料[45]。介孔产物含有 4%(质量分数)~7%(质量分数)的硫,比表面积为 1400m^2/g ~1930m^2/g,孔容大于 2cm^3/g。材料在宽的 pH 范围内(1.0~12.8)对 Hg 表现出优异的亲和力。

采用介孔氧化硅为硬模板,呋喃溶液为碳前驱体可以得到表面氧官能团相对较高的介孔碳材料。在 180℃温度下进行水热碳化可以得到有序的具有亲水性表面的介孔碳材料[46]。这些表面可以进一步通过接枝的方法进行官能化。

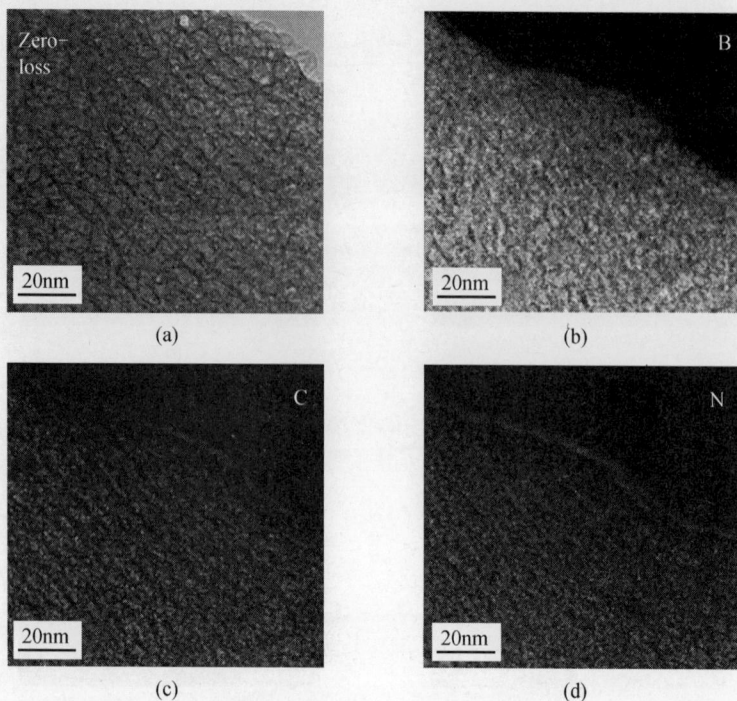

图 2-21 介孔碳杂化材料 MBCN 的 HRTEM 图像和元素谱图[44]

(a) 硼氮掺杂的介孔碳材料 MBCN(1450℃)的 HRTEM 图像；(b)、(c)、(d)B、C、N 的元素谱图。

2. 多元共组装法

由于碳的惰性表面使其与活性金属的作用力很弱,采用浇铸法将杂原子成分引入到介孔碳材料中不可避免会导致杂原子不能均匀地分散在载体中。而多元共组装法是将掺杂成分在介孔碳材料的合成过程中引入,使其固定在介孔碳材料的骨架中,这样不仅可以稳定骨架,还能提高材料的水热稳定性。此外,掺杂物质均匀分布在介孔材料的骨架中,有效避免了堵孔现象的发生。

1) 硅杂化有序介孔碳

单纯的高分子骨架在高温处理过程中存在着严重的骨架收缩,导致得到的碳材料的孔径、孔容和比表面积都比较小。当在高分子体系中引入刚性的氧化硅组分后,可以有效地降低骨架的收缩。因此,在酚醛树脂中加入氧化硅可以提高聚合物和碳的坚硬度,也可以限制热缩聚,该技术已经被广泛用于工业上。功能基团,如羟基、苯基和酯基,可以完全或部分地与硅羟基反应,通过水解和缩聚后形成硅烷。2006 年,刘瑞丽等[47]用三嵌段共聚物 F127 为结构导向剂,水溶性甲阶酚醛树脂(Resol)为高分子前驱体和氧化硅寡聚体为无机前驱体,通过三元共组装一步法成功地合成了有序介孔高分子-氧化硅和碳-

氧化硅杂化材料(图2-22)。该合成过程是无机-无机(氧化硅-氧化硅)、有机-无机(F127-SiO$_2$和resol-SiO$_2$)和有机-有机(F127-F127,F127-resol和Resol-resol)之间相互竞争和协同的过程,最终生成"钢筋-水泥混凝土"的骨架结构。具有刚性特点的氧化硅作为"钢筋"引入到"水泥"高分子(碳)中,有效减小了骨架的收缩。而且高分子/氧化硅和碳/氧化硅的比例可以从0到∞进行调节。该杂化材料在550℃空气气氛下焙烧除去碳后可得到有隧道孔的有序介孔氧化硅,用氢氟酸溶液溶去氧化硅后可得到具有大的孔径(6.7nm)和孔容(2.02cm^3/g)以及高比表面积(2470m^2/g)的有序介孔碳材料。

糠醇(FA)可以与通过TEOS在酸性条件下的水解得到的氧化硅共聚合成碳硅杂化材料[48]。所以,三嵌段共聚物模板技术可以导向PFA-氧化硅杂化介孔材料的合成[49]。然而,如果有机单体FA与TEOS在合成初期混合只能得到蠕虫状孔,FA单体的聚合不可控制可能会扰乱嵌段共聚物的自组装。

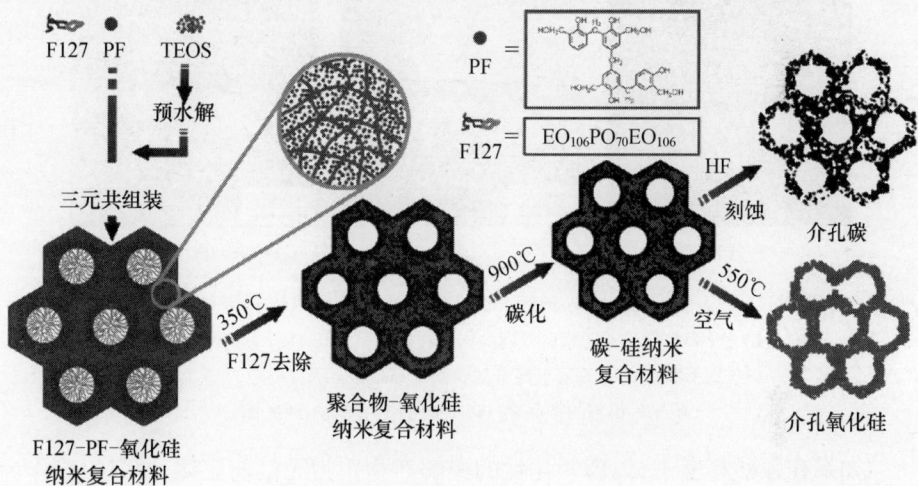

图2-22 通过三元共组装法制备有序介孔高分子-氧化硅和碳-氧化硅杂化材料,以及相应的有序介孔氧化硅和碳材料示意图[47]

2)钛杂化有序介孔碳

碳化钛具有良好的电子传递能力、高机械强度、低密度和类金属的催化活性。在无定形碳中镶嵌TiC纳米晶体能使导电性和机械性能相结合。用柠檬酸钛、Resol和三嵌段共聚物F127共组装合成有序介孔TiC/C纳米晶体杂化材料。柠檬酸钛和Resol中的亲水部分都能与三嵌段共聚物形成氢键,导向有序自组装介观结构。Resol与多羧酸基团螯合后的钛离子通过强的分子间氢键作用力进一步交联。这个过程与钛与酚羟基之间的酯化作用一样限制了 Ti – O 的聚集和缩聚。阻止了二氧化钛在 600℃ 以下形成纳米晶体和在形成坚固的碳骨架前避免了由于二氧化钛晶体的生长导致结构有序度降低。所以,固化该复合材料后,可以得到高含量和高分散钛的有序聚合物介观结构。原位碳高温还原可以在介孔碳基体中得到 TiC 纳米晶体(图 2 – 23)[50]。

图 2 – 23 介孔 Ti/C 纳米复合材料的 TEM 图和 X 射线能谱分析(EDX)图[50]
(a)、(b)经 600℃高温碳还原后得到的样品在[001] > 和[110]方向的 TEM 图像;
(c)样品颗粒的形貌;(d)碳基底上高分散钛面的 mapping 图;(e)、(f)经 1000℃高温碳
还原后得到的样品在[001]和[110]方向的 TEM 图。

如果在强酸环境中,以四氯化钛的醇解产物作为无机前驱体,酚醛树脂作为有机前驱体,三嵌段共聚物作为模板可以导向有序介孔 C/ TiO₂ 纳米复合材料的形成。由于碳成分的引入,玻璃态的网络阻止了热处理过程中氧化钛晶体的生长并作为黏合剂将其粘结起来,最终可以得到具有有序介观结构的 C/ TiO₂ 纳米复合材料。同时,该材料具有高的晶化程度、高的热稳定性(600℃)和高的比表面积(250m²/g)等优异性能,并将具有光催化作用的锐钛矿和具有强的吸附作用的碳材料结合起来,可以作为光催化剂有效降解玫瑰红(Rhodamine B)[51]。

3)氟杂化有序介孔碳

如果在苯酚 – 甲醛混合物中加入 p – 氟化苯酚,以三嵌段共聚物 F127 为模

90

板剂,可以产生具有 C－F 键结构的介孔聚合物,通过调节苯酚－甲醛混合物、p－氟化苯酚、三嵌段共聚物 F127 三者的比例,可以得到具有二维六方和三维六方结构的氟化介孔碳结构材料。所得氟化介孔碳材料 900℃碳化后依然保持良好的碳化结构[52],比表面积为 693m²/g～998m²/g,孔径尺寸在 3.0nm～4.4nm,孔容为 0.43cm³/g～0.70cm³/g。相对于未氟化的介孔碳材料表现出较高的电子转移速率,在电化学领域具有广阔的应用前景。

2.2.2 表面氧化

当官能团不能通过直接法引入时,可以先在碳表面引入含氧官能团,如酮、酚、内酯、乳醇、醚、羧酸、酸酐等,然后再通过共价结合、静电或氢键作用对表面氧化的碳材料进行改性。氧化作用增强了孔的润湿性,提高了微孔的比例和碳的比表面积。含氧的碳表面也可以增加碳材料的电化学性能。

氧化剂可以选用气体,如空气、氧气、臭氧、含氮氧化物,也可以选用液体,如硝酸、过氧化氢、高氯酸、过硫化物等。碳材料最常用的氧化剂为硝酸,可以通过控制酸的浓度和温度等来高效率的产生表面官能团。一般情况下,介孔碳材料的表面氧化后其 BET 比表面积和孔隙率先增加而后降低[53],初始增加主要是因为产生了微孔结构,然而,较长的氧化时间导致部分结构被破坏,从而使比表面积和孔体积有所下降。

Piotr 等[54]报道了采用硝酸液相氧化的方法对介孔碳材料的表面进行氧化处理。氧化后介孔碳表面存在浓度很高的含氧基团,如羧基基团等,表面氧化改性后介孔碳材料的孔径下降 1nm～1.2nm。图 2－24 是 HNO₃ 处理前后 CMK－5 的 TEM 图像对比,从图 2－24(b)可以看出,采用 1M 硝酸处理后 CMK－5 的二维六方有序结构可以很好的保持,从图 2－24(c)可以看出采用 4M 硝酸处理后 CMK－5 的结构主要呈无序结构,主要是由于孔道遭到了破坏的缘故,但部分平行排列的孔道依旧保持。从图 2－24(d)可以看出,C50－130－4M 的有序度要好于 C50－90－4M。因为 C50－130 连接介孔部位的厚度要大于 C50－90,因此其抵抗硝酸氧化的能力要好一些。

2.2.3 KOH/CO₂ 活化

通过 KOH 或 CO₂ 活化可以改变介孔碳材料的微观结构。在 750℃加热介孔碳材料 CMK－8 和 KOH 的混合物,可以通过骨架刻蚀产生微孔的结构,从而使 BET 比表面积和孔容增加,但介孔有序度和孔径有所下降,引入的碱金属可以通过水洗去除[55]。

在 700℃、N₂ 气氛下采用 KOH 活化后,酚醛树脂基碳材料的介孔率得以保

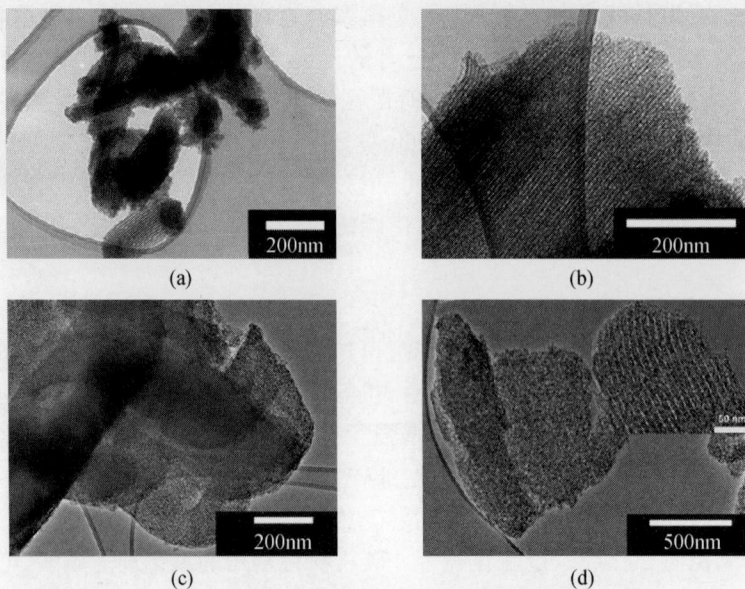

图 2 - 24　HNO₃ 处理前后 CMK - 5 的 TEM 图像[54]

（a）C50 - 90；（b）C50 - 90 - 1M；（c）C50 - 90 - 4M；（d）C50 - 130 - 4M [54]。
其中 C50 - 90 表示采用 50vol% 糠醇为碳源，SBA - 15 为模板，在 90℃ 老化
所得的介孔碳材料；C50 - 130 表示采用 50vol% 糠醇为碳源，SBA - 15 为模板，
在 130℃ 老化所得的介孔碳材料；C50 - 90 - 1M 表示采用 1M 硝酸处理的碳材料；
C50 - 90 - 4M 和 C50 - 130 - 4M 都是采用 4M 硝酸处理的碳材料。

持，同时微孔率显著增加[56]，具体变化示意图如图 2 - 25 所示。采用 CO₂ 进行活化介孔碳材料 CMK - 3 时，在 950℃ 高温处理的情况下 CMK - 3 具有相似的结构变化情况[57]。

图 2 - 25　介孔碳材料在 KOH 活化前后的结构变化示意图[56]

2.2.4　磺化

　　磺酸基官能化的介孔碳材料是环境友好型的固体酸催化剂，相对于液体酸

催化剂而言,固体酸催化剂可以重复进行使用,而且消除了使用液体酸催化剂所引起的副反应。

将介孔碳在硫酸中进行高温处理,可以得到磺化的介孔碳材料[58],所得产物的硫化物浓度为0.5mmol/g,而且在众多催化反应中都具有较高的转化率、选择性和反应速率。在磷酸中采用4-苯基-二偶氮磺酸盐进行还原也可以得到磺化的介孔碳材料[59],产物的硫化物浓度为1.93mmol/g,该产物可以用作酯化反应和缩合反应的催化剂。在高压釜中发烟硫酸与介孔碳反应,也可以得到磺化的介孔碳材料[60],其制备示意图如图2-26所示。当达到最佳条件时,磺酸基的表面浓度可以达到1.3mmol/g,所得产物可以用作许多反应的催化剂,包括用于重排和缩聚反应中。

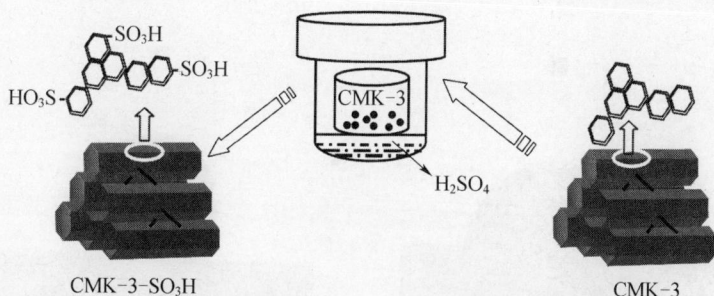

图2-26 磺化介孔碳材料CMK-SO₃H的制备示意图[60]

2.2.5 卤化

表面卤化可以显著改进介孔碳材料的物理特性。如氟化可以用来产生疏水的表面。在室温至250℃范围内,于流动的F₂流中处理介孔碳材料可以得到氟化的介孔碳材料[61]。采用这种方法进行氟化时,F原子与C—H键上的氢原子进行反应,同时也与不饱和键上的碳原子进行反应。在不同的实验条件下,F:C的比率变化范围为0.1~0.8。采用烷基氟硅烷也可以改性介孔碳材料,当碳材料表面被初步氧化后,碳与水解的烷基氟硅烷进行反应[62]。氟化介孔碳材料表现出二维六方有序的介孔结构(图2-27)。此外,氟化介孔碳材料还具有超疏水性,表现出很高的疏水角和低的水吸附性能(图2-28)。

2.2.6 接枝

接枝技术是获得表面官能团化介孔碳材料的重要方法。通常,碳材料表面存在特定的官能团,可通过有机反应来进行表面官能团化。

93

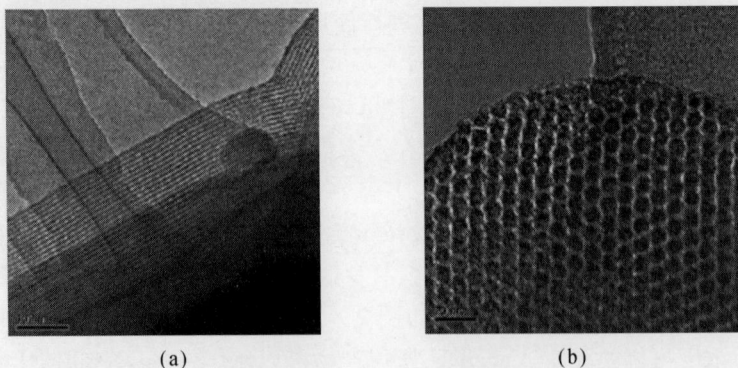

| (a) | (b) |

图 2 - 27　采用烷基氟硅烷改性介孔碳材料的 TEM 图像[61]

(a) [110]方向；(b) [100]方向。

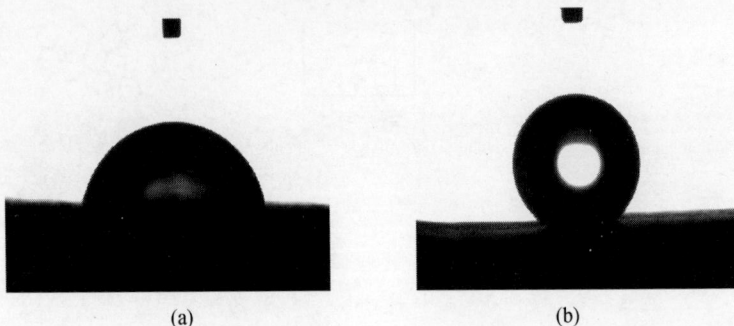

| (a) | (b) |

图 2 - 28　采用烷基氟硅烷改性介孔碳材料的水滴接触角图像[62]

(a) 未氟化改性的表面；(b) 氟化改性后的表面。

表面含有羧基的介孔碳材料如 CMK - 1 和 CMK - 5，与亚硫酰氯进行反应可以使羧基转化为酰氯基团[63]。酰氯基团通过酯化反应可以将 Schiff 碱配合物引入到碳材料的表面。Schiff 碱可以发生金属络合反应，如与 Mn^{2+} 络合后，可以将 Mn^{2+} 氧化成 Mn^{3+}，其催化活性与氧化硅催化剂的催化活性相似。与氧化硅催化剂不同的是，所得官能团化介孔碳材料在沸水中处理 10 天，介孔碳材料的有序性和催化活性依然保持。

原位产生的偶氮化合物可与表面含有官能团的介孔碳材料进行反应，图 2 - 29 是有序介孔碳 CMK - 5 和 C15（采用 SBA - 15 为模板剂制备的介孔碳材料）的表面官能化示意图。取代苯胺和异戊腈在氮气气氛下发生反应，原位产生偶氮化合物，偶氮化合物进一步与碳表面进行反应。所得化学接枝改性的介孔碳材料的孔径尺寸减少 1nm ~ 1.5nm，接枝密度为 0.9μmol/m^2 ~ 1.5μmol/$m^{2[64]}$。

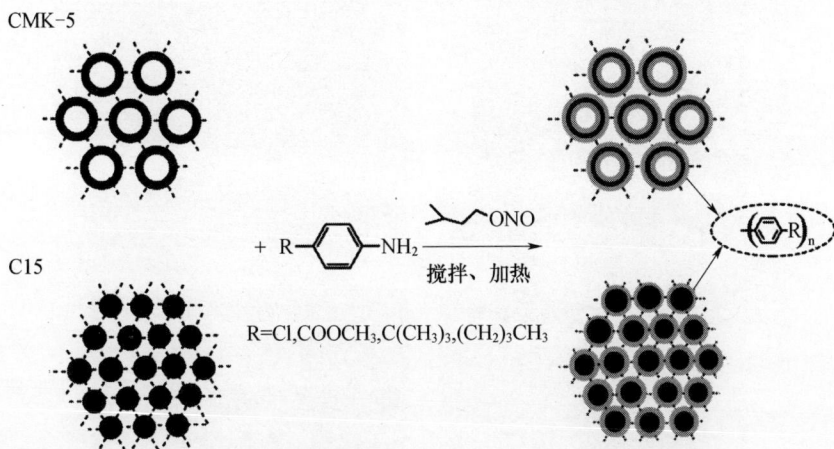

图 2 - 29　有序介孔碳 CMK - 5 和 C15 的表面官能化示意图[64]

2.2.7　浸渍

除了上述功能化方法外,还可以用浸渍的方法来实现介孔碳材料的功能化,该方法具有简单、易操作、成本低的特点。通过浸渍的方法可以将多种金属氧化物修饰到介孔碳材料的孔道里,比如氧化铁、氧化钴、氧化镍、氧化铜、氧化锰、氧化锌纳米粒子等[65-68]。

Lu 等[69]合成了在介孔碳载体上分子水平分散的贵金属 Pd - OMC 材料,共包括五个步骤:①在 SBA - 15 孔中引入聚丙烯腈(PAN);②氧化 SBA - 15 孔中引入的 PAN 来提高 PAN 分子的交联;③将复合物浸渍在 Pd(NO₃)₂ 水溶液中吸附 Pd 阳离子;④在氩气气氛下将复合物高温分解得到 SBA - 15/碳的复合物;⑤用 NaOH 或 HF 溶液溶解硅,得到 Pd - OMC。这种材料具有高温稳定性,分子水平分散的 Pd(< 1nm)嵌入在碳墙中。图 2 - 30 为 Pd - OMC 的 TEM 图谱,从图中可以看到有序二维六方结构的平行线;很少大于 20nm 的 Pd 粒子存在于碳的外表面上。由于毛细凝聚力使浸渍初期大部分的 PAN 前驱物进入 SBA - 15 孔中。但是,少量的 PAN 覆盖在模板 SBA - 15 的外表面是不可避免的。这些 PAN 也能化学吸附 Pd 阳离子。在高温分解的过程中,由于没有阻碍 Pd 运动,外表面的 Pd 阳离子烧结形成了大的 Pd 粒子。但是,从整个 Pd - OMC 样品的 TEM 图上,仅发现很少的大的 Pd 粒子。在高倍电镜下(图 2 - 30(b)),很难在碳的骨架中找到 Pd 粒子。样品在 650℃高温分解,在碳载体的外表面和碳墙中几乎观察不到明显的 Pd 粒子(图 2 - 30(c)和(d))。

Li 等[70]合成了具有 NiO 纳米晶墙壁的介孔 NiO/C 纳米复合材料,其合成

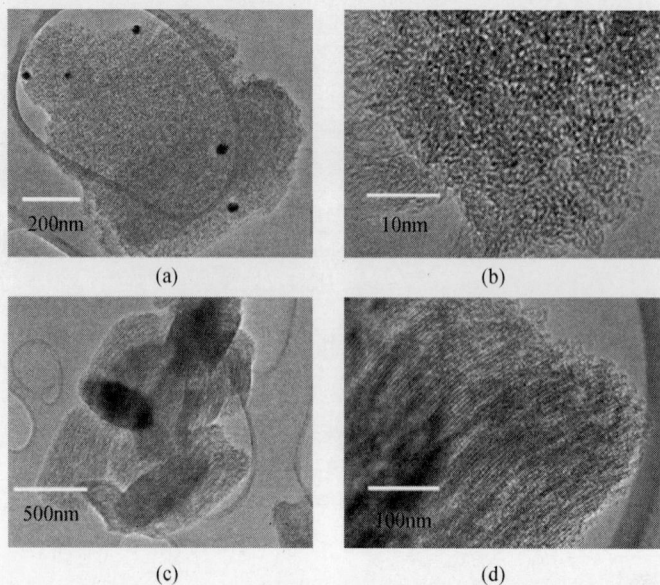

图 2 - 30　Pd - OMC 的 TEM 图谱[69]

示意图如图 2 - 31 所示。当 NiO 含量为 15.2%(质量分数)时,所得介孔 NiO/C 纳米复合材料的 BET 比表面积大约为 $1000m^2/g$,孔容为 $0.91cm^3/g$。

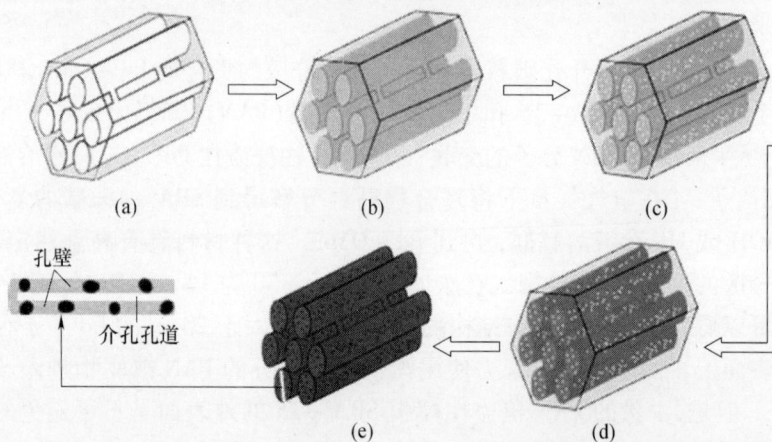

图 2 - 31　有序介孔 NiO/C 纳米复合材料的合成示意图[70]

(a) 有序介孔氧化硅 SBA - 15 模版;(b) 采用蔗糖进行浸渍;(c) 灌装镍前驱体;
(d) 再次采用蔗糖进行浸渍;(e) 有序介孔 NiO/碳纳米复合材料。

　　因为在浸渍过程中涉及到前驱体溶液与碳表面的接触,所以在浸渍以前对碳材料的孔道表面进行修饰对提高碳表面的亲水性和浸渍效果是非常重要的。

比如,在介孔 MnO_2/C 复合材料的合成过程中,研究者首先用硫酸氧化碳表面来增加碳表面的亲水性。然后将 $KMnO_4$ 的水溶液引入到碳材料的孔道中,再通过超声还原得到 MnO_2/C 复合材料[71]。使用疏水的溶剂可以省去材料的表面预处理过程。比如,将介孔碳浸渍到含 Pt 的 W/O 体系中,然后经过还原得到 Pt/C 复合介孔材料[72]。这一方法可以使前驱体溶液均匀分散到介孔碳的孔道中,并且最终所得到的 Pt 粒子在材料中分布得很均匀。

尽管上述方法可用来合成含金属的介孔碳,但是将纳米尺寸的金属纳米粒子均匀分散在有序介孔载体上仍然是一个挑战。特别是对于贵金属,为了提高催化剂活性和降低成本,制备尽可能小的和在载体上高度分散的粒子十分重要。

2.3　介孔碳材料的形貌控制

实际应用中,需要不同宏观形貌的介孔碳材料,例如,色谱中需要尺寸均一的球、传感器和分离所用的膜、透明的单片和光学上用到的膜。与传统材料不同,介孔材料宏观形貌的控制很难通过后处理过程达到。在合成过程中,介观结构组装和形貌的生长应该是同时控制的。与介孔氧化硅材料不同,大多数介孔碳材料都是通过溶剂挥发过程得到的。因此,对形貌控制的研究也远远落后于介孔氧化硅材料。尽管如此,不同形貌的介孔碳材料,如膜、纤维、单晶、单片和球形介孔碳等已经被报道合成。

2.3.1　膜和纤维状介孔碳材料

要得到介孔孔道规整排列的纤维,必须使用剪应力有序排列的嵌段共聚物/聚合物骨架。间苯三酚和三嵌段共聚物 F127 的复合物与甲醛反应得到介孔酚醛树脂和 F127 的复合体。利用剪应力例如旋转镀膜和喷射合成纤维状介孔材料都能得到宏观上所需的膜和纤维材料。柔软的片状碳层可以用纤维编织而成,如图 2 - 32 所示。

2.3.2　介孔碳单晶

在弱碱性条件下,甲醛和三嵌段共聚物 F127 或 P123 在水溶液中的协同自组装过程可以制备尺寸在 1mm ~ 5mm 的小球状介孔碳,5μm ~ 200μm 的棒状粒子菱形正十二面体的完美单晶以及圆盘状单晶[73]。树脂聚合速度和单晶介观结构形成速度之间的匹配是获得各种形貌介孔碳材料的重要因素。PEO/PPO 的比值,三嵌段共聚物的浓度影响了介观相亲疏水比值,从而进一步影响树脂和共聚物间的氢键作用以及聚合物沉淀的聚集过程。尺寸较大的球状颗粒物在疏

図 2-32　碳纤维编织层的照片[31]

（a）弯曲360°；（b）层状织物。

水界面得到。升高温度可以提高聚合速度同时减弱氢键作用力，进而导致组装失败。低温下聚合速度慢而不能固定住介观结构。有趣的是当温度在 66℃，搅拌速度大约为 $300r/min$ 时，可以得到尺寸大约为 $5\mu m$ 的具有 $Im\overline{3}m$ 结构的大单晶介孔碳，该单晶具有菱形正十二面体构型（图 2-33）。介质的温度可以平衡组装和缩聚速度，同时搅拌速度有利于物质传输，形成大单晶沉淀物。介孔碳材料完美单晶的合成，为菱形十二面体沿 110 面生长形成体心立方介观结构的层状生长机理提供了条件。

图　2-33　介孔碳 FDV-16 的 SEM 图像和单晶模型图[73]

（a）、（b）SEM 图像；（c）单晶模型图。

2.3.3　介孔碳单片

Wang 等[74]将凝胶刻蚀和化学气相沉积结合在一起，合成出均一等级的多孔碳单片材料。分别从 SBA-15 和 KIT-6 出发合成出了六方和立方介孔结构的碳单片。这种方法仍然含有碳源浸渍这一繁琐步骤。图 2-34 和图 2-35 分别为合成流程图和碳单片的扫描电镜照片。

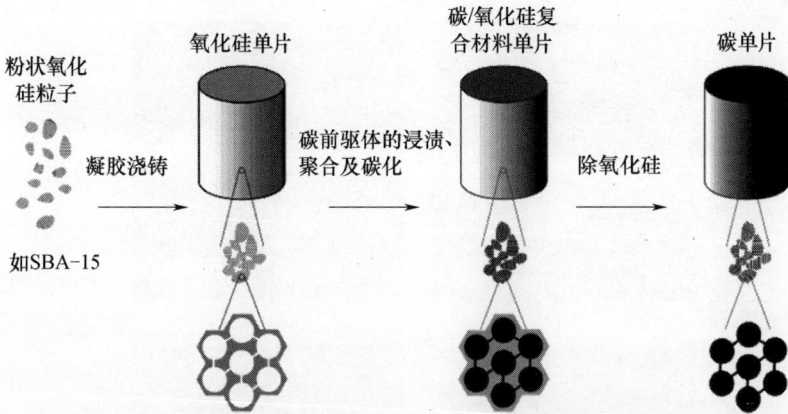

图 2 - 34　合成介孔碳单片材料流程图[74]

(a)　　　　　　　　　　　(b)

图 2 - 35　碳单片的 SEM 照片[74]

（a）SC - 15 - 60 碳/硅复合物；（b）C - 15 - 60 碳单片。

2.3.4　球形介孔碳

Hampsey 等[75]报道利用介孔硅分子筛为模板，通过液相浸渍碳源的方法合成了球形有序介孔碳颗粒。所用的球形硅模板采用 F127 为表面活性剂，通过一种气雾剂辅助自组装的方法合成。很显然这是一种冗长而复杂的过程。图 2 - 36 为合成出的有序介孔碳颗粒扫描电镜照片。

Hampsey 等[76]从球形氧化硅胶颗粒或者硅簇模板出发，通过气雾化的方法制备了具有多孔泡沫状结构的微孔和介孔球形碳颗粒（图 2 - 37）。值得一提的是，目前为止大多数的研究者都利用气雾化辅助方法来获得产物良好的球形外貌，而这种方法产物收集过程中损失较大，合成条件难于控制，不利于工业化生产。

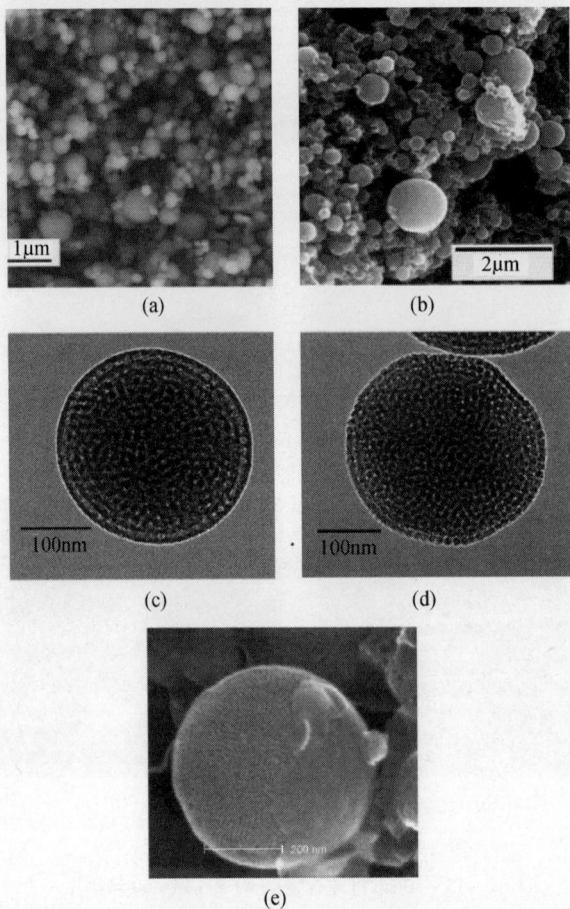

图 2-36　用 F127 表面活性剂合成的有序介孔碳颗粒的 SEM 和 TEM 照片
(a) 硅模板的 SEM 照片；(b) 相应的碳颗粒的 SEM 照片；(c) 具有代表性的硅颗粒的 TEM 照片；
(d) 具有代表性的碳颗粒的 TEM 照片；(e) 高放大倍率下的碳颗粒的 SEM 照片。[75]

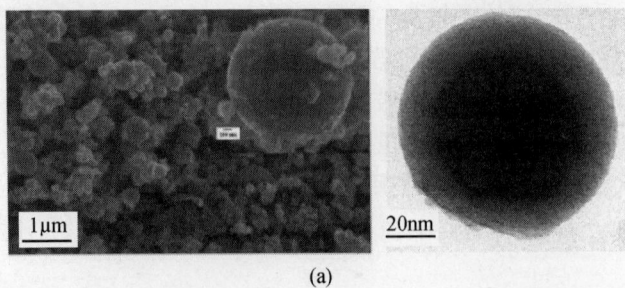

(a)

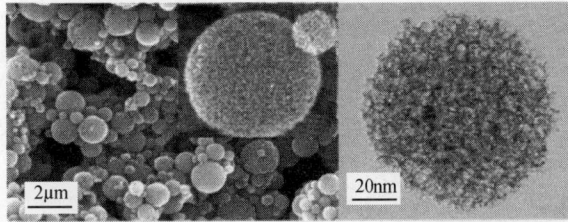

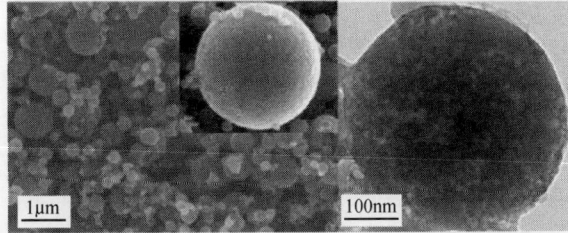

图 2-37 气雾化合成的多孔碳颗粒的具有代表性的高分辨
扫描电镜(左)和透射电镜(右)照片[76]

(a) 硅簇模板合成的微孔碳颗粒; (b) 用20nm~30nm氧化硅胶颗粒为模板合成高孔隙介孔碳颗粒;
(c) 用20nm~30nm氧化硅胶颗粒为模板合成的分等级双峰碳颗粒。

赵东元院士[77]等利用酚醛低聚物作为碳源,两性嵌段共聚物作为模板剂,通过气雾剂辅助有机/有机自组装方法一步合成出有序介孔碳质球,尺寸分布在100nm~5μm之间。这种材料在高温下比较活泼,结构和性能必将呈现不稳定性。其 SEM 和 TEM 图片如图 2-38 所示。

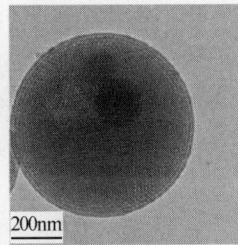

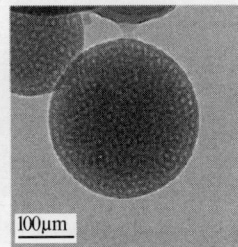

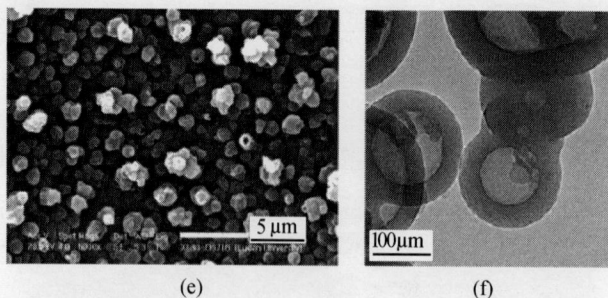

图 2 - 38 采用 F127 为模板剂通过气雾剂辅助法有机有机自组装合成的
具有代表性的介孔碳质球的 SEM(左)和 TEM(右)照片[77]
摩尔比：(a)和(b)中 F127：苯酚：甲醛：乙醇 = 6.11 × 10⁻³：1：2：30.54；
(c)和(d)中 F127：苯酚：甲醛：乙醇 = 1.22 × 10⁻²：1：2：30.54；
(e)和(f)中 F127：苯酚：甲醛：乙醇 = 4.58 × 10⁻³：1：2：30.54。

2.4 本章小结

本章对介孔碳材料的合成进行了综述,主要包括介孔碳材料的合成方法、介孔碳材料的功能化及其形貌控制 3 方面内容。对于介孔碳材料的合成方法而言,催化活化法和有机凝胶碳化法都有明显的缺点,而模板法是合成介孔碳材料最有效的方法,可以对介孔率、孔结构和孔尺寸进行有效的控制。介孔碳材料的功能化是进一步扩展介孔碳材料应用范围和性能的重要手段,具体的功能化的方法包括直接合成法、表面氧化、用 KOH 或 CO_2 进行活化、磺化、卤化、接枝、浸渍法等。此外,本章还介绍了不同形貌的介孔碳材料,包括介孔碳膜、纤维、单晶、单片、球形介孔碳等。进一步降低模板的成本、简化合成工艺过程、加强介孔结构可控性等为未来一段时期介孔碳材料合成领域研究的重点。

参 考 文 献

[1] Marsh H,Rand B. The process of activation of carbon by gasification with CO_2 - Ⅱ. The role of catalytic impurities . larbon, 1971,9(1):63 - 72.

[2] Tamon H. Improvement of mesoporosity of activated carbons from PET by novel pre - treatment for steam activation. Carbon, 1999, 37(10): 1643 - 1645.

[3] Mayer S T, Pekala R W. The aerocapacitor:an electrochemical energystorage device. J. Electrochem. Soc. , 1993, 140(2):446 - 451.

[4] Gavalda S, Kaneko K, Thomson K T, et al. Molecular modeling of carbon aerogels, Colloid Surface A. 2001, 187 – 188(1 – 3): 531 – 538.

[5] Ozaki J, Ohizumi W, Endo N, et al. Novel Preparation method for the production of the mesoporous carbon fiber from a polymer blend. Carbon, 1997, 35(7):1031 – 1033.

[6] Tamon H, Ishizaka H, Araki T, et al. Control of mesoporous structure of organic and carbon aerogels. Carbon, 1998, 36(9): 1257 – 1262.

[7] Lin C, Ritter J A. Effect of synthesis pH on the structure of carbon xerogels. Carbon, 1997, 35 (9): 1271 – 1278.

[8] Ryoo R, Joo S H, Jun S. Synthesis of highly ordered carbon molecular sieves via template – mediated structural transformation. J. Phys. Chem. B. , 1999, 103 (37): 7743 – 7746.

[9] Fuertes A B, Nevskaia D M. Control of mesoporous structure of carbon synthesized using a mesostructured silica as template. Micropor. Mesopor. Mater. , 2003, 62(3): 177 – 190.

[10] Zhang W H, Liang C, Sun H, et al. Synthesis of ordered mesoporous carbons composed of nanotubes via catalytic chemical vapor deposition. Adv. Mater. , 2002, 14(23): 1776 – 1778.

[11] Ryoo R, Joo S H, Kruk M, et al. Ordered mesoporous carbons. Adv. Mater. , 2001, 13(9): 677 – 681.

[12] Lee J, Yoon S, Hyeon T, et al. Synthesis of a new mesoporous carbon and its application to electrochemical double – layer capacitors. Chem. Commun. , 1999, 21: 2177 – 2178.

[13] Kim S S, Pinnavaia T J. A low cost route to hexagonal mesostructured carbon molecular sieves. Chem. Commun. , 2001, 23: 2418 – 2419.

[14] Jun S, Joo S H, Ryoo R, et al. Synthesis of new, nanoporous carbon with hexagonally ordered mesostructure. J. Am. Chem. Soc. , 2000, 122 (43): 10712 – 10713.

[15] Joo S H, Choi S J, Oh I, et al. Ordered nanoporous arrays of carbon supporting high dispersions of platinum nanoparticles. Nature, 2001, 412(6843): 169 – 172.

[16] Lu A H, Schmidt W, Spliethoff B, et al. Synthesis of ordered mesoporous carbon with bimodal pore system and high pore volume. Adv. Mater. , 2003, 15(19): 1602 – 1606.

[17] Kim T W, Park I S, Ryoo R. A synthetic route to ordered mesoporous carbon materials with graphitic pore walls. Angew. Chem. Int. Ed. , 2003, 42(36): 4375 – 4379.

[18] Kim C H, Lee D K, Pinnavaia T J. Graphitic mesostructured carbon prepared from aromatic precursors. Langmuir, 2004, 20 (13): 5157 – 5159.

[19] Yang H F, Yan Y, Liu Y, et al. Mesoporous carbon and carbon nanofiber bundles with graphitized structure from pitches. J. Phys. Chem. B, 2004, 108(45): 17320 – 17328.

[20] Xia Y, Yang Z, Mokaya R. Simultaneous control of morphology and porosity in nanoporous carbon: graphitic mesoporous carbon nanorods and nanotubules with tunable pore size. Chem. Mater. , 2006, 18 (1): 140 – 148.

[21] Lee J S, Joo S H, Ryoo R. Synthesis of mesoporous silicas of controlled pore wall thickness and their replication to ordered nanoporous carbons with various pore diameters. J. Am. Chem. Soc. , 2002, 124 (7): 1156 – 1157.

[22] Yoon S B, Kim J Y, Yu J S. A direct template synthesis of nanoporous carbons with high mechanical stability using assynthesized MCM – 48 hosts. Chem. Commun. , 2002, 14: 1536 – 1537.

[23] Kim J, Lee J, Hyeon T. Direct synthesis of uniform mesoporous carbons from the carbonization of assynthe-

sized silica/triblock copolymer nanocomposites. Carbon, 42(12 - 13): 2711 - 2719.

[24] Yokoi T, Sakamoto Y, Terasaki O, et al. Periodic arrangement of silica nanospheres assisted by amino acids. J. Am. Chem. Soc. , 2006, 128(42): 13664 - 13665.

[25] Han S, Hyeon T. Simple silicaparticle template synthesis of mesoporous carbons. Chem. Commun. , 1999, 19: 1955 - 1956.

[26] Li Z, Jaroniec M. Colloidal imprinting: a novel approach to the synthesis of mesoporous carbons. J. Am. Chem. Soc. , 2001, 123 (37): 9208 - 9209.

[27] Kawashima D, Aihara T, Kobayashi Y, et al. Preparation of mesoporous carbon from organic polymer/silica nanocomposite. Chem. Mater. , 2000, 12(11): 3397 - 3401.

[28] Hu Q, Pang J, Wu Z, et al. Carbon with high thermal conductivity, prepared from ribbon - shaped mesosphase pitch - based fibers. Carbon, 2006, 44(7): 1298 - 1301.

[29] Li L, Song H, Chen X. Ordered mesoporous carbons from the carbonization of sulfuric - acid - treated silica/triblock copolymer sucrose composites. Micro. Meso. Mater. , 2006, 94(1 - 3): 9 - 14.

[30] Moriguchi I, Ozono A, Mikuriya K, et al. Micelle - templated mesophases of phenol - formaldehyde polymer. Chem. Lett. , 1999, (11): 1171 - 1172.

[31] Liang C D, Dai S. Synthesis of mesoporous carbon materials via enhanced hydrogen - bonding interaction. J. Am. Chem. Soc. , 2006, 128 (16): 5316 - 5317.

[32] Tanaka S, Nishiyama N, Egashira Y, et al. Synthesis of ordered mesoporous carbons with channel structure from an organic - organic nanocomposite. Chem. Commun. , 2005, (16): 2125 - 2127.

[33] Liu C Y, Li L X, Song H H, et al. Facile synthesis of ordered mesoporous carbons from F108/resorcinol - formaldehyde composites obtained in basic media. Chem. Commun. , 2007, (7): 757 - 759.

[34] Meng Y, Gu D, Zhang F Q, et al. Ordered mesoporous polymers and homologous carbon frameworks: amphiphilic surfactant templating and direct transformation. Angew. Chem. Int. Ed. , 2005, 44 (43): 7053 - 7059.

[35] Meng Y, Gu D, Zhang F Q, et al. A family of highly ordered mesoporous polymer resin and carbon structures from organic - organic self - assembly. Chem. Mater. , 2006, 18(18): 4447 - 4464.

[36] Zhang F Q, Meng Y, Gu D, et al. A facile aqueous route to synthesize highly ordered mesoporous polymers and carbon frameworks with Ia3d bicontinuous cubic structure. J. Am. Chem. Soc. , 2005, 127(39): 13508 - 13509.

[37] Zhang F Q, Meng Y, Gu D, et al. An aqueous cooperative assembly route to synthesize ordered mesoporous carbons with controlled structures and morphology. Chem. Mater. , 2006, 18(22): 5279 - 5288.

[38] Lu A H, Li W C, Kiefer A, et al. Fabrication of magnetically separable mesostructured silica with an open pore system. J. Am. Chem. Soc. , 2004, 126(28): 8616 - 8617.

[39] Fuertes A B, Centeno T A. Mesoporous carbons with graphitic structures fabricated by using porous silica materials as templates and iron - impregnated polypyrrole as precursor. J. Mater. Chem. , 2005, 15(10): 1079 - 1083.

[40] Li W R, Chen D H, Li Z, et al. Nitrogen - containing carbon spheres with very large uniform mesopores: The superior electrode materials for EDLC in organic electrolyte. Carbon 2007, 45(9): 1757 - 1763.

[41] Vinu A, Ariga K, Mori T, et al. Preparation and characterization of well - ordered hexagonal mesoporous carbon nitride. Adv. Mater. , 2005, 17(13): 1648 - 1652.

104

[42] Xia Y D, Yang Z X, Mokaya R. Mesostructured hollow spheres of graphitic n – doped carbon nanocast from spherical mesoporous silica. J. Phys. Chem. B, 2004, 108(50): 19293 – 19298.

[43] Xia Y D, Mokaya R. Generalized and facile synthesis approach to n – doped highly graphitic mesoporous carbon materials. Chem. Mater. , 2005, 17(6): 1553 – 1560.

[44] Vinu A, Terrones M, Golberg D, et al. Synthesis of mesoporous BN and BCN exhibiting large surface areas via templating methods. Chem. Mater. , 2005, 17 (24): 5887 – 5890.

[45] Shin Y, Fryxell G E, Um W, et al. Sulfurfunctionalized mesoporous carbon. Adv. Funct. Mater. , 2007, 17(15): 2897 – 2901.

[46] Titirici M M, Thomas A, Antonietti M. Aminated hydrophilic ordered mesoporous carbons. J. Mater. Chem. , 2007, 17: 3412 – 3418.

[47] Liu R L, Shi Y F, Wan Y. et al. Triconstituent co – assembly to ordered mesostructured polymer – silica and carbon – silica nanocomposites and large – pore mesoporous carbons with high surface areas. J. Am. Chem. Soc. , 2006, 128(35): 11652 – 11662.

[48] Muller H, Rehak P, Jager C, et al. A concept for the fabrication of penetrating carbon/silica hybrid materials. Adv. Mater. , 2000, 12 (22): 1671 – 1675.

[49] Yao J F, Wang H T, Chan K Y, et al. Incorporating organic polymer into silica walls: a novel strategy for synthesis of templated mesoporous silica with tunable pore structure. Microporous Mesoporous Mater. , 2005, 82 (1 – 2): 183 – 189.

[50] Yu T, Deng Y H, Wang L, et al. Ordered mesoporous nanocrystalline titanium – carbide/carbon composites from in situ carbothermal reduction. Adv. Mater. , 2007, 19(17): 2301 – 2306.

[51] Liu R L, Ren Y J, Shi Y F, et al. Controlled synthesis of ordered mesoporous C – TiO$_2$ nanocomposites with crystalline titania frameworks from organic – inorganic – amphiphilic co – assembly. Chem. Mater. 2007, 20(3): 1140 – 1146.

[52] Wan Y, Qian X, Jia N, et al. Direct triblock – copolymer – templating synthesis of highly ordered fluorinated mesoporous carbon. Chem. Mater. , 2008, 20 (3): 1012 – 1018.

[53] Li H, Xi H A, Zhu S, et al. Preparation, structural characterization, and electrochemical properties of chemically modified mesoporous carbon. Micro. Meso. Mater. , 2006, 96(1 – 3): 357 – 362.

[54] Bazula P A, Lu A H, Nitz J J, et al. Surface and pore structure modification of ordered mesoporous carbons via a chemical oxidation approach. Micro. Meso. Mater. , 2008, 108(1 – 3): 266 – 275.

[55] Choi M, Ryoo R. Mesoporous carbons with KOH activated framework and their hydrogen adsorption. J. Mater. Chem. , 2007, 17: 4204 – 4209.

[56] Görka J, Zawislak A, Choma J, et al. KOH activation of mesoporous carbons obtained by soft – templating. Carbon, 2008, 46(8): 1159 – 1161.

[57] Xia K S, Gao Q M, Wu C D, et al. Activation, characterization and hydrogen storage properties of the mesoporous carbon CMK – 3. Carbon, 2007, 45(10): 1989 – 1996.

[58] Budarin V L, Clark J H, Luque R, et al. Versatile mesoporous carbonaceous materials for acid catalysis. Chem. Commun. , 2007, 6: 634 – 636.

[59] Wang X Q, Liu R, Waje M M, et al. Sulfonated ordered mesoporous carbon as a stable and highly active protonic acid catalyst. Chem. Mater. , 2007, 19 (10): 2395 – 2397.

[60] Xing R, Liu Y M, Wang R, et al. Active solid acid catalysts prepared by sulfonation of carbonization –

controlled mesoporous carbon materials. Micro. Meso. Mater. , 2007, 105(1 -2): 41 -48.

[61] Li Z, Del Cul G D, Yan W, et al. Synthesis of mesoporous BN and BCN exhibiting large surface areas via templating methods fluorinated carbon with ordered mesoporous structure. J. Am. Chem. Soc. , 2004, 126 (40): 12782 -12783.

[62] Wang L, Zhao Y, Lin K, et al. Super - hydrophobic ordered mesoporous carbon monolith. Carbon, 2006, 44(7): 1336 -1339.

[63] Jun S, Choi M, Ryu S, et al. Ordered mesoporous carbon molecular sieves with functionalized surfaces. Stud. Surf. Sci. Catal. , 2003, 146: 37 -40.

[64] Li Z J, Yan W F, Dai S. Surface functionalization of ordered mesoporous carbons - a comparative study. Langmuir, 2005, 21 (25): 11999 -12006.

[65] Lee J J, Han S, Kim H, et al. Performance of CoMoS catalysts supported on nanoporous carbon in the hydrodesulfurization of dibenzothiophene and 4,6 - dimethyldibenzothiophene. Catal. Today, 2003, 86 (1 -4): 141 -149.

[66] Minchev C, Huwe H, Tsoncheva T, et al. Iron oxide modified mesoporous carbons: Physicochemical and catalytic study. Micro. Meso. Mater. , 2005, 81(1 -3): 333 -341.

[67] Li H, Xi H, Zhu S, et al. Nickel oxide nanocrystallites embedded within the wall of ordered mesoporous carbon. Mater. Lett. , 2006, 60(7): 943 -946.

[68] Huwe H, Froeba M. Synthesis and characterization of transition metal and metal oxide nanoparticles inside mesoporous carbon CMK -3. Carbon, 2007, 45(2): 304 -314.

[69] Lu A H, Li W C, Hou Z S, et al. Molecular level dispersed Pd clusters in the carbon walls of ordered mesoporous carbon as a highly selective alcohol oxidation catalyst. Chem. Commun. , 2007, 10: 1038 -1040.

[70] Li H F, Zhu S M, Xi H A, et al. Nickel oxide nanocrystallites within the wall of ordered mesoporous carbon CMK -3: Synthesis and characterization. Micro. Meso. Mater. , 2006, 89(1 -3): 196 -203.

[71] Zhu S, Zhou H, Hibino M, et al. Synthesis of MnO_2 nanoparticles confined in ordered mesoporous carbon using a sonochemical method. Adv. Funct. Mater. , 2005,15(3): 381 -386.

[72] Wikander K, Hungria A B, Midgley P A, et al. Incorporation of platinum nanoparticles in ordered mesoporous carbon. J. Colloid Interface Sci. , 2007, 305(1): 204 -208.

[73] Zhang F Q, Gu D, Yu T, et al. Mesoporous carbon single - crystals from organic - organic self - assembly. J. Am. Chem. Soc. , 2007, 129(25): 7746 -7747.

[74] Wang X, Bozhilov K N, Feng P. Facile preparation of hierarchically porous carbon monoliths with well - ordered mesostructures. Chem. Mater. , 2006, 18(26): 6373 -6381.

[75] Hampsey J E, Hu Q, Wu Z, et al. Templating synthesis of ordered mesoporous carbon particles. Carbon, 2005, 43 (14): 2977 -2982.

[76] Hampsey J E, Hu Q, Rice L, et al. A general approach towards hierarchical porous carbon particles. Chem. Commun. , 2005, 28: 3606 -3608.

[77] Yan Y, Zhang F, Meng Y, et al. One - step synthesis of ordered mesoporous carbonaceous spheres by an aerosol - assisted self - assembly. Chem. Commun. , 2007, 27: 2867 -2869.

第3章　PDMS–PEO 嵌段共聚物
辅助合成介孔碳材料

3.1　引言

模板法是迄今为止合成介孔碳材料最为先进的方法之一,包括硬模板法和软模板法。硬模板法制备介孔碳材料的步骤繁琐、操作比较复杂、费时费力而且经济成本较高,不利于介孔碳材料的大批量地制备和生产,而且很难合成出孔径超过 5nm 的介孔碳材料。在此基础上,科研人员进行了软模板法合成介孔碳材料的研究,以低分子量的酚醛树脂为前驱体,非离子三嵌段聚合物为结构导向剂,通过溶剂挥发诱导自组装的方法,成功地制备了一系列有序的介孔高分子材料,通过高温碳化可以直接转变为有序的介孔碳材料。上述软模板法合成介孔碳材料克服了传统硬模板法费时、费力、多步骤的缺点,但所得介孔材料骨架稳定性有待提高,且所得介孔碳材料的孔径一般小于 4.0nm。这主要是由于介孔碳材料是由介孔高分子材料的碳化制得的,单纯的高分子骨架在高温处理过程中会出现严重的骨架收缩,从而导致所制备的介孔碳材料的孔径、孔容和比表面积都比较小。

在高分子体系中引入刚性的氧化硅组分可以有效地降低介孔碳材料骨架的收缩[1]。除去氧化硅组分,便可得到具有高的骨架稳定性的大孔径的介孔碳材料。

目前,介孔碳/氧化硅纳米复合材料的合成多采用介孔氧化硅的表面官能化、后嫁接法和三元共组装方法。介孔氧化硅的表面官能化是利用含有机官能团的硅源或特殊表面活性剂合成介孔有机氧化硅,而后进一步碳化的方法,此法原料昂贵并且难以合成,不利于大批量生产;后嫁接法是在介孔氧化硅中填充聚合物或碳,这种方法操作繁琐、不经济,而且很容易造成孔道堵塞,需要小心地控制聚合过程;三元共组装法是通过商品化的三嵌段共聚物、正硅酸乙酯和 A 阶酚醛树脂的三元共组装合成介孔高分子/氧化硅纳米复合材料,进一步进行简单的热处理将其转化为介孔碳/氧化硅纳米复合材料,该方法克服了前两种方法的缺点,但是采用该方法仅能得到具有二维六方 p6m 结构的介孔碳/氧化硅纳米复合材料,并没有合成出其他系列结构的介孔纳米复合材料。

针对上述研究状况,本书作者开发出一种简单易行、经济合理的方法来制备具有丰富结构的有序介孔碳/氧化硅纳米复合材料及介孔碳材料。采用 F127 和聚二甲基硅氧烷－聚氧乙烯(PDMS－PEO)两种嵌段共聚物为共模板剂合成具有二维六方 $p6m$ 和三维立方 $Im\overline{3}m$ 结构的介孔碳/氧化硅纳米复合材料和相应结构的介孔碳材料。其中,两嵌段共聚物 PDMS－PEO 既可以做为共模板剂,又可以做为硅源,这样就可以通过一步法将氧化硅引入到介孔碳材料体系中,避免了引入昂贵的硅烷试剂以及传统的溶胶－凝胶过程,大大简化了以往介孔碳/氧化硅纳米复合材料的制备过程,从而开辟出一条新型的经济合理、可操作性强的介孔纳米复合材料及相应的介孔碳材料的合成路线。

3.2　PDMS－PEO 嵌段共聚物简介

1. 含硅表面活性剂简介

含硅表面活性剂是随着有机硅新型材料发展起来的一种新型表面活性剂,在水和非水体系中都具有优异的表面活性,可使表面张力降为 20mN/m 左右,在低能表面也具有良好的润湿和铺展性,同时还具有热稳定性好、生理安全等特点[2]。有机硅表面活性剂按其在水溶剂中的电离情况可分为阴离子型含硅表面活性剂、阳离子型含硅表面活性剂和非离子型含硅表面活性剂。即有机硅表面活性剂分子结构中亲水基团可以是非离子型的聚氧乙烯(PEO)或糖类化合物,也可以是阴离子或阳离子型的;其疏水基团为有机硅链段,包括骨架为全甲基取代的 Si—O—Si 的聚硅氧烷、Si—C—Si 的聚碳硅烷及 Si—Si 的聚硅烷。其中,以聚硅氧烷－聚醚共聚物的研究较为深入,应用也最为广泛。

2. PDMS－PEO 的性质

嵌段共聚物 PDMS－PEO 是常见的有机硅表面活性剂之一,由性能差别很大的聚醚链段和聚硅氧烷链段通过化学键连接而成。其中,聚硅氧烷是含硅的有机化合物,以其硅氧原子交替出现的特殊结构而赋予其许多优良的性能,如低表面张力、优良的粘温性能、柔顺性、在极性表面展布性、良好的疏水性和适合在宽温度范围下使用性能等;亲水性的聚醚链段赋予聚硅氧烷以水溶性,使其既具有传统聚硅氧烷的耐高低温、抗老化、低表面张力等优异性能,又具有润滑、柔软、良好的铺展性和乳化稳定性等。除此之外,PDMS－PEO 嵌段共聚物还具有生物相容性、良好的适应性和低的玻璃化温度,因此作为表面活性剂是其他有机类表面活性剂无法比拟的。其中,PDMS－PEO 的良好疏水性与其硅氧链结构有关。PDMS－PEO 的分子模型如图 3－1 所示,从图中可以看出,硅原子在化合物中处于四面体中心,两个甲基垂直于硅与两相邻氧原子连接的平面上;由于 Si—C 键键长较大,以至于两个非极性的甲基上的 3 个氢就像撑开的伞,从而使它具有很好的疏水性[3]。

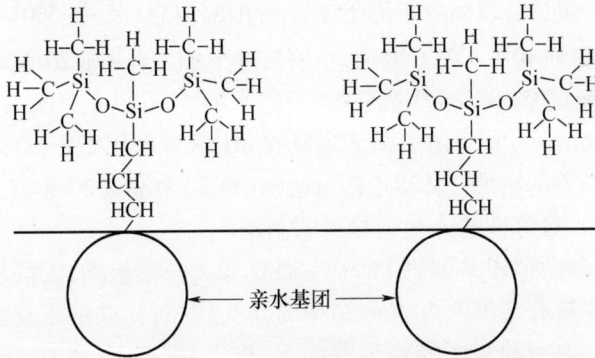

图 3 - 1 嵌段共聚物 PDMS - PEO 的分子模型示意图[3]

3. PDMS - PEO 嵌段共聚物用于介孔材料的合成

采用嵌段共聚物合成介孔材料具有如下优点：①制得的介孔材料比表面积大，孔壁厚且有纳米微晶区，孔径分布合理，微孔排列有序程度高，热稳定性较高；②在溶剂中的胶束化行为较慢，为纳米材料的组装提供了一定的时间和空间；③因为嵌段共聚物的分子量比较大，在溶剂中除了具有电荷排斥作用外，还有强的空间位阻效应，使形成的胶束聚集体稳定性更强；④自组装形成的结构形貌更加丰富；⑤胶束化行为可通过改变共聚物中亲水或疏水链段的含量、共聚物分子量、嵌段构造形式等来进行多方面控制；⑥价格低廉、无毒、无腐蚀性、可生物降解，满足了材料合成的经济性和环保性的要求等。

迄今为止，采用 PDMS - PEO 为模板剂合成介孔材料仅见 Husing 在 2003 年的文献[4]报道，其采用 PDMS - PEO 为模板剂合成具有层状结构的介孔氧化硅材料，但该文献并没有对所得材料的孔结构及其性质进行表征，即不能确认其具有孔隙率。而且，该文献采用 PDMS - PEO 合成介孔氧化硅并没有体现出 PDMS - PEO 的优势作用，采用 PDMS - PEO 合成介孔碳/硅复合材料或介孔碳材料才能发挥其增加骨架稳定性和增大孔径等优势作用。

3.3 PDMS - PEO 嵌段共聚物辅助合成介孔碳材料

1. 药品试剂

三嵌段共聚物 Pluronic F127（$EO_{106}PO_{70}EO_{106}$, $M_w = 12600$）购于 Aldrich 公司，PDMS - PEO（$M_w = 3012$, $DMS_{32} - EO_{20}$）购于深圳迈瑞尔化学技术有限公司，所有试剂使用前均未进一步处理。

2. A 阶酚醛树脂预聚体的制备

根据文献[5]报道合成高分子前驱体 A 阶酚醛树脂($M_w < 500$)。具体过程如下：将 0.61g 苯酚于 40℃ ~ 42℃熔融，在该温度下加入 0.13g 20% NaOH 水溶液搅拌 10min，加入 1.05g 37%（质量分数）甲醛水溶液，升温至 70℃ ~ 75℃反应 1h，降至室温，用 0.6mol/L HCl 溶液调节溶液的 pH 值为 7.0，低于 50℃真空减压脱水 1h ~ 2h。将得到的粘稠液体溶于四氢呋喃(THF)中配成 20% 溶液待用。

3. 具有 p6m 对称性的介孔碳材料的制备

采用 F127 和两嵌段共聚物 PDMS – PEO 作为共模板剂，酚醛树脂预聚体为碳源前驱体合成具有二维六方 p6m 结构的介孔碳/氧化硅纳米复合材料及相应的介孔碳材料。典型的合成操作步骤如下：将 1.0g F127 和 0.5g PDMS – PEO 溶于 20.0g THF 中，40℃搅拌 10min，得到透明的溶液。然后加入 5.0g 20%（质量分数）酚醛树脂预聚体的 THF 溶液，搅拌 0.5h 得到均匀的溶液。将该溶液转移到培养皿中，室温下挥发 THF 5h ~ 8h，再将培养皿置于 100℃烘箱内 24h，得到透明的橙黄色薄膜材料。将该材料从培养皿上刮下，研磨成粉末，得 As – made 样品（原始的未经处理的样品）。将 As – made 样品置于管式炉中，在氮气气氛下，350℃焙烧 3h 得到有序介孔高分子/氧化硅纳米复合材料；在 900℃焙烧 2h，得到有序介孔碳/氧化硅纳米复合材料，标记为 MP – CS – 8.2。MP – CS – x 表示样品的名称，其中 x 为 900℃焙烧后所得到的碳/氧化硅纳米复合材料中氧化硅的质量百分数。焙烧过程中，升温速率在 600℃以下为 1℃/min，600℃以上为 5℃/min。在 350℃和 900℃氮气气氛下焙烧的样品分别标记为 MP – CS – 8.2 –350N 和 MP – CS – 8.2 –900N。

把上述实验得到的介孔碳/氧化硅纳米复合材料加入 10% 的 HF 溶液搅拌 24h 除去氧化硅成分，干燥后即得到介孔碳材料。将实验得到的介孔碳/氧化硅复合材料放在 550℃空气中焙烧 5h，除去了碳的组成，即得相应的介孔氧化硅材料。对应于相应的母体材料，介孔碳材料将其标记为 MP – C – 8.2，对于介孔硅材料，将其标记为 MP – S – 8.2。典型样品 MP – CS – 8.2 和 MP – CS – 17.8 的制备条件列于表 3 – 1 中。

表 3 – 1　具有 p6m 对称性的有序介孔碳/氧化硅纳米
复合材料及介孔碳材料的制备条件

样品	PDMS – PEO	F127	Resol	SiO₂/%
MP – CS – 0	0	1.0	1.0	0
MP – CS – 8.2	0.5	1.0	1.0	8.2
MP – CS – 17.8	1.0	1.0	1.0	17.8
^{a} SiO₂% 为 SiO₂ 在介孔碳/氧化硅纳米复合材料中的质量百分含量，由热重分析得到				

4. 具有 $Im\bar{3}m$ 对称性的介孔碳材料的制备

采用 F127 和两嵌段共聚物 PDMS – PEO 作为共模板剂,酚醛树脂预聚体为碳源前驱体合成具有三维立方 $Im\bar{3}m$ 结构的介孔碳/氧化硅纳米复合材料及相应的介孔碳材料。典型的合成操作步骤如下:将 1.0g F127 和 1.0g PDMS – PEO 溶于 40.0g THF 中,40℃搅拌 10min, 得到透明的溶液。然后加入 10.0g 20%(质量分数)酚醛树脂预聚体的 THF 溶液,搅拌 0.5h 得到均匀的溶液。将该溶液转移到培养皿中,室温下挥发 THF 5h ~ 8h,再将培养皿置于 100℃烘箱内 24h,得到透明的橙黄色薄膜材料。将该材料从培养皿上刮下,研磨成粉末。将 As – made 样品置于管式炉中,在氮气气氛下 400℃焙烧 3h 得到有序介孔高分子/氧化硅纳米复合材料;在 900℃焙烧 2h,得到有序介孔碳/氧化硅纳米复合材料,标记为 MP – CS – 10。MP – CS – x 表示样品的名称,其中 x 为 900℃焙烧后所得到的碳/氧化硅纳米复合材料中氧化硅的质量百分含量。在焙烧的过程中,当温度在 600℃以下时,设定升温速为 1℃/min,当温度在 600℃以上时,设定升温速度为 5℃/min。在 400℃氮气气氛下焙烧所得的样品可以标记为 MP – CS – 10 – 400N , 在 900℃氮气气氛下焙烧所得的样品可以标记为 MP – CS – 10 – 900N。

同样地,把上述实验所得到的介孔碳/氧化硅纳米复合材料加入 10%(质量分数)的 HF 溶液中搅拌 24h 除去材料中的氧化硅,干燥后,我们得到了介孔碳材料;将实验得到的介孔碳/SiO_2 氧化硅复合材料放在 550℃空气下焙烧 5h,除去材料中的碳组成,得到了介孔氧化硅材料。对于相应的母体材料,介孔碳材料我们可以将其标记为 MP – C – 10,对于介孔硅材料,我们可以将其标记为 MP – S – 10。

3.4　介孔碳材料的结构表征

小角 X 射线散射(SAXS)谱图由德国布鲁克公司 Nanostar U 小角 X 射线散射仪测定(CuKα),管压 40kV,管流 35mA,记录时间为 30min。d 值通过公式 $d = 2\pi/q$ 计算,具有 p6m 对称性的有序介孔材料的晶胞参数 a_0 通过公式 $a_0 = \sqrt{2}d_{110}$ 计算,具有 $Im\bar{3}m$ 对称性的有序介孔材料的晶胞参数 a_0 通过公式 $a_0 = 2d_{10}/\sqrt{3}$ 计算。氮气吸附/脱附等温线采用 Micromeritics Tristar 3000 吸附仪于 77K 条件下获得。测试前,样品在真空条件下于 200℃预先脱气不少于 6h。样品的比表面积(S_{BET})采用 BET 方法进行计算;孔容(V_t)和孔径(D)由等温线吸附分支采用 BJH 模型计算,其中孔容用相对压力 $P/P_0 = 0.992$ 处的吸附量计算。透射电镜(TEM)照片由日本 JEOL JEM 2011 型高分辨透射电镜获得,加速电压为 200kV。样品的制备过程如下:将粉末状的材料溶解在乙醇中形成溶浆态,使用带有碳膜的铜网挂取该溶浆,干燥后可以直接用于观察。样品的红外光谱在 Nicolet 傅里叶变换红外光谱仪上测定,将样品和溴化钾以 1:100 比例混合后在研钵内研磨均匀,之后压制成小圆片,在室温下扫描,扫描范围 $4000cm^{-1}$ ~ $400cm^{-1}$。热重分析采用 Mettler Toledo TGA/SDTA851 热重分析仪进行测定介孔材料样品在氮气气氛下和空气气氛下 25℃ ~ 900℃ 范围内的热降解行为,升温速率为 5℃/min。采用 Bruker DSX300 spectrometer 获得样品的碳核磁共振(^{13}C CP/MAS NMR)谱图,其测量温度为室温,频率为 75MHz,循环时间为 2s,接触时间为 1ms,标样为金刚烷。硅核磁(^{29}Si MAS NMR)的测量温度为室温,频率为 59.6MHz,循环时间为 600s,标样为 $Q_8M_8([(CH_3)_3SiO]_8Si_8O_{12})$。拉曼谱图在 Raman DilorLabRam – 1B microscopic 拉曼光谱仪上测得,使用 He – Ne 激光为光源,激发波长为 632.8nm,样品负载在铝样品台上,以显微镜选区直接测量。

3.5 结果与讨论

3.5.1 具有 *p6m* 对称性的有序介孔材料

我们采用 F127 和 PDMS – PEO 为共模板剂,使用溶剂挥发共组装法(EISA)合成具有二维六方 *p6m* 对称性的有序介孔碳/氧化硅纳米复合材料及相应的介孔碳材料。所得到介孔材料的物理和化学性质如表 3 – 2 所列。本节主要以 MP – CS – 8.2 为例进行结构分析。

表 3 – 2 具有二维六方 *p6m* 对称性的有序介孔材料的物理化学性质

样品名称		a_0/nm	S_{BET}/(m²/g)	D/nm	V/(cm³/g)
MP – CS – 0	As – made 样品	14.8	—	—	—
	FDU – 15	12.1	650	6.8	0.63
	C – FDU – 15	8.7	970	2.9	0.56
MP – CS – 8.2	As – made 样品	15.8			
	介孔高分子/氧化硅纳米复合材料	14.0	615	8.0	0.67
	介孔碳/氧化硅纳米复合材料	11.2	788	4.9	0.64
MP – C – 8.2	介孔碳	10.9	517	5.4	0.50
MP – S – 8.2	介孔氧化硅	—	34	14.8	0.13

样品名称		a_o/nm	S_{BET}/(m²/g)	D/nm	V/(cm³/g)
MP – CS – 17.8	As – made 样品	15.9	—	—	—
	介孔高分子/氧化硅纳米复合材料	15.8	707	8.0	0.81
	介孔碳/氧化硅纳米复合材料	13.7	756	6.2	0.68
MP – C – 17.8	介孔碳	13.5	578	6.7	0.52
MP – S – 17.8	介孔氧化硅	—	69	22.6	0.33

注:MP – CS – 0 数据来源于参考文献[6];a_0 为晶胞参数,通过公式 $a_0 = \sqrt{2}\, d_{110}$ 计算得到;S_{BET}是BET表面积,D是孔径,V为总的孔容

As – made 纳米复合材料的小角 X 射线散射(SAXS)谱图(图 3 – 2 中的曲线 1)出现了三个清晰的衍射峰,分别对应于二维六方 $p6m$ 结构 10、11 和 20 晶面的衍射峰[7]。在氮气气氛下 350℃ 焙烧得到介孔高分子/氧化硅纳米复合材料,其 SAXS 谱图(图 3 – 2 中的曲线 2)的分辨率要好于 As – made 样品,说明在 350℃ 处理后,高有序度的介观结构被保留了下来。由 SAXS 谱图计算焙烧前后纳米复合材料的晶胞参数分别为 15.8 和 14.0nm,表明经 350℃ 焙烧后骨架收缩了 11.4%,收缩程度比单纯的高分子材料 FDU – 15 经 350℃ 焙烧过程收缩率有所减小(表 3 – 2),表明氧化硅组分的引入在一定程度上降低了骨架的收缩。在氮气气氛下,进一步在 900℃ 的高温进行焙烧,得到介孔碳/氧化硅纳米复合材料。所得材料的 SAXS 谱图(图 3 – 2 中的曲线 3)的衍射峰位置向 q 值增加的方向移动,对应的晶胞参数为 11.2nm。与 As – made 样品相比,焙烧后骨架收缩了 29.1%,比单纯的高分子骨架收缩率(41.2%)明显减小(表 3 – 2),这清楚地表明复合材料中氧化硅组分的存在有效地降低了骨架的收缩[8]。

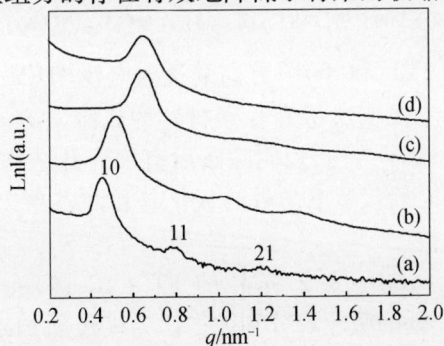

图 3 – 2 MP – CS – 8.2 介孔复合材料的 SAXS 图谱

(a) As – made 样品;(b) 氮气气氛下 350℃ 焙烧得到的样品(MP – CS – 8.2 – 350N);
(c) 氮气气氛下 900℃ 焙烧得到的样品(MP – CS – 8.2 – 900N);(d) MP – C – 8.2。

MP－CS－8.2－350N 和 MP－CS－8.2－900N 的 TEM 照片（图3－3）呈现出大范围有序的条形和六角阵列的孔道结构，说明所合成的材料为典型的二维六方相介孔材料，在900℃焙烧后，该介观结构仍然保持，进一步证明了所合成的介孔材料具有较高的热稳定性。

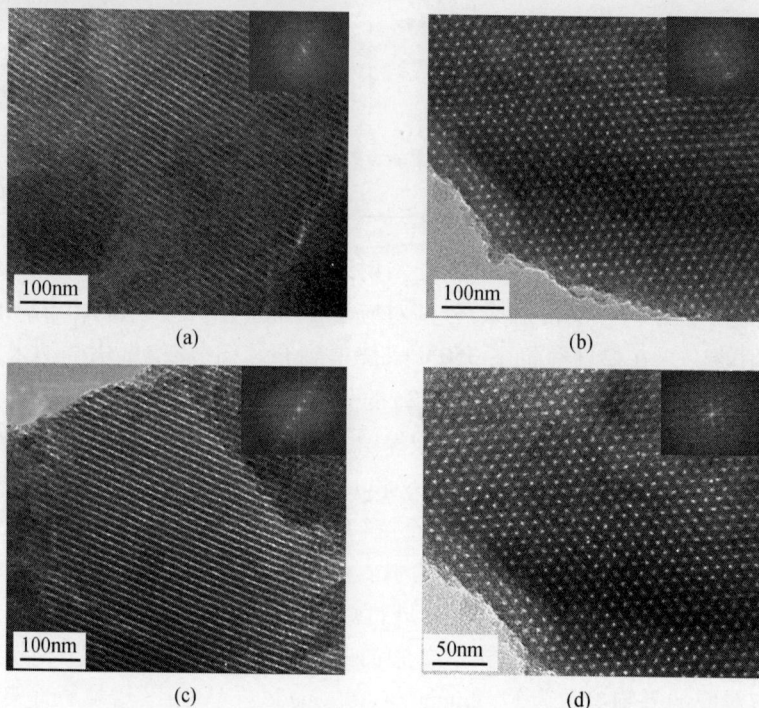

(a)

(b)

(c)

(d)

图3－3 介孔材料 MP－CS－8.2 的 TEM 照片，插图为相应的傅立叶衍射图谱
(a) 在氮气气氛下350℃沿[110]方向；(b) 在氮气气氛下350℃沿[001]方向；
(c) 在氮气气氛下900℃沿[110]方向；(d) 在氮气气氛下900℃沿[001]方向。

MP－C－8.2 沿[110]和[001]方向的透射电镜（TEM）照片分别如图3－4（a）和（b）所示，进一步证明所得介孔碳材料为二维六方 *p*6*m* 结构。MP－S－8.2 的 TEM 照片显示无序结构，表明除碳后有序介孔结构不能保持，主要是由于大量碳结构被除去之后仅留下少量的氧化硅和许多空穴结构，而使介孔硅结构不能很好的得以保持。

图3－5 为 MP－CS－8.2 样品的 FT－IR 谱图。As－made 样品在 $1101cm^{-1}$ 和 $2872cm^{-1}$ 处的吸收峰分别被指认为模板剂 F127 的 C—O 伸缩振动和 C—H 伸缩振动[9]与 Si—O—Si[10]的振动的交叠。在约 $3410cm^{-1}$ 处宽的吸收峰和约 $1615cm^{-1}$ 处宽的吸收峰为酚醛树脂中的—OH 振动产生引起的[11]，说明材料的骨架中存在大量的羟基。此外，该吸收峰较宽，暗示这些羟基之间有较强

114

图 3-4　介孔材料的 TEM 照片,插图为相应的傅立叶衍射图谱
(a) 介孔碳材料 MP-C-8.2 沿[110]方向;(b) 介孔碳材料 MP-C-8.2 沿[001]方向;
(c)、(d) 介孔硅材料 MP-S-8.2。

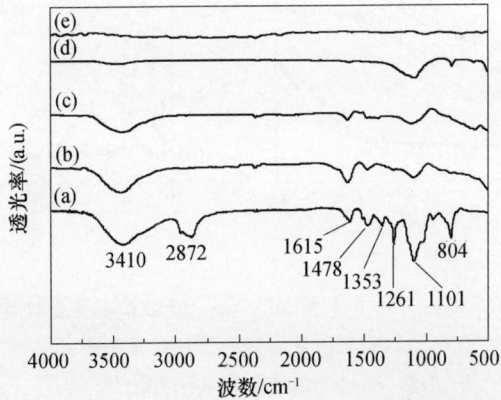

图 3-5　MP-CS-8.2 的 FT-IR 谱图
(a) As-made 样品;(b) 350℃ N₂ 气氛焙烧的样品;(c) 900℃ N₂ 气氛焙烧的样品;
(d) 相应的介孔氧化硅材料;(e) 相应的介孔碳材料。

的氢键相互作用。经过氮气气氛下 350℃焙烧后,位于 2900cm^{-1}附近的吸收峰强度降低,进一步表明 350℃进行焙烧可以成功地除去模板剂 F127,同时保留的酚醛树脂和氧化硅的特征振动峰表明高分子和氧化硅共存[12]。900℃在 N$_2$ 气氛中焙烧后,酚醛树脂的振动峰消失,氧化硅的振动峰保留,介孔碳(图 3 - 5 曲线 5)和介孔氧化硅硅(图 3 - 5 曲线 4)的 FT - IR 谱图清晰地表明所得材料的骨架分别是由碳和氧化硅组成的。

MP - CS - 8.2 和 MP - CS - 17.8 纳米复合材料的氮气吸附/脱附等温线和孔径分布曲线如图 3 - 6 所示,相应的 BET 比表面积、孔体积、孔径数据列于表 3 - 2 中。MP - CS - 8.2 和 MP - CS - 17.8 的氮气吸附/脱附等温线显示良好的

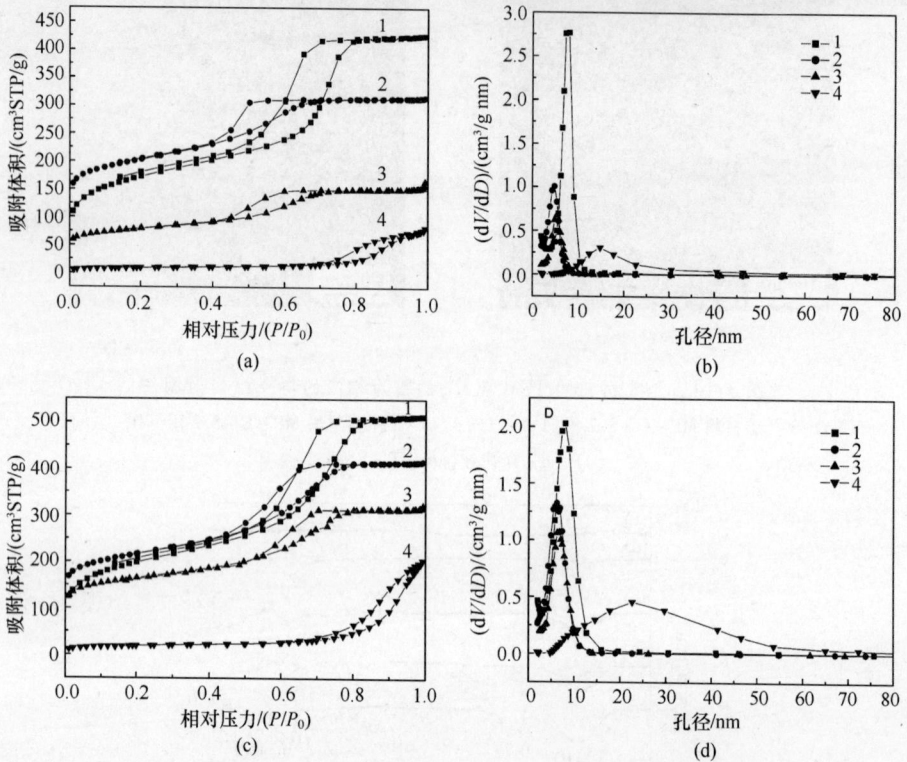

图 3 - 6 MP - CS - 8.2 和 MP - CS - 17.8 纳米复合材料的氮气
吸附/脱附等温线和孔径分布曲线

(a) MP - CS - 8.2 的氮气吸附/脱附等温线;(b) MP - CS - 8.2 的孔径分布曲线;
(c) MP - CS - 17.8 的氮气吸附/脱附等温线;(d) MP - CS - 17.8 的孔径分布曲线。

1—350℃ N$_2$ 气氛焙烧的样品;2—900℃ N$_2$ 气氛焙烧的样品;

3—相应的介孔碳材料;4—相应的介孔氧化硅材料。

H_1 型滞后环,表明 MP-CS-8.2 和 MP-CS-17.8 纳米复合材料具有有序的柱状介孔孔道[13],与 SAXS 和 TEM 测试结果相一致。所有的介孔纳米复合材料均表现出 IV 型吸附等温线和在相对压力 $P/P_0 = 0.6 \sim 0.7$ 处明显的毛细凝聚现象,对应于窄的孔径分布。在低压区,介孔高分子/氧化硅纳米复合材料的吸附和脱附等温线不闭合,此为典型的聚合物的等温线的特征[14]。MP-C-8.2 的 BET 比表面积为 $517 m^2/g$,总的孔容为 $0.50 cm^3/g$,其平均孔径为 5.4nm,远大于 C-FDU-15(2.9nm)的平均孔径。上述结果表明采用 PDMS-PEO 作为共模板剂时可以显著降低纳米复合材料的骨架收缩,BET 比表面积和孔容的变化比较小,而平均孔径的变化比较大,MP-C-17.8 的平均孔径为 6.7nm。然而,当氧化硅含量提高的时候,孔径分布也变得比较宽泛,这是因为介观孔道主要是由氧化硅除去后所留下的空穴产生的。与上述介孔碳材料相比,MP-S-8.2 和 MP-S-17.8 介孔氧化硅材料具有非常低的 BET 比表面积(分别为 $34 m^2/g$ 和 $69 m^2/g$)和较大的孔径尺寸(分别为 14.8nm 和 22.6nm),表明形成了无序的介孔结构。原因是由于 PDMS 在高温焙烧时裂解转化成不连续的 SiO_2 层,当大量的碳被烧掉时,SiO_2 层结构也同时被损坏。

3.5.2 具有 $Im\overline{3}m$ 对称性的有序介孔材料

1. 介孔结构表征分析

采用 F127 和 PDMS-PEO 为共模板剂,通过溶剂挥发共组装法(EISA)合成具有体心立方 $Im\overline{3}m$ 结构的有序介孔碳/氧化硅纳米复合材料及相应的介孔碳材料。所得介孔材料的物理化学性质如表 3-3 所列。本节主要以 MP-CS-0 (FDU-16)和 MP-CS-10 为例进行结构分析。

表 3-3 具有体心立方 $Im\overline{3}m$ 对称性的有序介孔材料的物理化学性质

样品名称		a/nm	S_{BET}/(m^2/g)	D/nm	V/(cm^3/g)
MP-CS-0	As-made 样品	18.5	—	—	—
	FDU-16	15.0	490	5.4	0.40
	C-FDU-16	10.6	696	3.9	0.50
MP-CS-10	As-made 样品	19.3	—	—	—
	介孔高分子/氧化硅纳米复合材料	16.9	873	8.0	0.47
	介孔碳/氧化硅纳米复合材料	13.5	1410	5.4	1.12

样品名称		a/nm	S_{BET}/(m²/g)	D/nm	V/(cm³/g)
MP–C–10	介孔碳	13.5	798	5.8	0.53
MP–S–10	介孔氧化硅	—	29	22.2	0.13

注：MP–CS–0 数据来源于参考文献[15]；a_0 为晶胞参数，a_0 通过公式 $a_0 = 2d_{10}/\sqrt{3}$ 计算得到，S_{BET} 是 BET 表面积，D 是孔径，V 为总的孔容

As–made 样品 MP–CS–10 的 SAXS 谱图在 0.46、0.63 和 0.80nm^{-1} 处出现 3 个清晰的衍射峰（图 3–7 曲线 1）。此外，在 q 值为 0.92、1.00、1.13 和 1.19nm^{-1} 处也出现 4 个明显的衍射峰。这七个衍射峰的 q 值比为 1:$\sqrt{2}$:$\sqrt{3}$:$\sqrt{4}$: $\sqrt{5}$:$\sqrt{6}$:$\sqrt{7}$，可以被指认为体心立方 $Im\overline{3}m$ 的 110、200、211、220、310 和 320 晶面衍射峰[16]。由 SAXS 谱图计算 MP–CS–10 和 MP–CS–10–400N 的晶胞参数分别为 19.3nm 和 16.9nm，骨架收缩率为 12％。进一步将焙烧的温度升高至 900℃，所得材料的 SAXS 谱图衍射峰的峰位向 q 值增加的方向移动，计算的晶胞参数为 13.5nm，表明在焙烧过程中骨架进一步收缩。

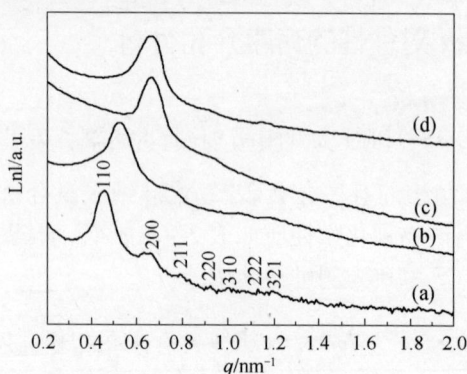

图 3–7　MP–CS–10 介孔纳米复合材料的 SAXS 图谱

（a）As–made 样品；（b）氮气气氛下 400℃焙烧得到的样品（MP–CS–10–400N）；
（c）氮气气氛下 900℃焙烧得到的样品（MP–CS–10–900N）；（d）介孔碳材料 MP–C–10。

MP–CS–10 样品在 400℃和 900℃焙烧后沿[100]，[110]和[111]方向的 TEM 图像（图 3–8）显示了大面积的有序结构，进一步证明所得的结构具有有序的体心立方 $Im\overline{3}m$ 结构。这表明 PDMS–PEO 共聚物的引入并没有降低介孔结构的有序性。

118

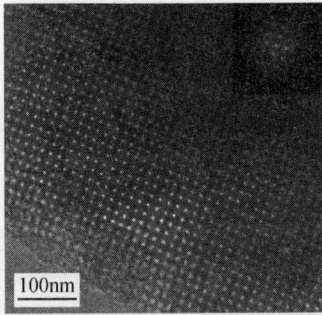

(a)

(b)

(c)

(d)

(e)

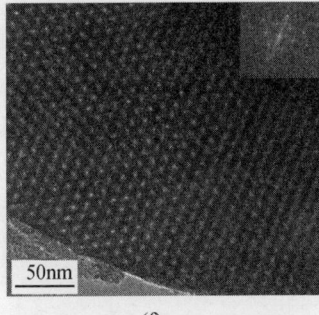

(f)

(g)

(h)

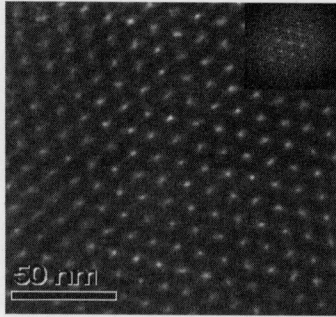

(i)

图 3 - 8　介孔材料的 TEM 图像,插图为傅里叶衍射图谱

(a) MP - CS - 10 - 400N 沿 [100] 方向; (b) MP - CS - 10 - 400N 沿 [110] 方向;

(c) MP - CS - 10 - 400N 沿 [111] 方向; (d) MP - CS - 10 - 900N 沿 [100] 方向;

(e) MP - CS - 10 - 900N 沿 [110] 方向;(f) MP - CS - 10 - 900N 沿 [111] 方向;

(g) MP - C - 10 沿 [100] 方向;(h) MP - C - 10 沿 [110] 方向; (i) MP - C - 10 沿 [111] 方向。

图 3 - 9 为 MP - CS - 10 纳米复合材料的氮气吸附/脱附等温线(a)和孔径分布曲线(b)。在氮气气氛下 400℃ 焙烧得到的介孔材料 MP - CS - 10 - 400N 具有 Ⅳ 型氮气吸附曲线和 H2 型滞后环,这是典型的具有三维笼状孔道结构的介孔材料的吸附特征[17],在相对压力 P/P_0 = 0.6 ~ 0.7 范围内,其吸附曲线具有一个由毛细凝聚现象引起的明显突跃,说明该材料具有非常狭窄的孔径分布。MP - CS - 10 - 400N 的比表面积、孔容和孔径分别为 873m^2/g, 0.47cm^3/g 和 8.0nm,其平均孔径大于 C - FDU - 16 的孔径(3.9nm)。这表明 PDMS - PEO 的引入明显降低了骨架收缩及增大了孔径。900℃ 焙烧得到的介孔材料的吸附曲线与 MP - CS - 10 - 400N 的类似,区别在于 MP - CS - 10 - 900N 明显的毛细凝聚现象发生在低压区域,对应的孔径相应减少(5.4nm),但 MP - CS - 10 - 900N 的 BET 比表面积为 1410m^2/g,远大于 MP - CS - 10 - 400N 的比表面积,表明产生了微孔结构。介孔碳材料 MP - C - 10 的比表面积、孔容和孔径分别为 798m^2/g, 0.53cm^3/g 和 5.8nm。介孔硅材料 MP - S - 10 具有非常低的比表面积(29m^2/g)和较大的孔径(22.2nm),表明形成了无序结构。

2. 骨架组成表征分析

为了分析所得介孔材料骨架的组成及结构,采用热重分析(TG)、傅里叶红外变换分析(FT - IR)和拉曼光谱对样品进行分析表征。

嵌段共聚物模板剂和 MP - CS - 10 样品在 N_2 气氛下的 TG 曲线如图 3 - 10 (a)所示。纯的嵌段共聚物 F127 样品在 350℃ ~ 450℃ 范围内出现 97.8% 的热失重,表明在 N_2 气氛下大部分模板剂已经分解。而在相同的温度范围内,两嵌

120

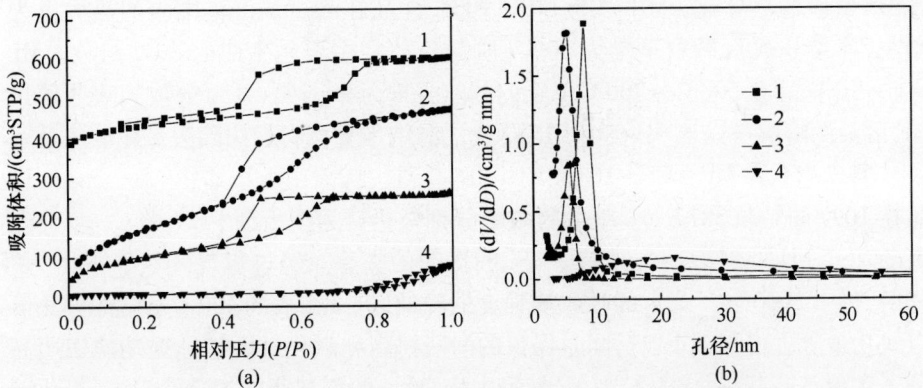

图3-9 MP-CS-10 纳米复合材料的氮气吸附/脱附等温线和孔径分布曲线

(a) 氮气吸附/脱附等温线；(b) 孔径分布曲线；

1—400℃ N₂ 气氛焙烧的样品；2—900℃ N₂ 气氛焙烧的样品；

3—相应的介孔碳材料；4—相应的介孔氧化硅材料。

氮气吸附/脱附等温线 1、2 和 3 分别垂直向上移动了 300、200 和 50cm³ STP/g。

段共聚物 PDMS-PEO 也存在 40%（质量分数）的热失重，对应于 PEO 和 PDMS 链段的热降解。MP-CS-10 样品主要的热失重在 350℃ ~ 500℃ 温度范围，主要对应于样品中模板剂的分解。从热重分析结果可以看出：在 N₂ 气氛下 400℃ 进行焙烧可以有效除去嵌段共聚物模板剂，从而得到具有开放孔道结构的介孔高分子/氧化硅骨架结构。

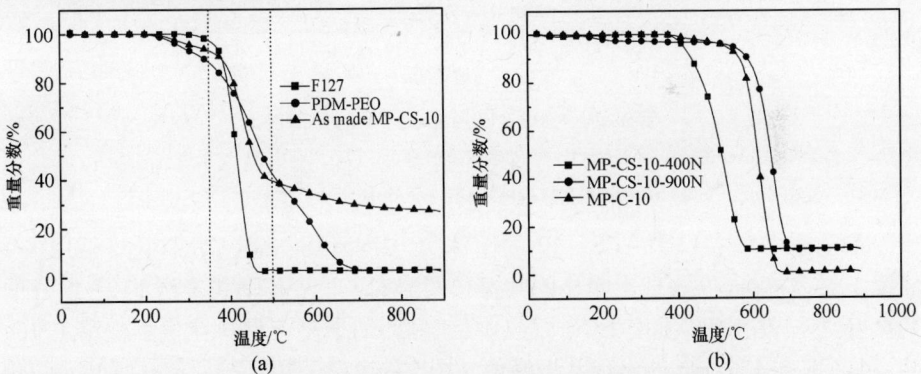

图3-10 嵌段共聚物模板剂和 MP-CS-10 样品的 TG 曲线

(a) N₂ 气氛；(b) 空气气氛。

MP-CS-10 样品在 N₂ 气氛空气气氛下的 TG 曲线如图 3-10(b) 所示。MP-CS-10-400N 样品在 400℃ ~ 600℃ 范围内表现出 90%（质量分数）的热失重，该部分热失重主要是由于嵌段共聚物模板剂有机组分的燃烧和无机

PDMS 链段的热分解。MP－CS－10－900N 样品在测试温度范围内的热失重为90%(质量分数),剩余重量为 10%(质量分数),主要是生成的 SiO_2 组分。MP－C－10 样品在 500℃ ~700℃ 范围内的热失重为 99.2%(质量分数),表明通过HF 溶液的溶解可以成功地从介孔碳/氧化硅纳米复合材料中除去氧化硅组分。

图 3－11 为 MP－CS－10 的 FT－IR 谱图。从图中可以看出,As－made 样品在 $1099cm^{-1}$ 和 $2872cm^{-1}$ 处的吸收峰分别被指认为模板剂 F127 的 C—O 伸缩振动和 C—H 伸缩振动与 Si—O—Si 的振动的交叠。经过氮气气氛下 400℃ 焙烧后,位于 $2900cm^{-1}$ 附近的吸收峰强度的降低,进一步表明 400℃ 焙烧的方法可以成功地除去模板剂 F127,同时保留的酚醛树脂和氧化硅的特征振动峰表明高分子和氧化硅共存。900℃ 在 N_2 气氛中焙烧后,酚醛树脂的振动峰消失,氧化硅的振动峰保留,介孔碳(图 3－11 曲线 5)和介孔氧化硅(图 3－11 曲线 4)的FT－IR谱图清晰地表明所得材料的骨架分别是由碳和氧化硅组成的。

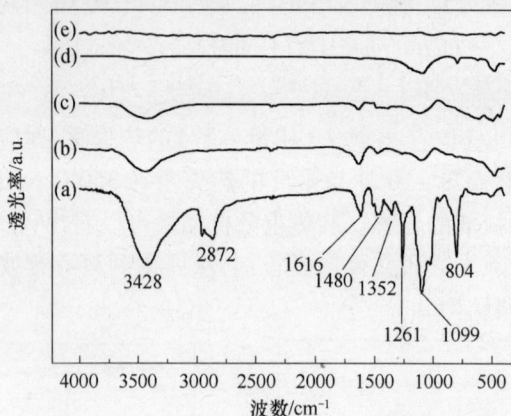

图 3－11　MP－CS－10 的 FT－IR 谱图
(a) As－made 样品;(b) 400℃ N_2 气氛焙烧的样品;(c) 900℃ N_2 气氛焙烧的样品;
(d) 相应的介孔氧化硅材料;(e) 相应的介孔碳材料。

As－made 样品 MP－CS－10 的固体[13]C CP/MAS NMR 谱图(图 3－12(a)曲线 1)在 71ppm 处表现出明显的共振信号,对应于三嵌段共聚物 F127 组分的共振峰[18]。在 400℃ 温度下 N_2 气氛中焙烧后,纳米复合材料在化学位移 1、16、38、54、128 和 151ppm 处出现共振峰值(图 3－12(a)曲线 2)。除了 1ppm 的化学位移是对应于 Si—C 结构,54ppm 处的化学位移对应于 Si—O 结构,其他的信号主要是酚醛树脂高分子聚合物的典型特征峰,表明在纳米复合材料中存在高分子树脂骨架[19]。F127 在 71ppm 处的特征峰在 400℃ 焙烧后消失,表明经400℃ 焙烧后,三嵌段共聚物模板剂几乎完全分解。

As－made MP－CS－10 的固体[29]Si CP/MAS NMR 谱图(图 3－12(b)曲线

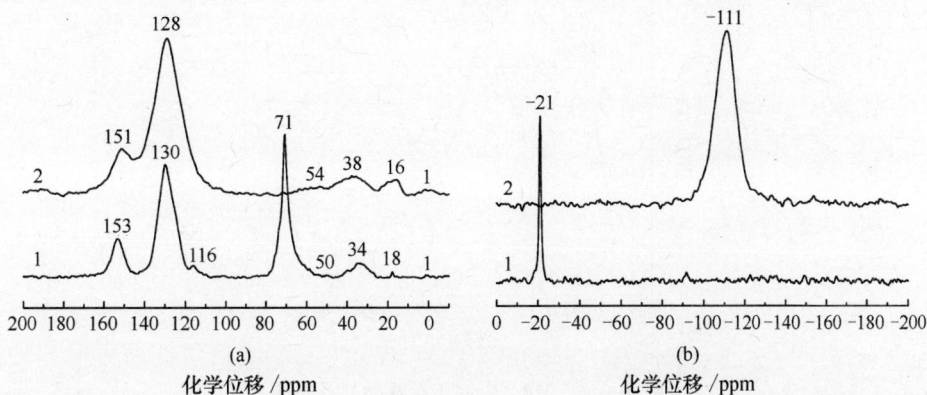

图 3 - 12　MP - CS - 10 样品的 NMR 谱图

（a）MP - CS - 10 样品的固体[13]C CP/MAS NMR 谱图

1—As - made 样品 MP - CS - 10;2—N₂ 气氛 400℃焙烧的样品（MP - CS - 10 - 400N）。

（b）MP - CS - 10 样品的固体[29]Si MAS NMR 谱图

1—As - made 样品 MP - CS - 10；2— N₂ 气氛 900℃焙烧的样品（MP - CS - 10 - 900N）。

1）在 -21ppm 表现出明显的峰值,对应于二甲基硅氧烷 $Me_2SiO(D)$ 结构单元[20]。MP - CS - 10 - 900N 在 -111ppm 处表现明显的宽峰（图 3 - 12(b)曲线 2）,对应于无定形 SiO_2 组分的 Q^4 单元。在 -60ppm 处没有检测到峰值,表明在所制备的介孔碳/氧化硅纳米复合材料中没有 Si—C 键的生成。

在 MP - C - 10 材料的拉曼光谱图（图 3 - 13）中,在 1588cm⁻¹ 和 1307cm⁻¹ 处可以观察到两个明显的宽峰,分别对应于晶态石墨（G 波段）和无序的无定形碳（D 波段）的振动[21, 22]。G 波段和 D 波段的强度比为 1.2,表明所得介孔碳材料部分由石墨化的碳组成。

3.6　介孔碳材料形成机理分析

本章采用快速溶剂挥发途径,以 F127 和 PDMS - PEO 为共模板剂合成了具有二维六方 $p6m$ 和三维立方 $Im\overline{3}m$ 结构的介孔碳/氧化硅纳米复合材料和介孔碳材料。基于上述研究,进一步提出了采用 F127 和 PDMS - PEO 为共模板剂合成介孔纳米复合材料的机理,如图 3 - 14 所示。合成有序介孔材料的关键因素是 PEO 亲水嵌段和 PF 前驱体（Resol）的相容性,分布在嵌段共聚物周围的 PF 前驱体具有大量的羟基,可以与 F127 和 PDMS - PEO 嵌段共聚物的 EO 嵌段形

123

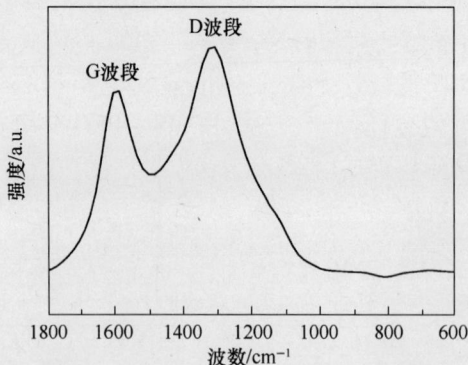

图 3-13　MP-C-10 材料的拉曼光谱

成氢键。THF 溶剂的连续挥发促进了上述物质的自组装并驱动表面活性剂/Resol 有序液晶介观相的形成。除去表面活性剂和随后的碳化分别形成有序介孔高分子/氧化硅和介孔碳/氧化硅纳米复合材料。

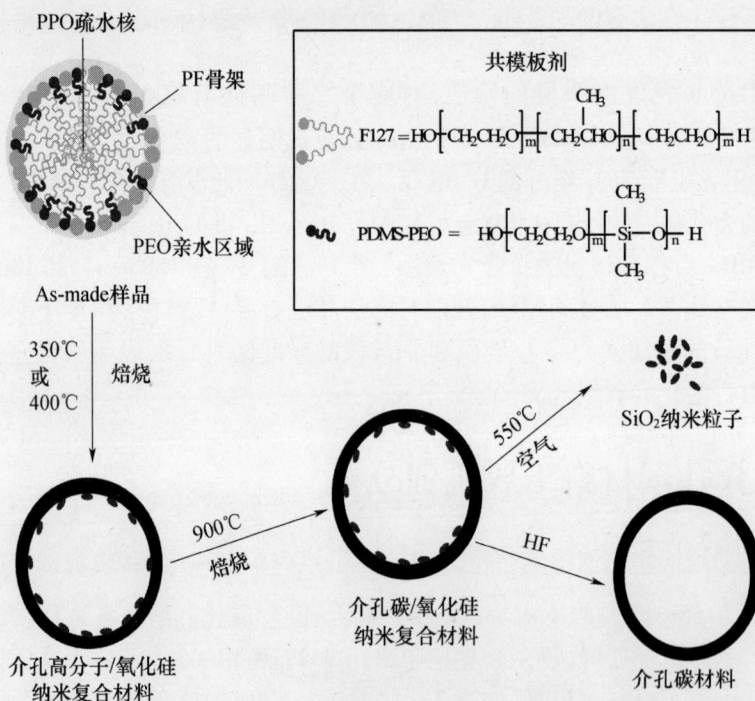

图 3-14　以 F127 和 PDMS-PEO 为共模板剂合成介孔纳米复合材料的合成机理示意图

124

分析表面活性剂 F127 和 PDMS - PEO 的相互作用对于阐述共模板剂导向介孔材料的形成是十分必要的。由于 PDMS - PEO 嵌段共聚物中 PDMS 链段的疏水性非常强,与 F127 进行复配时,可以明显地增大 F127 的疏水内核,从而有效增大所得介孔材料的孔径;另一方面,PDMS - PEO 又可作为硅源,所形成的介孔材料在高温焙烧除模板剂过程中,无机 PDMS 链段直接转化为氧化硅,实现了一步法合成有序介孔碳/氧化硅纳米复合材料,从而开辟出一条新型的经济合理、可操作性强的介孔碳/氧化硅纳米复合材料的合成路线。以上述共模板剂法制备得到的介孔碳/氧化硅纳米复合材料为母体,采用氢氟酸刻蚀掉其中的氧化硅组分,得到具有相应结构的有序介孔碳材料,在空气气氛下 550℃ 进行焙烧得到相应的介孔氧化硅材料。

3.7 本章小结

本章以低分子量可溶性的 A 阶酚醛树脂为有机高分子前驱体,三嵌段聚合物 F127 和两嵌段聚合物 PDMS - PEO 为混合结构导向剂制备了介孔碳/氧化硅纳米复合材料。通过调节 F127 和 PDMS - PEO 两者的比例可以制备具有不同结构(包括二维六方 $p6m$ 和三维立方 $Im\overline{3}m$ 结构)的有序介孔碳/氧化硅纳米复合材料。以上述合成的介孔碳/氧化硅纳米复合材料为母体,采用氢氟酸刻蚀掉其中的氧化硅组分,就可以得到相应的介孔碳材料。本实验得到的两种介孔碳材料为 MP - C - 17.8 和 MP - C - 10,其平均孔径分别为 6.7nm 和 5.4nm,大于相应的未采用 PDMS - PEO 为共模板剂时的介孔碳材料的孔径。

在实验基础上,提出了嵌段聚合物 PDMS - PEO 辅助下合成介孔碳材料的机理,认为 PDMS - PEO 嵌段共聚物与 F127 进行复配时,可以明显地增大 F127 的疏水内核,从而可获得大孔径的介孔碳材料;另一方面,PDMS - PEO 又可做为硅源,可实现一步法合成介孔碳/氧化硅纳米复合材料。采用上述方法所制备的大孔径、骨架稳定性高的介孔碳材料在催化、吸附、储氢和电化学超级电容器等领域有着广阔的应用前景。

参 考 文 献

[1] Wei Y, Jin D L, Yang C C, et al. A fast convenient method to prepare hybrid sol - gel materials with low volume - shrinkages. J. Sol - Gel Sci. Technol. , 1996, 7(3) : 191 - 201.

[2] 杜杨, 刘祖亮, 吕春绪. 非离子型有机硅表面活性剂的结构和制备方法[J]. 化学通报, 2002, 65 (89): 1 - 7.

[3] Gradzielski M, Hoffmann H, Robisch P, et al. The aggregation behavior of silicone surfactants in aqueous solutions. Tenside Surf. Deterg., 1990, 27(61): 366 - 379.

[4] Husing N, Launay B, Bauer J, et al. Silicone - containing surfactants as templates in the synthesis of meso-structured silicates. J. Sol - Gel Sci. Technol., 2003, 26(1 - 3): 609 - 613.

[5] Meng Y, Gu D, Zhang F, et al. A family of highly ordered mesoporous polymer resin and carbon structures from organic - organic self - assembly. Chem. Mater., 2006, 18(18): 4447 - 4464.

[6] Liu R L, Shi Y F, Wan Y, et al. Triconstituent co - assembly to ordered mesostructured polymer - silica and carbon - silica nanocomposites and large - pore mesoporous carbons with high surface areas. J. Am. Chem. Soc., 2006, 128(35): 11652 - 11662.

[7] Zhao D Y, Feng J L, Huo Q S, et al. Triblock copolymer syntheses of mesoporous silica with periodic 50 to 300 angstrom pores. Science, 1998, 279(5350): 548 - 552.

[8] Wei Y, Jin D L, Yang C C, et al. A fast and convenient method for the preparation of monolithic hybrid sol - gel materials without significant volume shrinkage. J. Sol - Gel Sci. Technol., 1996, 7(10): 191 - 201.

[9] Yang C M, Zibrowius B, Schmidt W, et al. Consecutive generation of mesopores and micropores in SBA - 15. Chem. Mater., 2003, 15(20): 3739 - 3741.

[10] Sun D H, Zhang R, Liu Z M, et al. Polypropylene/silica nanocomposites prepared by in - situ sol - gel reaction with the aid of CO_2. Macromolecules, 2005, 38(13): 5617 - 5624.

[11] Trick K A, Saliba T E. Mechanisms of the pyrolysis of phenolic resin in a carbon/ phenolic composite. Carbon, 1995, 33(11): 1509 - 1515.

[12] Kim J, Lee J, Hyeon T. Direct synthesis of uniform mesoporous carbons from the carbonization of as - synthesized silica/triblock copolymer nanocomposites. Carbon, 2004, 42(12 - 13): 2711 - 2719.

[13] Hecht E, Hoffmann H. Interaction of ABA block copolymers with ionic surfactants in aqueous solution. Langmuir, 1994, 10(1): 86 - 91.

[14] McKeown N B, Budd P M, Msayib K J, et al. Polymers of intrinsic microporosity (PIMs): bridging the void between microporous and polymeric materials. Chem. Eur. J., 2005, 11(9): 2610 - 2620.

[15] Liu Y R. One - pot route to synthesize ordered mesoporous polymer/silica and carbon/ silica nanocomposites using poly(dimethylsiloxane) - poly(ethylene oxide) (PDMS - PEO) as co - template. Micro. Meso. Mater., 2009, 124(1 - 3): 190 - 196.

[16] Zhao D Y, Huo Q S, Feng J L, et al. Nonionic triblock and star diblock copolymer and oligomeric surfactant syntheses of highly ordered, hydrothermally stable, mesoporous silica structures. J. Am. Chem. Soc., 1998, 120(24): 6024 - 6036.

[17] Matos J R, Kruk M, Mercuri L P, et al. Ordered mesoporous silica with large cage - like pores: structural identification and pore connectivity design by controlling the synthesis temperature and time. J. Am. Chem. Soc., 2003, 125(3): 821 - 829.

[18] Chu P P, Wu H D. Solid state NMR studies of hydrogen bonding type phenolic resin and poly(ethylene oxide) blend. Polymer, 2000, 41(1): 101 - 109.

[19] Grenier - Loustalot M F, Larroque S, Grenier P. Phenolic resins: 5. Solid - state physicochemical study of

126

resoles with variable F/P ratios. Polymer,1996, 37(4): 639 –650.

[20] Arthur P, Janis M, Stephen C. Synthesis of Poly(methylphenyl – siloxane) – block – poly(dimethylsiloxane) Block Copolymers by Interfacial Polymerization. Macromolecules, 33(24): 9156 –9159.

[21] Zakhidov A A, Baughman R H, Iqbal Z, et al. Carbon structures three – dimensional periodicity at optical wavelengths. Science, 1998, 282(5390): 897 –901.

[22] Sadezky A, Muckenhuber H, Grothe H, et al. Raman micro spectroscopy of soot and related carbonaceous materials: spectral analysis and structural information. Carbon, 2005, 43 (8): 1731 –1742.

第4章　介孔碳材料在吸附领域的应用

多孔材料在吸附领域具有广泛的应用前景。对于气体、蒸气的吸附,一般采用微孔吸附剂即可,但对于一些大分子的吸附,则需要孔径较大的介孔碳材料。介孔碳作为吸附材料具有许多优势,首先,在介孔碳材料的孔道内可以引入具有不同结构和功能的基团,从而比较容易地得到各种性质的吸附剂。其次,通过调整不同的实验方法,可以制备出不同孔径的介孔碳吸附材料,大大增加吸附剂的有效吸附面积。本章综述了介孔碳材料在吸附领域应用的研究进展。

4.1　介孔碳作为气相吸附剂的应用研究进展

介孔碳材料在气相方面的应用主要是空气的净化和脱臭、溶剂的回收、呼吸防护器材和香烟过滤嘴等。将介孔碳过滤器装在宾馆、商店、剧院、人防工程等建筑物的通风系统中,可净化室内的烟臭、厕所臭及其他有害气体等。此外,介孔碳可用于气体的分离和回收,例如从城市煤气、焦炉煤气中回收苯及汽油和轻质烃等;浸渍某些金属盐类的介孔碳,可有效地除去有毒、有害气体,如防化兵和民用的防毒面具用多孔碳、净化核电站放射性碘及放射性惰性气体的浸碘介孔碳等。第三方面是在工业气体精制中的应用,如工业用原料气体的脱硫、清凉饮料用的二氧化碳气体的精制以及工业用空气的精制等都需要使用介孔碳,分离回收天然气中的汽油、丙烷、丁烷等。

日本 Zhou 等[1]采用比表面积为950m²/g,孔径为3.90nm 的 CMK-3 对气体甲烷进行了吸附,在温度43℃、压力35kg/cm² 的条件下对甲烷气体的吸附量为815.35mg/g。

Chandrasekar 等[2]以 SBA-15 为模板、蔗糖为碳源复制得到 CMK-3,用聚乙烯亚胺进行浸渍,得到改性的 CMK-3,将其用于 CO₂ 的吸附,改性 CMK-3 表现了良好的吸附性能,是一种优良的吸附剂。

北京化工大学信息科学与技术学院彭璇等[3]采用分子模拟与吸附理论研究了天然气成分在有序介孔碳材料 CMK-3 上的吸附和分离。通过巨正则系综蒙特卡罗模拟提出了一种有效表征 CMK-3 材料结构的理论模型,并对 CH₄ 和

CO_2 纯气体存储进行了吸附条件的优化。同时利用基于双位 Langmuir – Freundlich 吸附模型的理想吸附溶液理论考察了 $N_2/CH_4/CO_2$ 二元混合物在 CMK – 3 材料上的分离性质。计算表明,CMK – 3 材料不仅适合于 CH_4 和 CO_2 气体的存储,也是一种高效分离天然气成分的吸附剂。

天津大学周理教授课题组[4]研究了介孔碳材料的吸附性能。在 298K 下,测定了 CO_2、N_2、CH_4、O_2 在 CMK – 3 – 1.25 介孔碳材料的吸附性能,CMK – 3 – 1.25 有序介孔碳材料对 N_2、O_2 吸附差异很小,因而不能作为空分制氮的吸附剂。而对 CO_2、CH_4、N_2 的吸附有较大差异,如在压力为 0.26 MPa 时 CO_2、CH_4、N_2 吸附量分别为 2.73mmol/g、1.34mmol/g、0.59mmol/g,可以应用于 CO_2/CH_4、CH_4/N_2、CO_2/N_2 的分离。

东华大学纤维材料改性国家重点实验室栾广贵等[5]以正硅酸乙酯为模板硅源,酚醛树脂为碳前驱体,采用模板法制备了介孔碳材料,其孔径集中分布在 2nm ~ 7nm 左右,且介孔孔隙率达到 74.6%,比表面积达到 $1012m^2/g$;并进一步选择甲醛(分子量为 30,分子尺寸为 0.34nm)小分子的吸附能力,同时与酚醛树脂基多孔碳(PF 碳)进行了对比。结果表明,介孔碳对甲醛的吸附量为 280mg/g,是 PF 碳对甲醛的吸附量的两倍。

4.2　介孔碳作为液相吸附剂的应用研究进展

液相吸附在废水脱色、去味和吸附有机物等方面显示了高效的特点,是处理废水的一种主要方法。该法是利用多孔性的固体物质,将有机物分子吸附在其表面,从而达到脱色的效果,吸附剂包括再生吸附剂(如活性碳、离子交换纤维)和不可再生吸附剂(如各种天然矿物、工业废料及天然废料等)。这种方法是将活性碳、粘土等多孔物质的粉末或颗粒与废水混合,或让废水通过其颗粒状物组成的滤床,使废水中的污染物质被吸附在多孔物质表面上或被过滤除去。

4.2.1　介孔碳材料对染料大分子的吸附

随着我国染料工业的发展,印染行业已成为工业废水排放的主要来源之一。染料废水具有高 COD、高色度、高含盐量、有机物难于生化降解及水质随水量变化大等特点,是工业废水的治理难点[6]。液相吸附法在废水脱色、去味和吸附有机物等方面显示了高效的特点,是处理染料废水的一种主要方法。活性碳具有丰富的孔结构和较高的比表面积,在液相吸附有机污染物方面显示出一定的优势,然而普通活性碳的孔结构多为微孔(<2nm),液相中的大分子有机物很难

被吸附到微孔中,因而普通活性碳在吸附液相大分子有机物方面的应用非常有限[7-9]。介孔碳材料具有高的比表面积、大的孔容、较窄的孔径分布(2nm ~ 50nm 范围内)、良好的化学稳定性和机械稳定性等优异性能[10-12],在液相吸附大分子有机物方面具有明显的优势[13,14]。

1. 罗丹明 B

郭卓等[6]研究了 CMK-3 作为吸附剂在水溶液中对染料罗丹明 B 的吸附作用,同时研究了初始浓度、pH 值和温度对吸附的影响。结果表明,随着初始浓度的增大、pH 值增加和温度升高,吸附量增大,但是在较低的 pH 值下,吸附量增加的较小,当 pH 值较高时,吸附量增加的较多。

2. 甲基紫

甲基紫是一种三苯甲烷类碱性阳离子染料,被这类阳离子染料污染的工业废水,往往具有色度深、毒性强、难降解、pH 波动大、组分浓度高等特点,同时染料的颜色能抑制阳光在水中的透射,降低光合作用,从而破坏水中的生态平衡,引起环境问题[15]。因此,从染料废水中有效地除去难生物降解的阳离子型染料(如甲基紫)有着重要的意义。

李长珍[16]测定了 CMK-3 对水溶液中甲基紫的吸附行为,考察了不同 pH、温度及浓度下水溶液中甲基紫的静态吸附行为,并分析了酸性、中性、碱性条件下吸附剂对甲基紫和罗丹明 B 混合溶液的竞争吸附。结果表明,CMK-3 对水溶液中甲基紫的吸附等温线为 L 型吸附等温线形状,表明为优惠吸附过程,在起始浓度相同时,甲基紫在 CMK-3 上的吸附量随着吸附温度的升高而增大,说明是吸热过程,且该过程为不可逆的化学吸附。

3. 亚甲基蓝

亚甲基蓝($C_{16}H_{18}N_3Cl \cdot 3H_2O$,MB)是一种阳离子染料,工业上用其与氯化锌的复盐染棉、麻、纸张、皮革,并用于制色锭和墨水等。是一种应用广泛的染料,随污水的排放对环境的危害十分严重,其处理备受关注.。

李江涛等[17]研究了介孔碳材料 CKT-5(A)对亚甲基蓝的吸附特性。结果表明,介孔碳材料对亚甲基蓝稀溶液(5.053mg/L)在室温下有着较高的去除率和较快的去除速率,并有着相当大的吸附量。

袁勋等[18]采用有序介孔氧化硅 SBA-15 为硬模板合成了系列有序介孔碳 OMC。以亚甲基蓝为探针分子,研究其在有序介孔碳 OMC 的吸附行为。研究结果表明,决定有序介孔碳 OMC 对亚甲基蓝的平衡吸附量的关键因素是多孔碳的孔容,而与 BET 比表面积和介孔表面积没有直接的关系。特别是 3.5nm 以上的大尺寸介孔对亚甲基蓝的吸附起着至关重要的作用。吸附动力学理论研究表明,准二级动力学方程可以很好地描述亚甲基蓝分子在介孔碳上吸附动力学行为。

4. 碱性品红

复旦大学赵东元院士课题组[19]通过甲阶酚醛树脂、柠檬酸铁和三嵌段非离子表面活性剂 F127 的共组装,高温碳化后,制备了有序介孔 $\gamma - Fe_2O_3$/碳复合材料。选择有机染料分子碱性品红作为探针,考察了介孔 $\gamma - Fe_2O_3$/碳材料的吸附性能,进一步用 H_2O_2 氧化处理,增加了材料的亲水性,对染料分子的吸附能力也大大提高,且分离、再生过程简便,有望成为优良的吸附剂,用于废水的处理。此外,该课题组通过甲阶酚醛树脂、硝酸镍、正硅酸乙酯和非离子表面活性剂 F127 的共组装,制备了有序 Ni/碳复合材料。将该材料应用在有机染料分子的吸附中,发现介孔 Ni/碳复合材料对染料分子碱性品红具有相当高的吸附能力,其吸附量是介孔碳 FDU – 15 的 3 倍以上,且材料的分离、再生过程非常简便,显示了广阔的应用前景。

5. 其他染料分子

李劲等[20]以废弃轮胎橡胶为碳的前驱体原料,制备了比表面积较高、孔径分布较好的介孔碳材料,并进一步研究其对甲基橙和刚果红的吸附性能。结果表明,在 500℃ 碳化温度、以碱碳比为 4∶1、900℃ 活化温度活化 1 h,制备的介孔碳比表面积达到 473m^2/g,对甲基橙分子有良好的吸附性能,最大吸附量达到 254mg/g,是对刚果红吸附量的 4 倍。由于这种制备介孔碳的方法原料低廉、工艺简单,有可能为染料废水的处理提供一种新的低成本、高性能的吸附剂材料。

Han 等[21]采用纳米氧化硅球为模板,间苯二酚和甲醛为原料,合成了比表面积为 1000m^2/g,孔径在 10nm ~ 100nm 之间,孔容超过 4cm^3/g 的介孔碳材料,并用于吸附酸性绿 20(分子量为 586.5)和直接蓝(分子量为 959.9)等染料大分子,发现其吸附性能比商业活性碳高 10 倍以上。

冯素波等[22]采用溶剂挥发诱导自组装法制备了碳掺杂氧化钛介孔材料,该材料对染料结晶紫具有显著的吸附性能,30min 吸附了 99% 的结晶紫。

万颖教授课题组[23]研究了有机—有机自组装技术得到的高度有序介孔碳对废水中染料大分子的吸附行为。结果如表 4 – 1 所列,从表中可见,具有大孔径和大比表面积的介孔碳,对不同的染料分子均有相当高的吸附能力,是活性碳吸附能力的 3 倍以上。介孔碳的孔隙率和孔径大小都会影响其对染料大分子的吸附。高比表面积和大孔径的介孔碳对染料分子具有很高的吸附能力。介孔碳能够重复吸附和脱附。

表 4 - 1　介孔碳和活性碳的物理化学性质以及对染料分子的吸附量[23]

吸　附　剂	孔径 /nm	S_{BET} /(m²/g)	亚甲基蓝	甲基橙	吸　附　量			
					碱性品红	罗丹明 B	灿烂黄	维多利亚蓝 B
活性碳	1.1	115	244	97	227	128	132	63
C - FDU - 15	4.4	1109	550	530	235	155	153	84

庄鑫[24]以三嵌段共聚物为模板,合成了具有二维六方结构的孔径分布均一、高比表面积、大的孔体积的有序介孔碳材料,并应用于吸附废水中的染料大分子。这几种碳材料的孔径为 4.5nm ~ 6.4nm、比表面积为 398m²/g ~ 2580m²/g、孔体积 0.51cm³/g ~ 2.16cm³/g。其中 BET 比表面积为 2580m²/g、孔体积为 2.16cm³/g 的双孔结构(6.4nm 和 1.7nm)的有序介孔碳对于大体积染料(亚甲基蓝、碱性品红、罗丹明 B、灿烂黄、维多利亚蓝 B、甲基橙和苏丹红 G)的吸附量是活性碳的两倍。对于低浓度染料的吸附率大于 99% 。无论是对碱性染料、酸性染料还是对偶氮染料都有很好的吸附能力。多次洗涤后,介孔碳仍然具有高的稳定性,可以重复使用。

奚红霞教授课题组[25]利用呋喃甲醇和蔗糖为碳源前驱体、以 SBA - 15 为硬模板成功合成了两种介孔碳 CMK - 5 和 CMK - 3,并用过硫酸铵和硫酸的混合液对介孔碳 CMK - 5 进行改性,得到具有与 CMK - 5 相同的介孔六方相结构、但具有更强表面酸性的介孔碳 CMK - 5 - COOH;用三嵌段聚合物 F127、正硅酸乙酯 TEOS 和蔗糖在浓硫酸的催化作用下通过一步 EISA 自组装得到大孔径、大孔容和高比表面积的介孔碳 FMC。结果表明,染料分子在介孔碳上的吸附均优于商业活性碳 SY - 6。羧基化的 CMK - 5 - COOH 对碱性染料的吸附能力得到进一步的提高,而用简单一步法自组装合成的 FMC 对 Acidic/azo 类染料甲基橙有很好的吸附能力,约为商业活性碳的 3.5 倍。

4.2.2　介孔碳材料对生物大分子的吸附

1. 维生素 B12(VB12)

维生素 B12(VB12)是一种特别的维生素,体内缺乏时会导致食欲下降、贫血、表皮炎、毛发粗糙等病症。VB12 在工业上主要是从动物或植物中提纯,采用普通的化学方法合成维生素所需要的费用比较高。目前,活性碳被广泛地应用于 VB12 的分离和提纯。但 VB12 属于生物大分子,普通的活性碳孔道结构排列不规则,且大部分由微孔组成,大分子化合物很难进入到其孔道中,所以活性碳对 VB12 的吸附效率很低。相比之下,介孔碳材料具有高比表面积、尺寸可调、形貌可控、表面易官能化、无生理毒性等优点,被认为是极好的生物大分子吸附材料[26,27]。因此,合成介孔碳吸附材料,并用其吸附 VB12 具有重要的研究意义和推广应用价值。

郭卓等[28]利用 SBA – 15 为模板,在不同温度下合成了孔径大小在 3.7nm (CMK – 3 – 100)和 6.3nm(CMK – 3 – 150)之间的介孔碳,以其作为吸附剂,研究了它们在水溶液中对 VB12 的吸附作用。结果表明,CMK – 3 – 130 与 CMK – 3 – 100 和 CMK – 3 – 150 相比,表现出对 VB12 最大的吸附能力(吸附能力为 412.5mg/g),这是因为它具有比较高的有序结构和比较大的孔容。

裴式纶和朱广山教授课题组[29]研究了介孔碳作为吸附材料来吸附生物大分子 VB12,并研究了物理和化学因素对吸附性能的影响。首先以 SBA – 15 – X 为模板,在不同温度下合成了不同孔径大小的介孔碳 CMK – 3 – X(X 为反应温度),结果表明,CMK – 3 – 130 对 VB12 具有最大的吸附作用,吸附能力为 412.5mg/g,这是因为它有比较高的有序结构和比较大的孔容。在 CMK – 3 和 CMK – 1 都负载 PMMA 之后,CMK – 3 – PMMA 和 CMK – 1 – PMMA 都表现出比原来的 CMK – 3 和 CMK – 1 高的吸附能力。这是由于 VB12 分子上的氨基与 PMMA 分子中的羰基形成了氢键。

王小蓉等[30]以硅基介孔分子筛 SBA – 15 为模板、糠醇为碳源、草酸作为聚合催化剂合成了具有孔径在 3.1nm 和 5.5nm 的双孔道管状有序介孔碳 CMK – 5。由于独特的双孔道结构特点,CMK – 5 在 120min 内快速吸附维生素 B12 至平衡,吸附量高达 943mg/g,远高于商用活性碳。CMK – 5 吸附维生素 B12 后可以直接用于缓释,动态缓释浓度维持在约 9mg/L,适用于维生素 B12 分子在人体内的缓释。

张建华等[31]以煤焦油沥青为碳源,液相原位合成的 $MgCO_3$ 纳米颗粒为模板,制备出介孔含量丰富的多孔碳材料,所制介孔碳的介孔率达到 99%,孔径集中分布在 2nm ~ 10nm,比表面积和孔容分别达到 $530m^2/g$ 和 $0.92cm^3/g$。介孔碳材料对 VB12 分子的吸附量和吸附速率与介孔孔容和平均孔径成正比。对 VB12 分子饱和吸附量达到了 275mg/g。

2. 胆红素

胆红素是血红素代谢降解的产物,是体内的一种内源性的致病毒素。苏沙沙等[32]以 MCM – 48 为模板,利用模板碳化法制备了有序介孔碳材料,并研究了其对胆红素的吸附特性。研究结果表明,介孔碳材料对胆红素的吸附量高达 187mg/g,吸附速率快,达到平衡时间短,是一种优越的胆红素吸附剂。

3. 溶菌素

相对于介孔硅材料,介孔碳材料具有较高的稳定性,可应用于不同 pH 的溶液中,同时,碳表面的零电荷也有利于减弱吸附质与吸附剂之间的相互作用,因而碳材料更加适合作为吸附材料用于溶菌素(Lz)[33]和维生素[34,35]等生物大分子的吸附。研究表明,介孔碳材料 CMK-3 可以吸附溶菌素分子[36],而介孔碳材料 CMK-5 对大分子吸附的研究报道则相对较少。

曹银娣等[37]以 SBA-15 为模板、二茂铁为碳源,利用化学气相沉积法(CVD)合成了 Fe/CMK-5 复合材料。在 pH 值为 11 的缓冲溶液中研究了 Fe/CMK-5 系列复合材料对溶菌素(lysozyme, Lz)的吸附性能,考察了溶菌素在 Fe/CMK-5 孔道内部的结构稳定性以及在不同 pH 值溶液中的泄漏量。结果表明,Fe/CMK-5 复合材料对 Lz 吸附性能主要取决于 Fe/CMK-5 的孔径,其对溶菌素的最大吸附量随着 CVD 时间的延长而逐渐减小。通过合成超大孔径的 SBA-15 模板以及优化 CVD 实验条件等可以进一步提高其对 Lz 分子的吸附性能.

4. L-组氨酸

Vinu 等[38]以 SBA-15 为模板制备出了 CMK-3,并与活性碳作对比,研究了其对 L-组氨酸的吸附性能。结果显示 CMK-3 对组氨酸的最大吸附量的 pH 值接近氨基酸的等电位点(pH = 7.47)。CMK-3 总吸附能力(1350μmol/g)是 SBA-15 的 12 倍,远大于 SBA-15 和传统吸附剂活性碳。这些巨大差距是由于相比于介孔硅材料,氨基酸的非极性侧链和介孔碳的疏水表面间强烈的疏水作用有利于 L-组氨酸分子在介孔碳上的紧密堆积。CMK-3 吸附氨基酸后的氮吸附证明了氨基酸分子紧密的堆积在介孔内部。

5. 盐酸四环素

纳米磁性颗粒可用于蛋白质和酶的固载化、RNA 和 DNA 的提纯、生化产品的分离以及药物靶向输送等领域,近年来得到广泛的关注和研究[39]。磁性有序介孔碳材料丰富的有序介孔结构可以为药物大分子的吸附和储存提供场所,其磁性又使其成为药物靶向输送的理想载体.

邢伟[40]等采用纳米浇铸法将磁性纳米粒子包埋到有序介孔碳的骨架中,制成含有磁性纳米粒子的有序介孔碳(Fe/OMCs)。采用盐酸四环素(TH)为探针分子,在人体温度下系统研究了 TH 分子在磁性有序介孔碳上的吸脱附行为。研究表明,Fe/OMCs 的介孔表面积和介孔孔容是决定 TH 吸附量的关键因素。脱附动力学研究表明,Fe/OMCs 的孔尺寸是影响脱附速率的关键因素,孔径越大,TH 的脱附速率就越大。TH 在 Fe/OMCs 上的脱附行为可以用准二级动力学方程进行很好地描述。Fe/OMCs 对 TH 较大的吸附容量和其自身良好的磁性可分离特性,使其成为药物靶向输送的潜在载体。

4.2.3 介孔碳材料对金属离子的吸附

有序介孔材料可提供物质吸附和物质传输过程中所需的介孔结构,进而通过对其表面化学反应活性基团的改性,以满足对特定重金属离子吸附的要求。目前,基本上采用介孔氧化硅材料对重金属离子进行吸附[41,42],但是硅基介孔材料存在比表面积较小的缺点,限制了其对重金属离子的高效吸附。因此,具有大比表面积和孔体积等特征的介孔碳材料在重金属离子的高效吸附方面受到了高度的重视[43]。

1. Eu^{3+}

铀既是核燃料的主要成分又是乏燃料后处理的关键核素。从海水、盐湖水、尾矿废水等贫铀水体中提取铀可能是解决将来铀资源匮乏的主要方法。使用活性碳作为吸附剂有原料来源广泛、成本低廉的优势,但存在对核素选择性差、吸附容量低的缺点[44]。与活性碳相比,介孔碳表面含氧基团数量少得多,可以减少基体材料对其他阳离子的吸附,显著提高材料的选择性。

一般来讲,介孔碳本身对铀没有选择性,但在介孔碳表面负载或接枝对铀具有络合作用的功能分子或基团,可通过固相萃取提高对铀酰离子的选择性[45]。如介孔碳 CMK - 5 在整个 pH 范围内对铀几乎没有吸附作用,采用热诱导重氮化法将对铀有良好螯合作用的 4 - 苯乙酮肟直接共价连接到 CMK - 5 上,得到固相萃取剂肟 - CMK - 5(图 4 - 1),对铀的最大吸附容量达到 65. 3mg/g[46]。

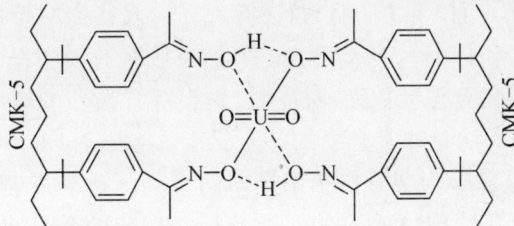

图 4 - 1　铀酰离子与肟 - CMK - 5 表面基团的配位情况[46]

Kim 等[47,48]在 CMK - 3 介孔碳表面负载羧甲基聚乙烯亚胺(CMPEI)获得固相萃取材料 CMPEI/CMK - 3,对铀的吸附容量高达 152mg/g,与 F400 纳米孔活性碳相比,CMK - 3 介孔碳能负载更多的羧甲基聚乙烯亚胺。Kim 等发现,当 CMPEI/CMK - 3 吸附铀后,如果在表面再负载一层聚丙烯酸(PAA)能提高 CMPEI/CMK - 3 对铀的禁锢能力,历经 4 个月之久,只有不到 1% 的铀脱落[47]。该课题组最近还以 Eu^{3+} 模拟 Am^{3+},发现 CMPEI/CMK - 3 对 Eu^{3+} 的吸附禁锢作用也有类似的现象,即 CMPEI/CMK - 3 吸附 Eu^{3+} 后,在其表面负载一层聚吡咯(PPy)能强化对 Eu^{3+} 的吸附能力[48]。

考虑到介孔碳在孔型和孔道分布以及构架方面的特点,以及同时具有耐酸碱、耐热、耐辐射和环境友好的优势,又由于介孔碳材料本身对核素离子基本没有吸附,如果在此基质上接枝对铀有高选择性的、稳定的功能基团制备固相萃取材料,则无论是处理含铀废水,还是从海水中提铀,都有非常好的应用前景。

2. Cr(Ⅴ)

铬是一种有毒的重金属,也是一种强致癌物质。当饮用水中 Cr(Ⅴ)含量超过环境质量标准限制时,饮用后有致癌的危险。郭卓等[49]利用模板碳化法,以不同温度下合成的 SBA - 15 为模板,制备出 3 种具有不同孔径大小的介孔碳材料,CMK - 3 - 100、CMK - 3 - 130 和 CMK - 3 - 150。研究结果表明,介孔碳的投入量、pH 值、振荡时间因素等均对铬 Cr(Ⅴ)的吸附效果存在一定影响。研究显示:在 3 种介孔碳中,CMK - 3 - 150 对铬的吸附能力最大,可以达到 99.2%,主要是由于 CMK - 3 - 150 的比表面积最大,所以对 Cr(Ⅵ)的吸附能力最大;当 pH = 2.0 ~ 4.0 时,介孔碳对 Cr(Ⅴ)的吸附最有利,3 种介孔碳材料的吸附能力都超过 90%;吸附量随着振荡时间的延长而增加。同时对介孔碳 CMK - 3 - 100 与传统商用活性碳 CAC 对 Cr(Ⅴ)的吸附性能进行比较,结果表明,与 CAC 相比,CMK - 3 吸附量大、吸附速率高、到达平衡时间短,是一种较优的吸附剂。

3. Cu(Ⅱ)、Cr(Ⅵ)

目前,重金属被广泛应用于现代工业中,它们通过废水排放到环境中,严重影响了人们的身体健康。其中铬主要来源于电镀、染色、制革、照相材料、颜料等工业废水,主要以 Cr(Ⅲ)和 Cr(Ⅵ)价态存在。一般认为三价铬盐毒性不大,而且在水中容易形成 Cr(OH)$_3$ 沉淀下去。六价铬则是有强烈毒性的,易在水中溶解存在。Cr(Ⅵ)还具有强氧化性,对皮肤、黏膜都有强烈的腐蚀性。因此,研究出一种可行的处理方法是非常必要的。

周洁等[50]用液氮吸附法分析了采用水蒸气为活化介质制得的轮胎热解活性碳(TAC)和商用活性碳(CAC)的孔隙特征。TAC 的介孔容积约占总孔容积的 95.5%,与 CAC 相比,它是一种新型的介孔材料,使大体积分子的吸附、分离成为可能。将制得的 TAC 用于含 Cr(Ⅵ)废水的处理,并与 CAC 作比较,结果发现 TAC 吸附量大、吸附速率高、到达平衡时间短,是一种较优的废水处理吸附剂。

功能化修饰可以提高有序介孔碳对某种或某些特定离子的选择性吸附能力。对有序介孔碳的功能化修饰包括在直接合成的过程中添加金属盐[51-54]和使用含杂原子的芳烃直接进行共组装[55]、表面氧化[56]、接枝[57]等。具体到吸附方面,功能化最有效的方法是接枝胺基或者巯基。通过胺基或巯基与不同金属离子结合能力的差异,可以达到对某种或某些离子的特定吸附,即选择性吸附的结果,这对某种或某些特定离子的去除具有重要的意义。

陈田等[58]以可溶性酚醛树脂为前驱体、F127 为模板剂、正硅酸乙酯(TEOS)为硅源,采用三组分共组装法制备了有序介孔碳材料。通过先氧化、后氯化、再胺化的工艺,得到了胺基功能化修饰的介孔碳,并用于对重金属离子 Cu(Ⅱ)、Cr(Ⅵ)的选择性吸附。实验结果表明,胺基修饰前有序介孔碳对 Cu(Ⅱ)、Cr(Ⅵ)的选择性吸附量均随着平衡浓度的增加而增大,选择性吸附的饱和吸附量分别为 213.33mg/g 和 241.55mg/g;不同乙二胺量修饰后的有序介孔碳对 Cu(Ⅱ)、Cr(Ⅵ)进行选择性吸附,随着乙二胺量的增加,样品在不同平衡浓度下对 Cr(Ⅵ)的吸附量都在减少,对 Cu(Ⅱ)的吸附量在增大。介孔碳表面修饰后所表现出的这种选择性吸附能力将有助于去除含 Cr(Ⅵ)溶液中的铜离子杂质。

4. Hg(Ⅱ)

祝建中等[43]以 SBA-15 为模板、丙烯酸低聚物为前驱物合成有序介孔碳材料(OMC),并以化学方法将含氮基官能团嫁接在有序介孔碳的表面。合成的有序介孔碳及经乙二胺表面改性后胺化有序介孔碳的比表面积、平均介孔直径、平均孔容积分别为 607m²/g、4.1nm、0.62cm³/g 和 558m²/g、3.8nm、0.58cm³/g。对有序介孔碳及改性有序介孔碳进行的汞吸附实验,发现表面改性前后有序介孔碳对 Hg(Ⅱ)的吸附性能发生显著变化。嫁接胺基功能团后,其吸附容量增加一倍,表明胺基改性的 OMC 对汞有亲和作用,其吸附机理如图 4-2 所示。

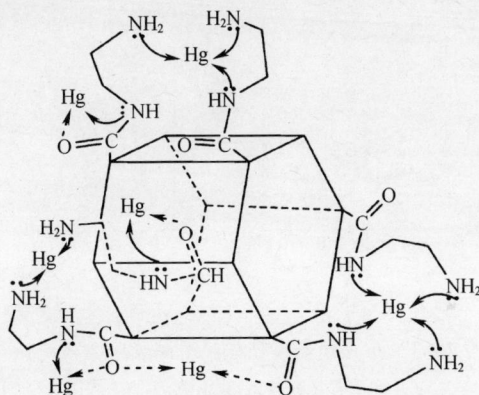

图 4-2 表面修饰后的介孔碳表面胺基与 Hg(Ⅱ)的化学吸附原理示意图[43]

4.2.4 介孔碳材料对水相中有机污染物的吸附

利用吸附剂对废水中污染物进行吸附除污效率高、成本低,国内外对这种吸附法处理染料废水、解决有机物质的水污染问题进行了很多的研究[59-63]。活性碳是目前有效的吸附剂之一,但是活性碳中微孔孔径太小,不能吸附染料大分子。Walker 等究制备了孔径主要分布在 10nm~100nm、大孔容、高比表面积的介孔碳,对大分子染料有很好的吸附性,吸附量是普通商业活性碳的 10 倍[64]。

137

1. 苯酚

苯酚是工业废水中常见的有毒物质之一,即使在低浓度下对人体及微生物也有毒害作用,对生态环境也有相当大的污染[65]。目前从废水中去除有机污染物的主要方法有微生物降解法、化学氧化法和吸附法等。其中,吸附法是最常用最有效的处理含酚废水的方法。有序介孔碳具有大的孔容、高的比表面积、规则排列的孔结构和化学稳定性,在苯酚吸附方面具有潜在的应用前景。

郭卓等[66]研究了介孔碳 CMK-3 对苯酚的吸附性能,与传统商用活性碳进行了比较,结果如图 4-3 所示。从图中可见,吸附量随时间的增长而增加,CMK-3 在 45min 左右达到了吸附平衡,传统商用活性碳达到吸附平衡用的时间比 CMK-3 的长,当吸附剂结构中存在大量介孔时,达到吸附平衡的时间较短。吸附量也随温度的升高而增加,在 40℃时,CMK-3 和传统商用活性碳表现出最大的吸附能力,分别为 70.8% 和 50.1%。由此可见,CMK-3 比传统商用活性碳的吸附量大、吸附速率高、达到平衡时间短,是一种较好的吸附剂。

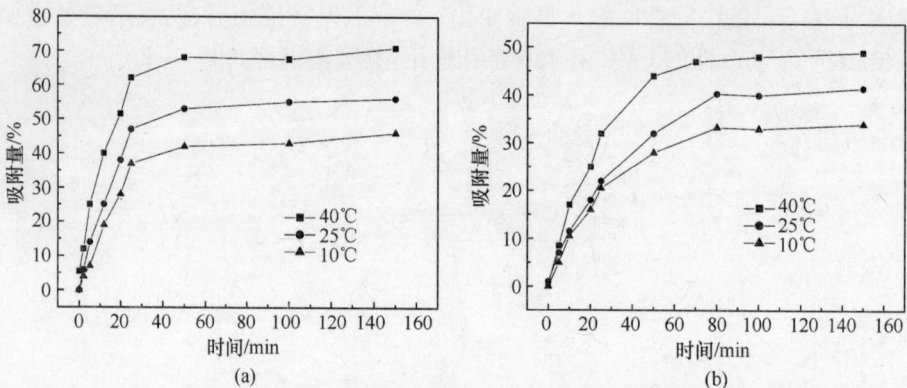

图 4-3 介孔碳和活性碳材料的吸附曲线对比

(苯酚的起始质量浓度为 100mg/L)[66]

(a) 介孔碳 CMK-3;(b) 传统商用活性碳。

邵金城等[67]考察了介孔碳材料 FDU-15 吸附水溶液中苯酚的吸附能力,研究了不同温度下水溶液中苯酚的静态吸附。结果表明,苯酚在介孔材料 FDU-15 上的吸附量随着吸附温度的升高而增大,说明是吸热的吸附过程,FDU-15 对苯酚的平衡吸附量明显高于 SBA-15,有着较好的吸附性能,且能在很短的时间能完成吸附,这主要与 FDU-15 的骨架由酚醛聚合物组成有关。

胡龙兴等[68]通过一种简易的方法在介孔碳材料 CMK-3 的孔道内负载氧化铜粒子制备 Cu/CMK-3 复合物,考察了载铜 CMK-3 对水中苯酚的吸附和低温干法催化氧化苯酚的性能。吸附和循环使用结果表明,Cu/CMK-3 对水中苯酚具有较大的吸附量和良好的催化氧化效率,CuO 的引入使 CMK-3 的吸附能力大约下降 4%。吸附的苯酚在大约 180℃温度时开始被催化氧化,产物为 CO_2 和 H_2O,不会造成苯酚的脱附和介孔碳的烧蚀。与传统的载铜活性碳相比,载铜介孔碳可作为去除水中苯酚的更有效的吸附催化剂,具有更好的重复使用性。

贺建国等[69]研究了辛基修饰有序介孔碳 C8-CMK-3 对苯酚的吸附性能。结果表明,C8-CMK-3 对苯酚的吸附能力要比 CMK-3 的强,一般情况下要高出 100μmol/L 左右(尤其在初始浓度比较高的时候)。因为苯酚在低 pH 值时更容易被疏水性的吸附剂所吸附,而 CMK-3 被辛基修饰成 C8-CMK-3 后,它的疏水性也随之增强,因此 C8-CMK-3 对苯酚的吸附能力要比 CMK-3 强。

2. 对氯苯酚和对氯苯胺

崔祥婷等[70]以三嵌段共聚物 F127 为结构导向剂、甲阶酚醛树脂为碳前体,通过溶剂挥发诱导自组装(EISA)的方法制备了介孔碳材料。该材料对于水相中的对氯苯酚和对氯苯胺表现出很好的吸附性能,其饱和吸附量分别达到 220mg/g 和 210mg/g,与活性碳相比较,在污染物浓度较低时显示出更优越的吸附能力。

4.2.5 介孔碳材料对硫化物的吸附

燃油中的硫是造成环境污染的重要物质之一。成品油中的硫主要以硫醇、硫醚、二硫化物以及噻吩类的有机硫化物存在。其中噻吩类的有机硫化物反应活性最低,被认为是最难脱除的馏分。因此,进行有机硫的脱除研究具有重要意义。目前的脱硫技术主要有加氢脱硫、吸附脱硫、氧化脱硫、生物脱硫和溶剂萃取脱硫等。加氢脱硫是最常用的脱硫方法,对硫醇、硫醚等有很好的脱除效果。但是对于噻吩系列,特别是二苯并噻吩(DBT)系列的硫化物却较为困难,需采用高温高压和高活性的催化剂,需要消耗大量氢气。此外,加氢装置投资大、操作费用高、操作条件苛刻。氧化脱硫技术不同程度地使用 H_2O_2 作为氧化剂,用有机酸或光照等强氧化条件,但仍存在氧化剂价格昂贵、不能再生和有含硫废水排放等问题。对于生物脱硫技术,微生物的生长繁殖特性决定了脱硫反应时间长,难以保证脱硫工艺的稳定性以及酸浸出液的处理等。溶剂萃取脱硫消耗大量的有机溶剂,而且选择性差。吸附脱硫以耗氢量少、低压运行、投资成本和操作费用低而引起人们广泛的研究兴趣。

徐怀浩等[71]采用模板法制备了比表面积为 1320m^2/g、颗粒外径 697nm、平均孔径 3.62nm 的介孔碳材料。并利用浸渍法将金属离子 Ni^{2+}、Co^{2+} 负载在该介孔材料上,以噻吩为模型化合物,采用常温液相吸附法进行脱硫研究,结果如图 4 - 4 和 4 - 5 所示。从图中可以看出,介孔碳负载 Ni^{2+} 或 Co^{2+} 比 13X 负载 Ni^{2+} 脱硫效果好,Ni^{2+}/介孔碳比 Co^{2+}/介孔碳脱硫效果好。当负载 Ni^{2+} 的量为 10% ,温度为 20℃ 时,介孔碳的脱硫效果最好。

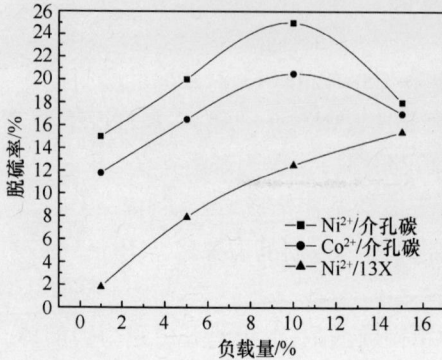

图 4 - 4 不同吸附剂的脱硫率[71]   图 4 - 5 温度对脱硫性能的影响[71]

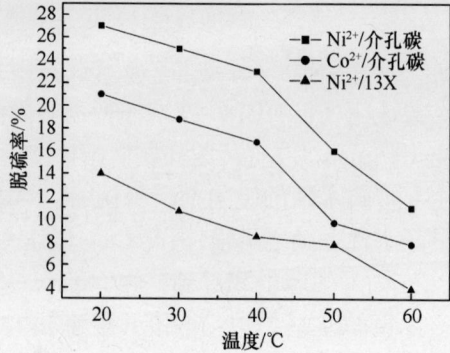

4.3 本章小结

本章对介孔碳材料作为气相和液相吸附剂的研究进展进行了综述。作为气相吸附剂主要是对 CO_2、N_2、CH_4、O_2 等气体分子的吸附;液相吸附主要是对染料大分子(罗丹明 B、甲基紫、亚甲基兰、碱性品红等)、生物大分子(维生素 B12、胆红素、溶菌素、L - 组氨酸、盐酸四环素等)、金属离子(Eu^{3+}、Cr^{5+}、Cr^{4+}、Cu^{2+}、Hg^{2+} 等)、水相中有机污染物(苯酚、对氯苯酚和对氯苯胺等)以及硫化物的吸附。在气相吸附方面的应用主要是空气的净化和脱臭、溶剂的回收、呼吸防护器材和香烟过滤嘴等。液相吸附主要应用在废水处理、油品精制等方面。

参 考 文 献

[1] Zhou U H, Zhu S, Honmal I, et al. Methane gas storage in self - ordered mesoporous carbon (CMK - 3). Chem. Phys. Lett. , 2004, 396(4 - 6):252 - 255.

[2] Chandrasekar G, Son W J, Ahn W S. Synthesis of mesoporous materials SBA - 15 and CMK - 3 from fly ash and their application for CO_2 adsorption. J. Porous Mater. , 2009, 16(5):545 - 551.

[3] 彭璇, 张勤学, 成璇, 等. 二氧化碳/甲烷/氮气二元混合物在有序介孔碳材料 CMK - 3 中的吸附和分离[J]. 物理化学学报, 2011, 27 (9), 2065 - 2071.

[4] 刘秀伍. 有序介孔材料吸附功能研究[D]. 天津:天津大学博士学位论文, 2005.

[5] 栾广贵, 刘振辉, 荣海琴, 等. 中孔炭材料的制备及吸附性能的研究[J]. 碳素, 2005, 4(124): 15 - 20.

[6] 郭卓, 张维维, 王立锋, 等. 新型介孔碳的制备及对罗丹明 B 的吸附动力学研究[J]. 现代化工, 2006, 26(10): 95 - 98.

[7] Avom J, Mbadcam J K, Noubactep C, et al. Adsorption of methylene blue from an aqueous solution on to activated carbons from palm - tree cobs. Carbon, 1997, 35(3): 365 - 369.

[8] Otowa T, Nojima Y, Miyazaki T. Development of KOH activated high surface area carbon and its application to drinking water purification. Carbon, 1997, 35(9): 1315 - 1319.

[9] Akolekar D B, Hind A R, Bhargava S K. Synthesis of macro -, meso -, and microporous carbons from natural and synthetic sources, and their application as adsorbents for the removal of quaternary ammonium compounds from aqueous solution. J. Colloid Interface Sci., 1998, 199(1): 92 - 98.

[10] Lee J S, Joo S H, Ryoo R. Synthesis of mesoporous silicas of controlled pore wall thickness and their replication to ordered nanoporous carbons with various pore diameters. J. Am. Chem. Soc., 2002, 124(7): 1156 - 1157.

[11] Lee J W, Yoon S H, Hyeon T G, et al. Synthesis of a new mesoporous carbon and its application to electrochemical double - layer capacitors. Chem. Commun., 1999, (21): 2177 - 2178.

[12] Yoon S B, Kim J Y, Yu J S. A direct template synthesis of nanoporous carbons with high mechanical stability using as - synthesized MCM - 48 hosts. Chem. Commun., 2002, (14): 1536 - 1537.

[13] Asouhidou D D, Triantafyllidis K S, Lazaridis N K, et al. Sorption of reactive dyes from aqueous solutions by ordered hexagonal and disordered mesoporous carbons. Micro. Meso. Mater., 2009, 117(1 - 2): 257 - 267

[14] Zhuang X, Wan Y, Feng C M, et al. Highly efficient adsorption of bulky dye molecules in wastewater on ordered mesoporous carbons. Chem. Mater., 2009, 21(4): 706 - 716.

[15] 葛渊数, 天森林, 雷乐成. 混合染料化工废水的物化 - 生化联合处理工艺研究[J]. 水处理技术, 2005, 31(2): 66 - 68

[16] 李长珍. 介孔材料 CMK - 3 对甲基紫的吸附性能[J]. 化学研究, 2011, 22(6): 61 - 64.

[17] 李江涛, 郑涛. 介孔碳材料对亚甲基兰的吸附特性研究[J]. 西安文理学院学报:自然科学版, 2010, 13(1): 48 - 53.

[18] 袁勋, 柳玉英, 禚淑萍, 等. 有序介孔碳的合成及液相有机大分子吸附性能研究[J]. 化学学报, 2007, 65(17): 1814 - 1820.

[19] 翟赟璞. 有序介孔聚糠醇的组装及有序介孔碳材料的合成与功能化修饰[D]. 上海:复旦大学博士学位论文,2009.

[20] 李劲, 夏金童, 何姣莲, 等. 废弃轮胎制备中孔碳吸附材料工艺及性能研究[J]. 环境工程学报, 2010, 4(9): 2105 - 2109.

[21] Han S J, Sohn K, Hyeon T. Fabrication of new nanoporous carbons through silica templates and their application to the adsorption of bulky dyes. Chem. Mater., 2000, 12 (11): 3337 - 3341.

[22] 冯素波, 赵春霞, 龙曦, 等. 碳掺杂氧化钛介孔材料的合成与吸附降解性能[J]. 石油学报(石油加工), 2009, s2: 32 - 36.

[23] 冯翠苗. 杂化介孔碳分子筛的合成及应用[D]. 上海:上海师范大学硕士学位论文, 2008.

[24] 庄鑫. 有序杂化介孔碳和聚合物的合成以及应用[D]. 上海:上海师范大学硕士学位论文, 2010.

[25] 罗劭娟. 有序介孔材料的制备及其应用研究[D]. 广州:华南理工大学硕士学位论文, 2010.

[26] Guo Z, Zhu G S, Gao B, et al. Adsorption of vitamin B12 on ordered mesoporous carbons coated with PM-MA. Carbon, 2005, 43(11): 2344 - 2351.

[27] Xu D P, Yoon S H, Mochida I, et al. Synthesis of mesoporous carbon and its adsorption property to bio-molecules. Micro. Meso. Mater., 2008, 115(3):461 - 468.

[28] 郭卓, 朱广山, 辛明红, 等. 不同孔径的介孔碳分子筛对 VB12 的吸附性质研究[J]. 高等学校化学学报, 2006, 27(1): 9 - 12.

[29] 郭卓. 介孔功能材料的合成和性质研究[D]. 吉林大学博士学位论文, 2005.

[30] 王小蓉, 郝广平, 陆安慧, 等. 双孔道管状有序介孔碳对维生素 B12 的吸附缓释性能[J]. 物理化学学报, 2011, 27(9): 2239 - 2243.

[31] 张建华, 乔松, 乔文明, 等. 沥青基中孔碳的制备及其吸附性能[J]. 材料科学与工程学报, 2010, 28(5): 716 - 720.

[32] 苏沙沙, 顾金楼, 李永生, 等. 介孔碳材料的制备及对胆红素的优越吸附特性[J]. 化工新型材料, 2011, 39(6): 81 - 83.

[33] Lei Z B, Cao Y D, Dang L Q, et al. Adsorption of lysozyme on spherical mesoporous carbons (SMCs) replicated from colloidal silica arrays by chemical vapor deposition. J. Colloid Interface Sci., 2009, 339(2): 439 - 445.

[34] Hartmann M, Vinu A, Chandrasekar G. Adsorption of vitamin E on mesoporous carbon molecular sieves. Chem. Mater., 2005, 17 (4):829 - 833.

[35] 卢月美, 巩前明, 梁吉. 碳纳米管/活性碳复合微球的制备及其对 VB12 的吸附应用[J]. 物理化学学报, 2009, 25 (8): 1697 - 1702.

[36] Vinu A, Miyahara M, Ariga K. Biomaterial immobilization in nanoporous carbon molecular sieves: Influence of solution pH, pore volume, and pore diameter. J. Phys. Chem. B, 2005, 109 (13): 6436 - 6441.

[37] 曹银娣, 党利琴, 白丹, 等. 化学气相沉积法合成 Fe/CMK - 5 及其对溶菌素的吸附性能[J]. 物理化学学报, 2010, 26(6): 1593 - 1598.

[38] Vinu A. Adsorption of L - histidine over mesoporous carbon molecular sieves. Carbon, 2006, 44(3): 530 - 536.

[39] Michal J W, Piotr W, Michal B, et al. Magnetic nanoparticles of Fe and Nd - Fe - B alloy encapsulated in carbon shells for drug delivery systems: Study of the structure and interaction with the living cells. J. Alloys Compd., 2006, 423(1 - 2): 87 - 91.

[40] 邢伟, 禚淑萍, 司维江, 等. 磁性有序介孔碳的制备及药物吸附行为研究[J]. 化学学报, 2009, 67 (8): 761 - 766.

[41] Feng X, Fryxell G E, Wang L Q, et al. Functionalized monolayers on ordered mesoporous supports. Science, 1997, 276(5314): 923 - 926.

[42] Mercier L, Pinnavaia T J. Heavy metal ion adsorbents formed by the grafting of a thiol functionality to mesoporous silica molecular sieves: factors affecting Hg(II) uptake. Environ. Sci. Technol., 1998, 32 (18): 2749 - 2754.

[43] 祝建中, 杨嘉. 有序介孔碳合成、改性及其对汞离子的吸附性能[J]. 新型炭材料, 2008, 23(3):

221 - 227.

[44] 李兴亮, 宋强, 刘碧君, 等. 碳材料对铀的吸附[J]. 化学进展, 2011, 23(7): 1446 - 1453.

[45] Jung Y, Kim S, Park S J, et al. Preparation of functionalized nanoporous carbons for uranium loading. Colloids Surf. A, 2008, 313 /314: 292 - 295.

[46] Tian G, Geng J X, Jin Y D, et al. Sorption of uranium(VI) using oxime - grafted ordered mesoporous carbon CMK - 5. J. Hazard Mater. , 2011, 190(1 - 3): 442 - 450.

[47] Choi K C, Jung Y J, Kim S, et al. Adsorption characteristics of uranyl ions on carboxymethylated poly-ethyleneimine (CM - PEI)/activated carbon composites. Solid State Phenom. , 2007, 124 - 127: 1257 - 1260.

[48] Jung Y, Lee H I, Kim J K, et al. Preparation of polypyrrole - incorporated mesoporous carbon - based composites for confinement of Eu(III) within mesopores. J. Mater. Chem. , 2010, 20(22): 4663 - 4668.

[49] 郭卓, 赖坤茂, 王海峰, 等. 有序介孔碳的制备及吸附 Cr(V)性能比较[J]. 沈阳化工学院学报, 2009, 23(1): 29 - 33.

[50] 周洁, 阳永荣, 王靖岱. 新型介孔活性碳对 Cr(VI)的吸附动力学研究[J]. 化工进展, 2005, 24(4): 403 - 407.

[51] Zhou J H, He J P, Wang T, et al. NiCl₂ assisted synthesis of ordered mesoporous carbon and a new strategy for a binary catalyst. J. Mater. Chem. , 2008, 18(47): 5776 - 5781.

[52] 王涛, 何建平, 张传香, 等. 有序介孔 C/NiO 复合材料的合成及其电化学性能[J]. 物理化学学报, 2008, 24(12): 2314 - 2320.

[53] 王涛, 周建华, 王道军, 等. 有序介孔 C - Al₂O₃ 纳米复合材料的合成及其红外发射率[J]. 物理化学学报, 2009, 25(10): 2155 - 2160.

[54] 孙盾, 何建平, 周建华, 等. MClx(M = Pd,Fe,Cr)对有序介孔碳的辅助合成及其负载 Pt 后的电催化性能[J]. 物理化学学报, 2010, 26(2): 385 - 391.

[55] Yang J P, Zhai Y P, Deng Y H, et al. Direct triblock - copolymer - templating synthesis of ordered nitrogen - containing mesoporous polymers. J. Colloid Interface Sci. , 2010, 342(2), : 579 - 585.

[56] Wu Z X, Webley P A, Zhao D Y. Comprehensive study of pore evolution, mesostructural stability, and simultaneous surface functionalization of ordered mesoporous carbon (FDU - 15) by wet oxidation as a promising adsorbent. Langmuir, 2010, 26(12): 10277 - 10286.

[57] 祝建中, 杨嘉, Deng B L. 有序介孔碳合成、改性及其对汞离子的吸附性能[J]. 新型碳材料, 2008, 23(3):221 - 227.

[58] 陈田, 王涛, 王道军, 等. 功能化有序介孔碳对重金属离子 Cu(II)、Cr(VI)的选择性吸附行为[J]. 物理化学学报, 2010, 26(12): 3249 - 3256.

[59] 张小璇, 叶李艺, 沙勇, 等. 活性碳吸附法处理染料废水[J]. 厦门大学学报, 2005, 44(4): 542 - 545.

[60] 王毅力, 杨君, 于富玲, 等. 不同染料化合物在颗粒活性碳上的分形吸附规律[J]. 环境化学, 2005, 24(3): 334 ~ 337.

[61] 胡记杰, 肖俊霞, 任源, 等. 焦化废水原水中有机污染物的活性碳吸附过程解析[J]. 环境科学, 2008, 29(6):1567 - 1571.

[62] 张小璇, 任源, 韦朝海, 等. 焦化废水生物处理尾水中残余有机污染物的活性碳吸附及其机理[J]. 环境科学学报, 2007, 27(7): 1113 - 1120.

［63］Bautista – Toledo I, Ferro – García M A, Rivera – Utrill J, et al. Bisphenol A removal from water by acti-
vated carbon. Effects of carbon characteristics and solution chemistry. Environ. Sci. Technol. , 2005, 39
(16): 6246 – 6250.

［64］Walker G M. Adsorption of dyes from aqueous solution—The effect of adsorbent pore size distribution and
dye aggregation. Chem. Eng. J. , 2001, 83 (3): 201 – 206.

［65］Mahadevaswamy M, Mall I D, Prasad B, et al. Removal of phenol by adsorption on coal fly ash and activa-
ted carbon. Pollut. Res. , 1997, 16(3): 170 – 175.

［66］郭卓, 袁悦. 介孔碳 CMK – 3 对苯酚的吸附动力学和热力学研究［J］. 高等学校化学学报, 2007, 28
(2): 289 – 292

［67］邵金城, 许文娟, 傅伟, 等. 苯酚在介孔材料上的吸附性能的研究［J］. 广州化工, 2011, 39(10):
63 – 67.

［68］胡龙兴, 党松涛, 杨霞萍. 载铜介孔碳 CMK – 3 的制备及其对苯酚的吸附 – 催化氧化性能［J］. 物
理化学学报, 2010, 26(2): 373 – 377.

［69］贺建国. 有序介孔碳的合成、修饰及在吸附苯酚中的应用［D］. 兰州: 兰州大学硕士生论文,
2009: 6.

［70］崔祥婷, 闻振涛, 万颖. 有序介孔碳用于吸附水相中的氯代芳香族化合物［J］. 上海师范大学学报
(自然科学版), 2010, 39(3): 279 – 284.

［71］徐怀浩, 刘振学, 付玉平, 等. 载金属离子的介孔碳对噻吩吸附性能的研究［J］. 山东化工, 2009,
38(11): 16 – 18.

144

第 5 章　介孔碳材料在催化领域的应用

　　催化是各种化工生产的核心技术,催化过程约占全部化学过程的 90% 以上。采用催化方法可以大幅度降低产品成本,提高产品质量,并且可以合成用其他方法不能制得的产品。介孔材料具有均一可调的介孔孔径、稳定的骨架结构、一定壁厚且易于掺杂的无定形骨架组成和比表面积大且可修饰的内表面等优点,在催化领域具有广阔的应用前景。介孔氧化硅材料常用于催化反应中。但是,此类催化剂遇到的问题是水热稳定性差、容易导致结构坍塌、可重复使用次数少。

　　较介孔氧化硅而言,介孔碳材料在催化领域进行应用时具有如下优点:①水热稳定性高,可以克服介孔氧化硅材料在水热条件下结构容易坍塌的问题;②疏水性强,更有利于将有机底物从水中选择性吸附在催化剂的孔中进行反应;③亲有机物的特性也可使其吸附反应介质中的杂质,阻抑贵金属中毒;④可以燃烧,能够在催化剂失活后经济、有效地回收贵金属。

　　本章针对介孔碳材料在催化领域的研究热点和实际需求,对介孔碳材料在催化领域中的应用情况进行了综述。

5.1　加氢反应

5.1.1　加氢脱硫反应

　　负载型贵金属催化剂是一类重要的高活性非硫化物深度加氢脱硫(HDS)催化剂。因为贵金属活性组分与载体之间有较强的相互作用[1],载体性质对催化剂性能有很大影响。传统的活性碳(AC)因孔径较小而容易被负载的金属堵塞,不利于反应物和产物的扩散,因而不利于硫化物的脱除。介孔碳具有较大的孔径,用作催化剂载体可以提高催化剂活性[2]。

　　石国军等[3]以自制介孔碳材料为载体,在浸渍液中加入螯合剂,采用等量浸渍法制备了 Co - Mo/CMC 和 Ni - Mo/CMC 催化剂,分别用于模型汽油和柴油加氢脱硫反应。在模型汽油的加氢脱硫反应中,以介孔碳 CMC - 1 以及 AC 作为催化剂载体,比较了 Co - Mo/CMC - 1、Co - Mo/AC 和工业催化剂 Co - Mo/γ -

Al_2O_3 上噻吩加氢脱硫活性,如图 5-1 所示。可以看出,Co-Mo/CMC-1 的活性比 Co-Mo/AC 及 CoMo/γ-Al_2O_3 高得多,表明噻吩的连续转化是通过加氢脱硫而不是通过载体吸附脱硫的方式实现的。柴油中的有机硫化物主要是二苯并噻吩(DBT)和烷基取代的二苯并噻吩,因此,在模型柴油的加氢脱硫反应中,使用孔径更大的 CMC-2 来负载 Ni-Mo 催化剂,结果见图 5-2,可以看出,Ni-Mo/CMC-2 催化剂活性比工业催化剂 FH-98 高得多。

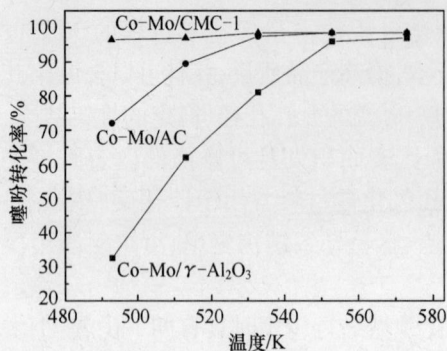

图 5-1 Co-Mo/CMC-1、Co-Mo/AC 和
Co-Mo/γ-Al_2O_3 催化剂上
噻吩加氢脱硫活性[3]

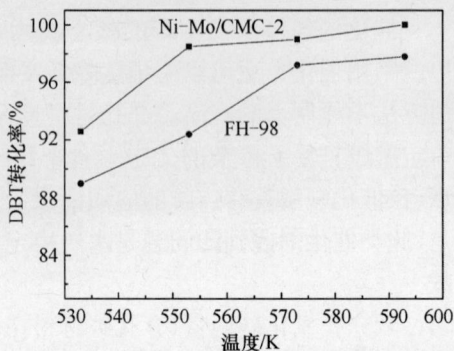

图 5-2 Ni-Mo/CMC-2 和 FH-98
催化剂上模型柴油中二苯并
噻吩加氢脱硫活性[3]

Tan 等[4]以 SBA-15 为模板、蔗糖和糠醇为碳源,合成介孔碳催化剂进行合成柴油燃料的超深加氢脱硫(HDS)。结果表明,用 5%(质量分数)的 CoO 和 15% 的 MoO_3 由传统浸渍法制备的 Co-Mo/介孔碳催化剂比一般活性碳催化剂具有更好的分散性和较少的杂质。高比例的 MoO_3 容易转化为具有较高的 HDS 活性的 Mo^{6+},进而形成 MoS_2,大比表面积与孔容也有利于进行加氢脱硫反应。

Shi 等[5]在介孔碳的孔隙中使镍离子与次磷酸盐之间发生固相反应,在 473K 下使 Ni_2P 在介孔碳表面高度分散,由此得到 Ni_2P/MC-4 催化剂。对二苯并噻吩的加氢脱硫反应,Ni_2P/MC-4 催化剂比高温下磷酸盐还原制备的 Ni_2P/SiO_2 催化剂具有更高的催化活性。

Koranyi 等[6]考察了介孔碳 CMK-5 负载 Ni_2P(P/Ni 摩尔比 = 2.0)和 $Ni_{12}P_5$ (P/Ni 摩尔比 = 0.5)催化剂在加氢脱硫反应中的催化活性。两种不同组成的磷化镍催化材料均比工业用 NiMo/Al_2O_3 表现出更好的催化活性。

5.1.2 苯加氢反应

Ji 等[7]采用溶剂挥发诱导自组装法合成了钌碳催化剂(Ru/OMC),该催化

146

剂的比表面积高达 2186m²/g,且 Ru 纳米粒子均匀分散在碳基体中。通过苯加氢反应对其催化性能进行研究,结果表明 Ru/OMC 催化剂相对 Ru/AC 具有较高的催化活性和稳定性。

Su 等[8]采用热还原法制备了钌负载介孔碳催化剂,并考察了其对苯加氢反应的催化性能。在相同反应条件下,与其他碳材料作载体制备的催化剂相比,该催化剂表现出较高的催化活性和稳定性,这主要是由于 Ru 纳米粒子与介孔碳载体之间存在强烈的相互作用。

Su 等[9]采用原位硬模板法将 Ru 纳米粒子引入到介孔碳中,合成了具有三明治结构的 Ru/C 催化剂,并考察其在苯加氢反应中的催化性能,结果表明,相对于其他催化剂,Ru/C 催化剂在苯加氢反应中表现出较高的催化活性和稳定性,主要由于 Ru 纳米粒子与介孔碳载体之间存在强烈的相互作用而导致的氢溢流效应。

5.1.3 硝基苯加氢反应

Min 等[10]考察了 Pt 负载量、碳载体的类型、反应温度、酸催化剂浓度及相转移催化剂对硝基苯加氢合成对氨基酚反应速率和对氨基酚选择性的影响,发现高温和高酸浓度均可以提高对氨基酚的选择性;提高 Pt 负载量可以提高加氢反应速率,但对氨基酚选择性降低;相转移催化剂 N,N-二甲基十二胺的引入可以同时提高反应速率和选择性。值得注意的是,负载于介孔碳材料 CMK-1 和 CMK-3 上的 Pt 催化剂与微孔活性碳相比,具有更加优异的表现,2% 负载质量分数的 CMK-1 表现出与 5% Pt/C 相当的反应活性,对氨基酚选择性从 72% 提高到 84%,这种活性和选择性的提高被认为与介孔碳载体上金属较高分散度和反应物较低扩散阻力有关。

Ryoo 等[11]以 CMK-1 介孔碳材料作为载体,负载 Pt 和 Pd 贵金属,对硝基苯、2-乙基蒽醌和 4-异丁基苯乙酮进行液相加氢反应,对比于商品活性碳负载的相同贵金属作催化剂,CMK-1 负载的催化剂对于这 3 种反应物显现出极好的转化率和选择性,在 CMK-1 上负载 2.0%(质量分数)的贵金属催化剂便能产生于商品活性碳负载 5.0%(质量分数)的贵金属催化剂相同的催化活性,这种催化活性的提高,研究者认为归因于金属分散性的提高和催化剂上孔扩散阻碍作用的减少。

5.1.4 烯烃加氢

Schüth 等[12]将 Co 纳米粒子负载于介孔硅 SBA-15 上,通过填充-碳化-除模板等步骤制备出了磁可分的介孔碳材料,负载了 Pd 纳米粒子后,材料对辛烯加氢反应具有很高的活性,催化剂可以通过外加磁场有效地进行分离,并且经过多次反应,材料的催化活性几乎没有降低。

5.1.5 肉桂醛加氢反应

Gao 等[13]采用原位软模板法制备了 Ru/OMC 催化剂,通过肉桂醛(CMA)加氢反应考察催化性能,发现 Ru/OMC 催化剂对肉桂醛加氢反应活性是普通浸渍法制备的 Ru/AC 催化剂(4.9Ru/AC,Ru 含量为 4.9%(质量分数))催化活性的 2 ~ 14 倍,且其对肉桂醇(CMO)的选择性高达 60%,如表 5 - 1 所列。

表 5 - 1 不同 Ru 含量负载的碳催化剂对 CMA 的转化率及对 CMO 的选择性[13]

样 品	1h 转化率/选择性/%	3h 转化率/选择性/%	6h 转化率/选择性/%	12h 转化率/选择性/%	22h 转化率/选择性/%	1h 催化剂转换频率 TOF/s^{-1}
0.47Ru - OMC	7/45	12/52	17/54	31/58	52/60	0.664
0.36Ru - OMC	16/40	25/46	37/49	61/52	86/51	0.198
0.97Ru - OMC	13/44	25/51	49/54	77/54	94/54	0.120
4.9Ru/AC	27/7	40/9	64/9	87/9	100/1	0.049
2.0Ru - OMC	60/10	86/10	98/6	100/1	100/0	—

5.1.6 手性腈加氢反应

Guo 等[14]分别采用 SBA - 15 和 SBA - 16 为硬模板剂合成了介孔碳材料 C - SBA - 15 和 C - SBA - 16。并考察了上述有序介孔碳负载 Pd 纳米粒子催化剂的手性腈加氢反应活性,结果表明以手性(S) - 4 - 氯 - 3 - 羟基丁腈为原料合成(S) - 3 - 吡咯烷醇过程中,采用介孔碳负载 Pd 催化剂有利于氰基加氢,其催化活性高于 Pd/AC 和 Pd/SBA - 15 的催化活性,如图 5 - 3 所示。

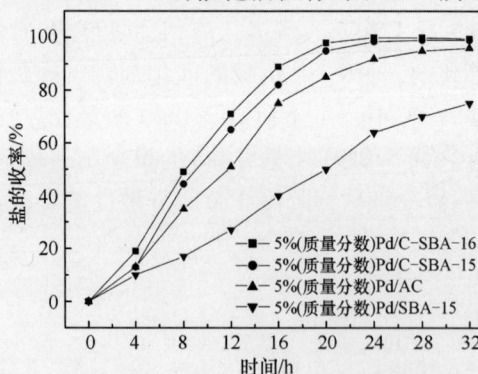

图 5 - 3 介孔碳负载 Pd 催化剂在手性腈加氢反应中的催化活性
(H_2 压力 10 atm;温度 80℃)[14]

5.2 氧化反应

5.2.1 醇氧化反应

醇类氧化合成相应的羰基化合物是精细化学品和有机中间体合成中的重要反应。近年来,以空气或纯氧为氧化剂的醇类化合物催化氧化反应以其绿色、高效的特点成为该领域的研究热点[15],适用于这类反应比较有效的催化剂主要是一些负载型贵金属催化剂(Pt、Pd、Au、Ru 等),催化剂成本较高,而且反应过程中通常需要一定量外部碱参与,如碳酸钾[16]、吡啶[17]等,产物与外部碱的分离存在一定的困难,因此,开发适用于以氧气为氧化剂的醇类氧化反应的新催化材料也是近期研究的热点之一。

刘羽等[18]以硝酸铝、磷酸、氨水及柠檬酸为主要原料,制备出含有磷铝组分和柠檬酸的复合物,然后将得到的复合物作为碳材料的前驱物进行高温碳化,再经酸洗处理后可得到具有介孔特征的碳材料,并以这种碳材料为催化剂,考察了它们在以空气(或氧气)为氧化剂的苯甲醇氧化反应中催化性能。发现以柠檬酸和蔗糖共同作为碳源合成的介孔碳材料对于苯甲醇氧化反应具有较好的催化性能,反应 24h 苯甲醇的转化率可达到 71.2%。介孔碳材料表面具有的独特的含氧官能团可能是苯甲醇催化氧化合成苯甲醛的主要活性中心。研究者进一步合成了蔗糖/硅的复合物,通过简单机械压制、高温碳化、除模板等过程成功合成了具有一定形貌、均一介孔结构的碳单片材料。通过在蔗糖/硅的前驱复合物中引入一定量的柠檬酸、磷酸或硝酸铝等作为添加剂,可以有效调节碳单片材料的比表面积、孔径和孔容。所制备的碳单片材料在苯甲醇氧化反应中表现出较好的催化活性,其中以磷酸为添加剂制备的碳单片材料的催化性能最好,反应 24h 后苯甲醇的转化率可达 96.4%,显示出良好的应用前景。

Lu 等[19]考察了分子级分散的介孔碳材料 Pd – OMC 在超临界 CO_2 的醇氧化反应中的催化性能,发现 Pd – OMC 催化材料可高效和高选择地将苯甲醇、苯乙醇和肉桂醇氧化为相应的醛,如表 5 – 2 所列。

表 5 – 2   Pd 负载介孔碳催化剂 Pd – OMC 对苯甲醇、
苯乙醇和肉桂醇的催化氧化性能[19]

基 质	反应温度/℃	转化率/%	醛的选择性/%
苯甲醇	80	42.3	> 99
苯甲醇	100	78.4	> 99
苯乙醇	80	35.2	> 99
肉桂醇	80	82.5	> 99

5.2.2 氧化脱硫反应

汽油、柴油和航空用油等燃料油具有高能量、安全稳定、易储存等特点,是非常实用的能源。然而其中的硫化物对汽车尾气净化器中的贵金属催化剂有严重毒害作用,燃烧生成 SO_x 是大气污染的主要来源,并且危害人类健康,甚至造成酸雨。因此,燃料油深度脱硫成为人们急需解决的难题。2007 年之前,美国环保局要求柴油和汽油中的硫含量分别从 500ppm 和 350ppm 降到 15ppm 和 30ppm。欧洲和日本也有相关降低燃料油中硫含量的规定,无硫燃料油成为世界各国追求的目标。采用催化加氢脱硫法可以降低油品中硫含量,但由于加氢法反应条件苛刻并且对噻吩及其衍生物效果不大,必须在高温高压下进行,因而近些年来的催化氧化法、络合法和溶剂萃取法等各种非加氢脱硫技术成为人们的研究热点。燃料油氧化脱硫技术以选择性氧化油品中的噻吩类硫化物为主要特色,在常温或小于 100℃、常压和无需氢源条件下操作,生产成本低,环境污染小,因而备受关注。氧化脱硫技术主要有日本能源中心开发的过氧化氢氧化法脱硫技术(PEC 技术)、Petro Star 公司开发的选择性氧化脱硫法(CED 技术)、超声波氧化脱硫技术和液液抽提 – 光化学氧化脱硫技术。但是,上述方法都不同程度地使用 H_2O_2 作为氧化剂,用有机酸或光照等强氧化条件,仍存在氧化剂价格昂贵、不能再生和有含硫废水排放等问题[20]。因此有必要找到一种廉价的氧化剂来代替 H_2O_2。

代伟等[21]采用浸渍法合成了介孔碳材料 CMK – 3 负载磷钨酸(PW/CMK – 3)催化剂。以噻吩/正辛烷为拟油体系,利用空气为氧化剂,PW/CMK – 3 为催化剂,在温和的条件下将油品中的噻吩催化氧化,生成相应的砜类物质。在常压、50℃、空气流量 300mL/min、催化剂和油的质量比为 1∶100、反应时间 300min 的条件下,噻吩含量为 2000ppm 的初始溶液可降低到 1ppm 以下。通过氮气氛下,350℃下吹扫 4 h,将氧化产物砜类物质从脱硫剂中脱除,得到再生后的 PW/CMK – 3,再生后的 PW/CMK – 3 仍然具有良好的催化活性。该文献报道的方法为常压低温一次性操作、无需氢源和 H_2O_2 氧化剂,克服了催化加氢脱硫和 H_2O_2 氧化脱硫的缺点,是一种油品深度脱硫的新方法。

5.2.3 CO 氧化反应

Dai 等[22]将金纳米粒子用沉积沉淀法负载于无电沉积的各种 MnO_x/C 载体上,锰氧化物和金纳米粒子的负载顺序对金纳米粒子的分散性有很大的影响。X 射线衍射(XRD)结果表明,锰氧化物可以均匀地负载于碳载体上,透射电镜

150

(TEM)结果表明金纳米粒子可以很好地分散于锰氧化物预先修饰的碳载体上，粒子的尺寸分布在 4nm~10nm。生成的 $Au/MnO_x/C$ 催化剂在 CO 氧化反应中表现出很好的催化活性。

5.3　分解反应

5.3.1　氨分解反应

Li 等[23]考察了介孔碳 CMK-3 负载 Ru 纳米粒子的氨分解制氢反应活性，结果如表 5-3 所列，可以看出，未经活化的 CMK-3 负载 Ru 纳米粒子的催化活性不理想，而采用酸(HCl、H_2SO_4 或 H_3PO_4)进行活化后，催化活性可以增加50% 以上。酸活化可以提高负载于介孔碳中 Ru 纳米粒子的单分散性，平均粒径较大，有利于提高氨分解反应的转化率。原因可能是氨分解反应是结构敏感反应，决速步骤为 N—H 键的解离和表面氮原子的重组脱附，过度分散的金属纳米粒子造成催化剂纳米粒子尺寸过小而不能为 N—H 键的解离和表面氮原子的重组脱附提供足够空间。酸活化的介孔碳表面酸性官能团增加对氨的吸附，但并不是提高氨分解催化活性的根本原因。对于碱活化介孔碳材料，由于残存碱金属或碱土金属存在，导致 Ru 纳米粒子的单分散性较差，却提高了碳载体的电子传输能力，降低 N_2 解离、NH_x 和 N 吸附物种稳定化作用的活化能，进而提高催化剂催化活性[24]。

表 5-3　CMK-3 负载 Ru 催化剂对氨分解反应的
转化率和 H_2 形成速率(550℃)[23]

催 化 剂	NH_3 转化率/%	H_2 形成速率/(mmol/min g 催化剂)
5% Ru/CMK-3	22.7	7.0
5% Ru-Cl/CMK-3	37.4	11.5
5% Ru-SO4/CMK-3	35.6	10.9
5% Ru-PO4/CMK-3	33.9	10.4
5% Ru-Li/CMK-3	15.2	4.7
5% Ru-Na/CMK-3	50.8	15.6
5% Ru-K/CMK-3	78.9	24.2
5% Ru-Ca/CMK-3	48.5	14.9

5.3.2 肼分解反应

王辉等[25]以间苯二酚和甲醛为碳源、三嵌段共聚物 F127 为结构导向剂,在酸性水/乙醇溶液中引入 $(NH_4)_6Mo_7O_{24} \cdot 4H_2O$ 或 $(NH_4)_2WO_4$ 溶液,经静置自组装形成凝胶,再于 N_2 中焙烧合成出金属碳化物修饰的有序介孔碳材料。通过控制金属离子的用量可制备出粒径为 3nm ~ 5nm,且高度分散在介孔碳骨架中的碳化物粒子 MC – OMC – x,其中 x 为金属盐的用量(g)。图 5 – 4 给出了合成的碳载碳化钼催化剂上肼分解活性随反应温度变化的曲线。由图可以看出,在 30℃ 时 MoC – OMC – 0.1 催化剂上 N_2H_4 转化率为 18.8%,而在 MoC – OMC – 0.3 催化剂上,30℃ 就能实现 N_2H_4 的完全转化。当碳化钼含量过高时,一部分碳化钼粒子团聚而长大,从而导致催化活性下降,由 MoC – OMC – 0.4 催化剂的催化效果可以验证这一结论。

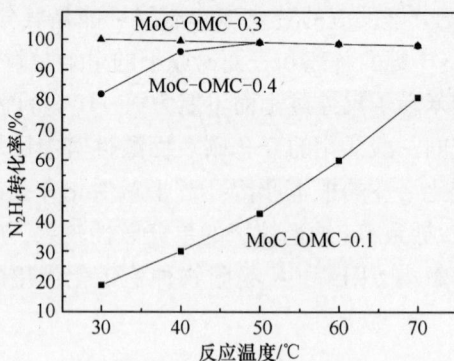

图 5 – 4 MoC – OMC 催化剂上肼分解活性随反应温度的变化[25]

Gao 等[26]制备了 Ir – OMC 催化剂材料,其中,Ir 纳米粒子以大约为 2nm 的尺寸高度均匀分散在碳载体中。进一步将上述 Ir – OMC 催化剂材料用于肼 (N_2H_4) 分解反应,表现出较高的催化活性及稳定性。

5.3.3 H_2O_2 分解反应

Fuertes 等[27]使用具有介孔壳的硅球为牺牲模板,通过填充—碳化—除模板—浸渍—热处理等步骤,将大约 10nm 的金属氧化物纳米粒子 $CoFe_2O_4$ 限域在介孔碳形成的壳层内,这样制备的催化剂在 H_2O_2 分解中表现出较非负载的催化剂以及文献中报道的其他多相催化剂更高的活性。由于具有尖晶石结构的 $CoFe_2O_4$ 具有磁性,因此催化剂可以方便地通过施加外磁场的方法回收。

5.4　酯化反应

谭晓宇等[28]采用浸渍法制备介孔碳负载磷钨酸催化剂,以油酸和乙醇为原料,催化合成油酸乙酯。在反应温度为110℃、醇酸摩尔比为2.5:1、反应时间为3h、磷钨酸负载量为30%(质量分数)的条件下,考察了催化剂用量对反应的影响,实验结果如图5-5所示。由图可以看出,催化剂用量为5%(质量分数),油酸转化率最高,可达89.34%。这是因为催化剂用量小,酯化反应的速度慢,油酸酯化率低;但当催化剂用量过大时,催化剂的吸附性能占主导地位,反应物料吸附在催化剂上,使得体系搅拌困难,降低了油酸的酯化率。因此,催化剂的用量存在一个最佳值。上述采用的介孔碳负载磷钨酸催化剂具有催化剂用量小、活性高、易回收、对环境影响小等优点,在油酸乙酯的工业生产中具有重要的应用前景。

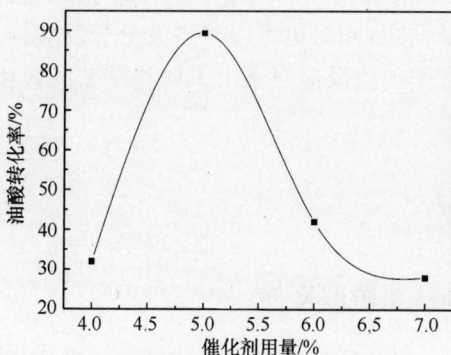

图5-5　介孔碳负载磷钨酸催化剂用量对油酸转化率的影响[28]

Feng等[29]将含有磺酸官能团的偶氮盐共价地接枝在介孔碳CMK-5上,制备出了具有均匀孔径和高比表面积的介孔碳固体酸催化剂CMK-5-SO$_3$H。磺酸化可以使介孔碳材料由疏水转变为亲水,在酯化反应中,CMK-5-SO$_3$H表现出了较高的催化活性,催化剂多次循环后,其催化活性没有明显降低。

5.5　烷基化反应

杨丽娜等[30]以CMK-3介孔碳为载体,HF酸为活性组分制备了酸改性介孔碳催化剂,应用于以二十四烯和苯为原料合成二十四烷基苯。在苯烯摩尔比为20:1、温度125℃、反应时间2h条件下,考察了HF酸改性介孔碳催化剂用量为 10%时,HF 酸的负载量对烯烃转化率的影响,结果如图5－6所示。

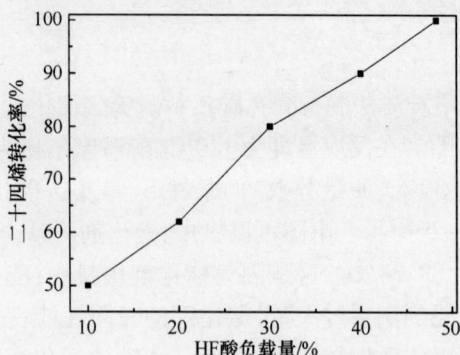

图 5－6　HF 酸改性介孔碳催化剂用量对二十四烯转化率的影响[30]

由图 5－6 可以看出,当介孔碳上 HF 酸的负载量为 48.28% 时,烯烃的转化率达 100%。这是因为介孔碳的孔道结构有助于 HF 酸更好地分散,增大活性组分与原料的接触面积;同时也可以减少大分子反应物及产物的扩散阻力,从而提高反应的转化率。该反应对于二十四烷基苯的多相催化合成具有重要的意义。

5.6　偶联反应

5.6.1　氯苯 Ullmann 偶联反应

卤代苯的 Ullmann 偶联反应是形成联芳烃的一种主要的方法。近年来,在碳和介孔氧化硅上负载金属钯制备的非均相催化剂被用来代替传统的铜催化剂[31,32]。但是,其反应条件通常非常苛刻,如需要在高温,N,N－二甲基甲酰胺(DMF)或甲苯等有机溶剂以及冠醚[33]、聚乙二醇[34]等相转移催化剂的条件下反应才能够进行。因此,研究一种能够实现水介质中、室温下氯苯的 Ullmann 偶联反应的催化剂在经济和环保方面均具有十分重要的意义。

汪海艳等[35]采用 TEOS、酚醛树脂和三嵌段共聚物 3 组分共组装的方法制备得到了双孔介孔碳材料,以其为载体,等体积浸渍法制备得到催化剂 Pd/OMC。在 100℃、无相转移催化剂存在的条件下,对水介质中氯苯的 Ullmann 偶联反应显示出较好的催化活性,联苯的选择性达到了 43%。Pd/OMC 在热水中能够稳定存在,催化剂重复使用 10 次后,对其催化活性的影响很小。具体的研究结果如表 5－4 所列。

表 5-4 催化剂在氯苯的 Ullmann 偶联反应中的催化活性和套用[35]

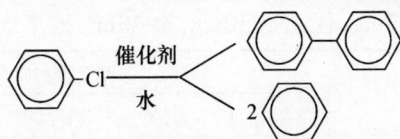

反应温度/℃	循环次数*	转化率/%	选择性/%	
			联苯	苯
30	1	45	23	77
100	1	> 99	43	57
100	2	> 99	38	62
100	8	> 99	40	60
100	8	> 99	42	58
100	11	> 99	40	60

* Ullmann 反应的反应条件:1.0g 氯苯,10mL 去离子水,2.2g 甲酸钠,2.8g 氢氧化钾;反应时间:6h;第一次反应时,加入 0.1g 新鲜的负载钯的催化剂(其中含 0.047mmol 钯)。反应后,催化剂经过离心、洗涤和干燥被重新利用。在重新使用前,根据催化剂的质量加入相应的反应物

5.6.2　Suzuki – Miyaura 碳 – 碳偶联反应

Suzuki – Miyaura 偶联反应被认为是目前合成联芳键的一种重要方法[36-38]。但 Pd 催化剂价格昂贵,不活泼的氯代芳烃很难在 Pd 催化下发生 Suzuki 反应,催化活性较差[39],因而衍生了一系列负载钯的配体催化剂。传统的 Suzuki 偶联反应都采用磷化氢配体的钯催化剂[40],但是这种催化剂不可重复使用并且最终产物中常常混有钯金属和配体。Pd/C 催化剂因为具有廉价、稳定、可回收及再度利用的优点而成为最适合于该反应的催化剂[41]。

高婷婷等[42]以 SBA – 15 为模板,蔗糖为碳前驱体,合成了具有规整介孔结构及较窄孔径分布的介孔碳材料 CMK – 3,并成功负载了 Pd 纳米粒子。以 Pd/CMK – 3 作为催化剂进行 Suzuki – Miyaura 偶联反应,产率最高达到了 89.0%。

5.7　水解反应

Kobayashi 等[43]考察了不同碳载体负载 Ru 基催化剂对纤维二糖水解为葡萄糖反应的催化性能,发现 Ru/CMK – 3 催化剂相对 Ru/CMK – 1 和 Ru/AC 等催化剂是一种耐水且可重复使用的催化剂,可得到较高的葡萄糖收率,其催化性能如表 5 – 5 所列。

表 5-5　纤维二糖在 Ru/CMK-3 催化剂存在下的水解反应[43]

（纤维二糖为 342mg,催化剂 50mg,水 40ml,温度 393K,时间 24h）

序号	催化剂	基于碳的收率/%				
		葡萄糖	果糖	甘露糖	5-羟甲基糠醛	总量
1	无	7.9	0	0	1.0	8.9
2	CMK-3	6.5	0.2	0	0	6.7
3	5%(质量分数)Ru/CMK-3	24.9	0.7	0.9	0	26.5

5.8　本章小结

　　介孔碳材料具有规则有序的的孔结构、良好的物化稳定性、吸附特性以及对金属催化剂的分散性能等特点,因而在催化领域进行应用具有独特的优势。本章对介孔碳材料在加氢反应、氧化反应、分解反应、酯化反应、烷基化反应、偶联反应、水解反应方面的催化应用情况进行了综述。虽然介孔碳材料在催化方面还处于研究阶段,但是凭借其特点和优势,在催化领域进行应用仍具有广阔的应用前景。

参 考 文 献

[1] Stakheev A Y, Kustov L M. Effects of the support on the morphology and electronic properties of supported metal cluster:Modern concepts and progress in 1990s. Appl. Catal. A, 1999, 188(1-2): 3-35.

[2] Pawelec B, Mariscal R, Fierro J L G, et al. Dibenzothiophene hydrod esulfurization on sillca-alumina-supported transition metal sulfide catalysts. Appl. Catal. A, 1996, 148(1): 23-40.

[3] 石国军, 赵鹬, 黄玉安, 等. 介孔碳担载的 Co-Mo 和 Ni-Mo 加氢脱硫催化剂[J]. 催化学报, 2010, 31(8): 961-964.

[4] Tan Z L, Xiao H N, Zhang R D, et al. Potential to use mesoporous carbon as catalyst support for hydrodesulfurization. New Carbon Mater., 2009, 24(4): 333-343.

[5] Shi G J, Shen J Y. Mesoporous carbon supported nickel phosphide catalysts prepared by solid phase reaction. Catal. Commun., 2009, 10(13):1693-1696.

[6] Koranyi T I, Vit Z, Nagy J B. Support and pretreatment effects on the hydrotreating activity of SBA-15 and CMK-5 supported nickel phosphide catalysts. Catal. Today, 2008, 130(1): 80-85.

[7] Ji Z H, Liang S G, Jiang Y B, et al. Synthesis and characterization of ruthenium-containing ordered mesoporous carbon with high specific surface area. Carbon, 2009, 47(9): 2194-2199.

[8] Su F B, Ln L, Lee F Y, et al. Thermally reduced ruthenium nanoparticles as a highly active heterogeneous

catalyst for hydrogenation of monoaromatics. J. Am. Chem. Soc. , 2007, 129(46): 14213 – 14223.

[9] Su F B, Lee F Y, Lu L, et al. Sandwiched ruthenium/carbon nanostructures for highly active heterogeneous hydrogenation. Adv. Funct. Mater. , 2007, 17(12): 1926 – 1931.

[10] Min K I, Choi J S, Chung Y M, et al. P – aminophenol synthesis in an organic/aqueous system using Pt supported on mesoporous carbons. Appl. Catal. A: General, 2008, 337(1): 97 – 104.

[11] Ahn W S, Min K I, Chung Y M, et al. Novel mesoporous carbon as a catalyst support for Pt and Pd for liquid phase hydrogenation reaction. Stud. Surf. Sci. Catal. , 2001, 135: 313 – 320.

[12] Lu A H, Schmidt W, Schüth F, et al. Nanoengineering of a magnetically separable hydrogenation catalyst. Angew. Chem. Int. Ed. , 2004, 43(33): 4303 – 4306.

[13] Gao P, Wang A Q, Wang X, et al. Synthesis and catalytic performance of highly ordered Ru – containing mesoporous carbons for hydrogenation of cinnamaldehyde. Catal. Lett. , 2008, 125(3/4): 289 – 295.

[14] Guo X F, Kim Y S, Kim G J. Hydrogenation of chiral nitrile on highly ordered carbon – supported Pd catalysts. Catal. Today, 2010, 150(1/2): 22 – 27.

[15] Ebitani K, Fujie Y, Kaneda K. Immobilization of a ligandpreserved giant palladium cluster on a metal oxide surface and its nobel heterogeneous catalysis for oxidation of allylic alcohols in the presence of molecular oxygen. Langmuir, 1999, 15 (10): 3557 – 3562.

[16] Karimi B, Zamani A, Clark J H. A bipyridyl palladium complex covalently anchored onto silica as an effective and recoverable interphase catalyst for the aerobic oxidation of alcohols. Organometallics, 2005, 24 (19): 4695 – 4698.

[17] Nishimura T, Onoue T, Ohe K, et al. Pd(OAc)₂ – catalyzed oxidation of alcohols to aldehydes and ketones by molecular oxygen. Tetrahedron Lett. , 1998, 39(33): 6011 – 6014.

[18] 刘羽. 介孔碳材料的合成及其催化性能研究[D]. 长春:吉林大学硕士学位论文, 2008.

[19] Lu AH, Li W C, Hou Z S, et al. Molecular level dispersed Pd clusters in the carbon walls of ordered mesoporous carbon as a highly selective alcohol oxidation catalyst. Chem. Commun. , 2007, (10): 1038 – 1040.

[20] Wen Z H, Liu J, Li J H. Core/Shell Pt/C nanoparticles embedded in mesoporous carbon as a methanol – tolerant cathode catalyst in direct methanol fuel cells. Adv. Mater. , 2008, 20(4): 743 – 747.

[21] 代伟, 郑绍成, 马娜. CMK – 3 中孔碳分子筛负载磷钨酸催化氧化噻吩[J]. 碳素, 2008, 134(2): 24 – 28

[22] Ma Z, Liang C D, Dai S, et al. Gold nanoparticles on electroless – deposition – derived MnOx/C: synthesis, characterization, and catalytic CO. J. Catal. , 2007, 252(1): 119 – 126.

[23] Li L, Zhu Z H, Lu G Q, et al. Catalytic ammonia decomposition over CMK – 3 supported Ru catalysts: effects of surface treatments of supports. Carbon, 2007, 45(1): 11 – 20.

[24] Murata S, Aika K. Preparation and characterization of chlorine – free ruthenium catalysis and the promoter effect in ammonia synthesis Ⅰ. An alumina – supported ruthenium catalyst. J. Catal. , 1992, 136(1): 110 – 125.

[25] 王辉, 张慧, 王爱琴, 等. 碳化物修饰的有序介孔碳的制备及其催化肼分解性能[J]. 催化学报, 2010, 31(9): 1172 – 1176.

[26] Gao P, Wang A Q, Wang X D, et al. Synthesis of highly ordered Ir – containing mesoporous carbon materials by organic – organic self – assembly. Chem. Mater. , 2008, 20(5): 1881 – 1888.

[27] Valdés – Solís T, Valle – Vigón P, Fuertes A B, et al. Encapsulation of nanosized catalysts in the hollow core of a mesoporous carbon capsule. J. Catal. , 2007, 251(1): 239 –243.

[28] 谭晓宇, 杨丽娜, 刘敬, 等. 负载型磷钨酸介孔碳催化合成油酸乙酯的研究[J]. 碳素, 2011, 145 (1): 25 –28

[29] Wang X Q, Liu R, Feng P Y, et al. Sulfonated ordered mesoporous carbon as a stable and highly active protonic acid catalyst. Chem. Mater. , 2007, 19(10): 2395 –2397.

[30] 杨丽娜, 孙先丽, 王珊. HF 酸改性介孔碳催化合成二十四烷基苯[J]. 碳素, 2010, 143(3): 3 –5.

[31] Polshettiwar V, Molnar A. Silica – supported Pd catalysts for Heck coupling reactions. Tetrahedron, 2007, 63 (30): 6949 –6976.

[32] Davies I W, Matty L, Hughes D L, et al. Are heterogeneous catalysts precursors to homogeneous catalysts? J. Am. Chem. Soc. , 2001, 123 (41): 10139 –10140.

[33] Venkatraman S, Li C J. Carbon – carbon bond formation via palladium – catalyzed reductive coupling in air. Organic Lett. , 1999, 1 (7): 1133 –1135.

[34] Mukhopadhyay S, Rothenberg G, Gitis D, et al. On the mechanism of palladium – catalyzed coupling of haloaryls to biaryls in water with zinc. Organic Lett. , 2000, 2 (2): 211 –214.

[35] Wang H Y, Wan Y. Synthesis of ordered mesoporous Pd/carbon catalyst with bimodal pores and its application in water – mediated Ullmann coupling reaction of chlorobenzene. J. Mater. Sci. , 2009, 44 (24): 6553 –6562.

[36] Miyaura N, Suzuki A. Palladium – catalyzed cross – coupling reactions of organoboron compounds. Chem. Rev. , 1995, 95(7): 2457 –2483

[37] Choi Y L, Yu C M, Kim B T. Efficient synthesis of dibenzo [a, c] cyclohepten – 5 – onesviaa sequential Suzuki – Miyaura coupling and aldol condensation reaction. J. Org. Chem. , 2009, 74 (10): 3948 –3951.

[38] Dufour J, Neuville L, Zhu J P. Intramolecular Suzuki – Miyaura reaction for the total synthesis of signal peptidase inhibitors, arylomycins A (2) and B (2). Chem. Eur. J. , 2010, 16(34): 10523 –10534

[39] Jakob A, Milde B, Ecorchard P. Palladiumdichloride (ferrocenylethynyl) phosphanes and their use in Pd – catalyzed Heck – Mizoroki – and Suzuki – Miyaura carbon – carbon cross – coupling reactions. J. Organomet. Chem. , 2008, 693(26): 3821 –3830.

[40] Phan N T S, Sluys M V D, Jones C W. Poly (4 – vinylpyridine) and Quadrapure TU as selective poisons for soluble catalytic species in palladium – catalyzed coupling reactions—application to leaching from polymer – entrapped palladium. Adv. Synth. Catal. , 2006, 348(6): 609 –679.

[41] Liu Y X, Ma Z W, Jia J, et al. Polymer – supported palladium complexes with C, N – ligands as efficient recoverable catalysts for the Heck reaction. Appl. Organomet. Chem. , 2010, 24(9): 646 –649.

[42] 高婷婷, 姬广斌. Pd/CMK – 3 的合成及其在 Suzuki – Miyaura 碳 – 碳偶联反应中的应用[J]. 化工学报, 2011, 62(2): 515 –519.

[43] Kobayashi H, Komanoya T, Hara K, et al. Water – tolerant mesoporous – carbon – supported ruthenium catalysts for the hydrolysis of cellulose to glucose. Chemsuschem, 2010, 3(4): 440 –443.

第6章 介孔碳材料在储氢领域的应用

近年来,依赖石油、天然气以及煤碳为主要能源的能源结构已经不能适应人类社会可持续发展的战略要求。提高太阳能、风能、核能、氢能以及新型电池等能源在人类能源消耗中的比例已经成为刻不容缓的任务。开发新能源应用技术相关的新材料,提高其相应的性能,是必须解决的一个核心问题。其中,新能源材料中储能材料的开发已经引起了人们广泛的关注。

氢位于元素周期表之首,它质量最小,在常温下为无色、无味的气体,且地球上氢的储量非常丰富、发热值高、燃烧性能好、点燃快、燃烧产物无污染,被看作是未来理想的洁净能源,受到各国政府和科学家的高度重视。

要想有效利用氢能源,解决氢能的储存和运输问题就成为开发利用氢能的核心技术。因此,研制方便、安全、高效地储存氢能的材料,一直是近年来的热点问题。我国极为重视氢能的开发与研究,"863"、"973"计划中都把储氢材料作为新型材料,列入重点研究领域之一。美国能源部(DOE)提出了车载储氢系统技术指标,计划到2015年,储氢系统的可逆储氢量必须达到5.5%(质量分数)。但目前研究的储氢方法许多都难以同时达到既可逆又具有超过5.5%(质量分数)的储氢量。

6.1 储氢方法概述

为大规模利用氢能,必须解决储氢问题。但氢在一般条件下是以气态形式存在的,所占体积大,这给氢的储存带来了困难。目前,氢气储存方法主要有5种:高压气态储氢、金属氢化物储氢、液化储氢、有机化合物储氢和吸附储氢。

6.1.1 高压气态储氢

高压气态储氢是最常用的储氢方式,其储存压力一般不超过20MPa。为减小存储体积,必须先将氢气压缩,为此需要消耗较多的压缩功。通常使用的20MPa的高压钢瓶储氢量只有1.6%(质量分数),可见其储氢质量密度相当低。且随着压力的增加,钢瓶的外壁必须加厚,所以储氢密度反而降低。高压储氢方式的最大优点是操作方便、能耗小;但同时也存在两大缺点:一是不安全;二是对储氢罐强度要求较高。另外,储氢罐成本高、储氢能量密度低,无法满足实际应用的需要。

美国通用汽车公司首先开发出用于燃料电池的、耐压达 70MPa 的双层结构储氢罐,内层是由无接缝内罐及碳复合材料组成,外层是可吸收冲击的坚固壳体,体积与以往耐压为 35MPa 的储氢罐相同,可储存 3.1kg 压缩氢。美国福特公司报道的压缩储氢瓶,其成本比液氢储罐成本约低 20%,但由于最大耐压为 20MPa,故储氢密度偏低[1]。德国基尔造船厂所研制的新型储氢罐内有很多特种合金栅栏,气态氢被高度压缩进栅栏内,其储氢量要比其他容器大得多,另外这种储氢罐所用材料抗压性能好、可靠性高、理论使用寿命可达 25 年,是一种既安全又经济的压缩储氢工具[2]。在此基础上,Takeichi 等[3]在 2003 年提出了一种新型压缩储氢容器 Al – CFRP,它是由铝碳纤维加固塑料与储氢合金构成的混合器,质量和体积能量密度都较高,可以储氢 5kg。

6.1.2 液化储氢

常压下,液氢的熔点为 20K,气化潜热为 921 kJ/mol。常温常压下液氢的密度为气态氢的 845 倍,液氢储存的体积能量密度比压缩储存高好几倍。液氢的热值高,每千克热值为汽油的 3 倍。液氢储存特别适宜储存空间有限的运载场合。液氢储存的质量最小,储存体积也比高压压缩储氢小得多。从质量和体积上考虑,液化储存是一种极为理想的储氢方式。液氢储存还应考虑氢的转化热,使氢的转化在液化之前完成。与其他低温液体储存时相似,为提高液氢储存的安全性和经济性,减少储存容器内蒸发损失,需要提高储存容器的绝热性能和选用优质轻材,对储存容器进行优化设计,这是低温液体储存面临的共同问题。

由于实际应用中液化储氢需要一个或多个冷却循环装置,导致成本偏高。墨西哥 SS – Soluciones 公司最近发明了一种能循环冷却的装置,其内部是一种称作 CRM 的特殊冷却材料,其最大特性是热熔变化大,该液化储氢系统有望很快应用到燃料电池车供氢装置中[4]。

总之,液化储氢技术是一种高效的储氢技术,其优点是非常明显的。其存在问题主要是氢的液化成本和蒸发率,如果能够有效降低氢的液化成本和蒸发率,液化储氢将是一种非常有前景的储氢技术。

6.1.3 金属氢化物储氢

某些过渡金属、合金、金属间化合物由于其特殊的晶格结构等原因,在一定的条件下,氢原子比较容易进入金属晶格的间隙中,形成金属氢化物。金属氢化物具有可逆吸放氢的性质,可存储相当于自身体积上千倍的氢气,当金属氢化物受热时又可释放出氢气。理论上能够在一定温度、压力下与氢形成氢化物，并且具有可逆反应的金属或合金都可以作为储氢材料。可逆金属氢化物储氢的最大优势在于高体积储氢密度和高安全性，这是由于氢在金属氢化物中以原子形态储存的缘故。但该技术还存在质量储氢密度偏低和储氢成本偏高的问题。目前金属氢化物储氢主要用于小型储氢场合，如二次电池、小型燃料电池等。

主要使用的储氢合金可分为 4 类：① 稀土镧镍，储氢密度大；② 钛铁合金，储氢量大、价格低，可在常温、常压下释放氢；③ 镁系合金，是吸氢量最大的储氢合金，但吸氢速率慢、放氢温度高；④ 钒、铌、锆等多元素系合金，由稀有金属构成，只适用于某些特殊场合[5]。在将储氢合金用作规模储氢方面，很多公司正在做尝试性工作。如日本丰田公司于 1996 年首次将金属氢化物储氢装置规模化应用到燃料电池车中，其储氢装置外形尺寸为 700mm×150mm×170mm，使用 TiMn 系 BCC 储氢合金 100kg，储氢量 2kg。2001 年初，该公司宣布所开发的新型燃料电池样车也是采用储氢合金供氢方式，该车最高时速为 150km/h，续驶距离在 300km 以上[6]。

储氢合金的储氢条件较为苛刻，放氢需要较高的温度，吸放氢动力学性能差，储氢量相对较低，但合金类储氢材料较易大规模生产，成本较低，并已开发出储氢量超过 5%（质量分数）的复合系合金，因此，储氢合金仍是应用最广泛的储氢材料，目前研究的重点是合金材料的改进和可以吸附氢的轻金属合金材料。

6.1.4 络合氢化物

一般来说，传统的金属氢化物室温下可逆储氢量都小于 2%（质量分数），不能满足燃料电池供氢需求。为提高含氢量，研究者关注的焦点集中在轻质元素（Z<13）上。络合氢化物（Complex Hydride）由元素周期表中 Na、Li、Mg、B、Al 等第 Ⅰ、Ⅱ、Ⅲ 主族元素构成，由[BH_4]$^-$、[AlH_4]$^-$ 等配位阴离子和 Na、Li 等轻金属阳离子形成稳定的无机盐类化合物，其中 H 位于络合氢化物四面体的角上，B 或 Al 位于四面体的中心。

1997 年，Bogdanovi 等[7]发现，$NaAlH_4$ 添加少量过渡族金属 Ti 化合物催化剂后能够可逆储氢。使人们意识到 $NaAlH_4$ 作为储氢材料的潜力，成为目前储氢材料领域研究的新热点，并迅速确立了轻质金属络合氢化物这一新的研究方向。其中铝氢化物 M(AlH_4)和硼氢化物 M(AlH_4)被认为是目前最具发展前景的储氢材料，如 $NaAlH_4$、$NaBH_4$、$LiAlH_4$、$LiBH_4$、Mg(AlH_4)等。金属络合氢化物的最大优势在于储氢密度高，如 $LiBH_4$ 的理论储氢容量高达 18%（质量分数）；$NaAlH_4$ 和 $NaBH_4$ 的理论储氢容量则分别为 7.41%（质量分数）和 11.66%（质量分数）（实际储氢容量分别为 5.5%（质量分数）和 7.3%（质量分数））。由于

NaAlH$_4$ 能在较温和的条件下(约 120℃,约 12 MPa)可逆脱加氢气,其理论可逆储氢容量为 5.5%(质量分数),显示出很好的综合储氢特性,是最有希望满足美国能源部等机构提出的储氢体系研发目标的要求。

6.1.5　玻璃微球储氢

玻璃微球是一种高压储氢容器,其外径在毫米和亚毫米量级,壁厚在几微米到几十微米[8]。玻璃微球有耐压强度高、气体渗透率低、光学透明和相对较低的原子序数等优点。空心玻璃微球储氢量比液态储罐储氢低,但是却比活性碳吸附储氢、合金储氢、气瓶储氢等性能优越,储存过程中能量消耗是液态储氢的 10%(质量分数)~20%(质量分数)。

对于玻璃微球的储氢研究在国外受到很大的重视,但是对其介绍却不多,玻璃微球储氢原理是利用氢气的浓度扩散来实现的。通过改变环境的温度、气氛和压强来改变玻璃微球对氢气的渗透系数[9]。在 200℃~400℃范围内,材料的穿透性增大,使得氢气可在一定压力的作用下进入到玻璃体中。当温度降至室温附近时,玻璃体的穿透性消失,氢气由体内逸出,之后随着温度的升高释放出氢气。中空玻璃微球主要有 MgA1Si、石英、聚酰胺和聚乙烯三酚盐酸等,储氢量为 15%(质量分数)~42%(质量分数)。其技术难点在于制备高强度的空心微球[10]。

6.1.6　有机液体氢化物储氢

有机液体氢化物储氢是借助不饱和液体有机物与氢的加氢和脱氢反应来实现的。加氢反应时储氢,脱氢反应时放氢,有机液体作为氢载体达到储存和输送氢的目的。烯烃、炔烃、芳烃等不饱和有机液体均可作为储氢材料,但从储氢过程的能耗、储氢量、储氢剂、物理等方面考虑,以芳烃特别是单环芳烃作储氢剂为佳,常用的有机物氢载体有苯、甲苯、甲基环己烷、萘等。

有机液体氢化物储氢技术具有储氢量大(环己烷和甲基环己烷的理论储氢量分别为 7.19% 和 6.16%)、能量密度高、储运安全方便等优点,因此被认为在未来规模化储运氢能方面有广阔的发展前景。其缺点是吸放氢工艺复杂,有机化合物循环利用率低,释氢效率(特别是低温释氢效率)还有待提高,还有许多技术问题尚未解决。

6.1.7　物理吸附储氢

物理吸附主要是靠材料表面与氢分子之间的 van der Waals 力完成的。如果材料有很大的比表面积,可以表现出较好的储氢性能。为增大其比表面积,人们倾向于将吸附材料的颗粒尺寸缩小至纳米尺度,通过 van der Waals 力,氢气吸附在微孔介质或纳米材料的孔洞中。纳米材料的高比表面积优势,以及可以在分子水平设计氢的化学和空间环境,使微孔材料物理吸附储氢成为一种储氢方法。当前研究的物理吸附材料主要有金属有机框架化合物、沸石分子筛、多孔聚合物材料等。

1. 金属有机框架化合物

金属有机框架物(MOFs)又称为金属有机配位聚合物,是由金属离子和有机配体自组装形成的具有超分子微孔网络结构的类沸石材料。作为储氢材料,MOFs 有许多优点,如密度小、比表面积大(一般大于 $1000m^2/g$),具有统一大小形状的立方微孔结构,可以在室温、安全的压力($<2MPa$)下快速可逆地吸收大量的氢气。据报道,在室温和 1MPa 压力下,它可储存 2%(质量分数)的氢气,在低温下(78K)其储氢量可达 4.5%(质量分数)[11]。一般来说,孔径大小对 MOFs 材料的储氢容量影响很大,要提高材料的储氢量,可以适当降低材料的孔径。但孔径不能降低得太小,否则单个空洞容纳的氢气分子数量降低,比表面积也会相应减小;孔径太大会导致空洞中部分体积空着,不能用于吸氢,影响材料的体积储氢容量。与一般多孔材料不同,MOFs 材料由于比表面积很大,其吸氢量与比表面并没有线性关系,但温度对储氢量的影响相当大,在室温下,即使增加压强也不能使吸氢量显著增加。所以优化表面结构和相互作用、掺杂其他离子提高吸氢能力等成为该领域今后的主要研究方向。

2. 沸石分子筛吸附储氢

沸石储氢的研究是随人们对多孔材料吸附及存储性能的不断探索而兴起的。沸石作为新型吸附储氢材料的优点是:制备工艺成熟、价格低廉、热稳定性和化学稳定性高、孔道结构规整、比表面积高且孔结构和孔表面化学成分可控性好。但也存在一些问题,例如,沸石中是大笼还是小笼更适合于吸附氢分子仍是一个存在争议的问题;要提高沸石的重量储氢量,沸石中的重金属离子是不利因素。

3. 多孔聚合物储氢材料

多孔聚合物通常具有结构自由度和转动自由度,因而它们能有效地聚集在一起,结构较为紧密,所以一般不具有较高的比表面积。然而,近来在刚性结构上的发展为多孔聚合物材料提供了较高的比表面积($500m^2/g \sim 1600m^2/g$)。这类多孔材料由于具有密度小、良好的热力学性质以及化学稳定性,因而受到人们的广泛关注。目前,在储氢领域研究最多的多孔聚合物材料有自具微孔聚合物(PIMs)、超交联聚合物(HCPs)和共轭微孔聚合物(CMPs)等。

6.2 多孔碳材料在储氢领域的应用研究进展

碳材料作为储氢主体材料是利用其吸附特性,当碳轴方向做为表面时,它们的悬挂键具有强烈的极性,因此存在大的物理吸附能力。通过在表面引入官能团和改变碳材料的致密度,得到各种不同微孔结构的碳材料具有许多优异性质。多孔碳材料吸附储氢的研究由传统多孔活性碳储氢扩展到了新型多孔碳材料储氢,如碳纳米纤维、纳米石墨、石墨纳米纤维、碳纳米管及介孔碳材料储氢等。

1. 活性碳

活性碳具有孔隙发达、比表面积大、吸附性能好和表面能高的特点。高比表面积活性碳储氢的优点是吸附容量大、化学稳定性好、解吸容易、高温下解吸再生晶体结构无变化、热稳定性高、经多次吸附和解吸操作仍保持原有的吸附性能,是一种很具潜力的储氢方法。其缺点是活性碳在较高吸氢量下对应的吸附温度较低,从而使其应用范围受到限制。

活性碳储氢主要用于低压吸附储氢,如作为汽车燃料的储存。由于该技术具有压力低、储存容器自重轻、形状选择余地大、成本低等优点,已引起广泛关注。但美国能源部(DOE)要求,对燃料电池电动汽车,其体积储氢密度必须达到$63kg/m^3$,6.50%(质量分数)。从已有的应用研究证明,各种分子筛和超级活性碳均达不到 DOE 的要求[12]。

2. 碳纳米纤维

碳纳米纤维是一种安全、可加工以及具有较高吸附量和吸附速率的碳质多孔材料,具有很大的内比表面积,因此被用于氢气储存材料的研究。碳纳米纤维储氢最大优点是储氢容量高;缺点是碳纳米纤维的成本较高,循环使用寿命较短,这就限制了碳纳米纤维的产业化和规模化。

张超等[13]通过催化裂解乙炔得到了碳纳米纤维,分别选用硝酸、CO_2 和水蒸气氧化 3 种后处理方式得到 3 种样品。研究结果表明,通过水蒸气氧化得到的材料的吸附效果最好,在 298K、11MPa 下,吸附质量分数为 0.35%。虽然所制备材料没有很高的吸附容量,但实验所介绍的吸附性能评价方法对碳纳米纤维的储氢性能研究具有借鉴意义。Zhu 等[14]对碳纳米纤维进行热处理,提高了其石墨化程度和表面活性,在常温、10MPa 下测得其吸氢量约为 4%(质量分数)。

清华大学朱宏伟等[15]利用蒸汽生长法获得了一种平板状结构的碳纳米纤维,该样品未经过任何后处理,实验测得室温、9.0MPa 下氢吸附量能达到 4%(质量分数),证明了碳纳米纤维的平板状结构有利于氢吸附。

3. 纳米石墨储氢

纳米石墨储氢近年来也取得了较大的进展,Orimo 等[16]在 1MPa 氢气气氛中用机械球磨法制备了纳米石墨粉,其储氢密度随球磨时间的延长而增加,当球磨 80 h 后,氢浓度可达 7.4%(质量分数),热分析出现了两个峰,解吸温度在 377℃~677℃[17]。Hirai 等[18]对石墨进行 600℃热处理,将纳米钯粒插入天然石墨层间,制成石墨层间化合物(GIC),通过差热扫描量热分析(DSC)确定温度在 200℃~300℃,压力在 1MPa 时,GIC 具有较好的吸放氢性能。Shindo 等[19]在 0.8MPa 氢气气氛中用机械球磨法对天然石墨球磨储氢,球磨时间 10h,热分析出现了两个解吸峰,峰温为 500℃和 800℃,储氢密度为 3%(质量分数),这个结果和 Orimo 等的实验结果接近。文潮等[20]用炸药爆轰法制备了纳米石墨粉,其结构为六方结构,纳米晶平均粒度为 1.86nm~2.61nm,比表面积为 500m^2/g~650m^2/g,室温、12MPa 压力条件下,储氢密度仅为 0.33%(质量分数)~0.37%(质量分数)。

4. 石墨纳米纤维

石墨纳米纤维是一种截面呈十字型的石墨材料,其储氢能力取决于其直径、结构和质量[21]。开始时,石墨纳米纤维被认为是一种储氢量较高的材料。但后来,Strobel、Hirscher 等[22, 23]通过对石墨纳米纤维的研究发现,在室温、12MPa 条件下,其最大储氢量只有 1.5%,并认为石墨纳米纤维很难实现高密度储氢。

Chambers 等在实验室里采用催化裂解法制备出了“Tubular”、“Platelet”和“Herringbone”3 种结构的石墨纳米纤维[24],石墨层间距为 0.34nm,直径为 5nm~500nm。3 种结构的石墨纳米纤维在室温和 11.2MPa 下测得的储氢量分别约为质量分数的 11%、53 %和 67 %[25]。如此高的吸附量用现有的理论根本无法解释。Ahn 等[26]为了验证这一结果,采用相同结构的石墨纳米纤维在 8MPa、77K 和 18MPa、300K 的条件下进行储氢测试,发现最大只有质量分数为 0.08%的储氢量。Chambers 研究小组[27]认为:水汽对石墨纳米纤维的储氢性能毒害很大,超常储氢量是由于石墨纳米纤维对氢气的吸附既有物理吸附又有化学吸附。Angela 等[28]报道了经过各种预处理的石墨纳米纤维,其在预处理阶段具有显著的储氢水平,通过最好的预处理方法,预处理阶段在 7.04MPa 和室温条件下储存氢气的质量分数为 3.80%。

5. 碳纳米管

碳纳米管是目前人们研究最多的碳质储氢材料,具有储氢量大、释氢速度快、常温下释氢等优点。因此,被认为是一种有广阔发展前景的吸附储氢材料。碳纳米管可分为单壁碳纳米管(SWNT)、多壁碳纳米管(MWNT),管直径通常为纳米级,长度在微米到毫米级。

1）单壁碳纳米管

SWNTs 是碳纳米管中的极限形式,是由一层石墨片卷曲而成的直径为零点几至几纳米的管状物,奇特的结构使它具有许多特异的物理和化学性能。

1997 年,美国可再生能源国家实验室的 Dillon 等[29]开辟了碳纳米管储氢研究的先河,他们研究得到纯净的单壁碳纳米管的储氢容量达 5%(质量分数)~10%(质量分数)。但对单壁碳纳米管来说,其储氢量很大程度上受样品制备条件和工艺的影响,不同报道的储氢量不尽相同,实验重复的成功率很低,对其吸氢能力始终存在分歧。

1999 年,加州理工学院的 Ye 等[30]采用容积法,以纯度为 98% 的单壁纳米碳管为研究对象,通过测定吸附解吸过程的压力变化,研究了其表面积和储氢容量的关系。试验发现,单壁纳米碳管在 80K、12MPa 条件下储氢容量最高,可达 8.25%,储氢量大大超过传统储氢系统。Heben 等[31]研究发现,单壁碳纳米管的吸附氢量为 6.5%(质量分数),但 Haluska 等[32]重复该实验时结果仅为 1.5%(质量分数)。

2002 年,Pradhan 等[33]研究了试验压力接近常压时单壁纳米碳管的储氢量,发现在 77K,压力接近常压时储氢量大于 6%,并进一步推断单壁纳米碳管在较低的压力下可储存大量的氢。

2）多壁碳纳米管

1999 年,Chen 等[34]对金属掺杂纳米碳管储氢容量的影响进行了研究,他们称掺杂 Li 及掺杂 K 的多壁碳纳米管的储氢量分别高达 20% 及 14%(200℃ ~ 400℃,常压)。然而 Yang[35]认为 Chen 等得到的储氢量可能是氢气中所含微量水分造成的,并且进行了试验,可是并未重复出 Chen 等报道的结果。他们还以干燥的氢气作为氢源,发现掺碱金属的碳纳米管的储氢能力只有质量分数为 2.5% 和 1.8%。

2001 年,黄宛真等[36]采用钴催化裂解乙炔制备的直径约 20nm ~ 30nm 的碳纳米管,在氮气中退火和 K 掺杂后,利用等容压差法在常温和 12MPa 下测得了质量分数为 3.2% 的吸氢量。李雪松等[37]对浮动催化法制备的多壁碳纳米管经过 2200℃热处理后,测得了质量分数为 4% 的储氢量。他们认为浮动催化法制备的多壁碳纳米管经高温处理后,其石墨化程度有所提高,但依然存在许多缺陷。这些缺陷为氢气分子向多壁碳纳米管内部的扩散提供了途径,而适当提高的石墨化程度则加强了氢气分子同管壁的相互作用,从而提高了多壁碳纳米管的储氢能力。

2005 年,张雄伟等[38]对碳纳米管进行了适当地改性处理或采用金属活化,发现负载 Pd、R、Cu 和 Ni 等活性金属可以显著提高碳纳米管的储氢容量。而且

166

采用混酸处理、空气处理、等离子体活化和 H_2O_2 处理等 4 种方式都可以提高碳纳米管的储氢性能。在混酸处理和 H_2O_2 处理的基础上,浸渍质量分数为 20% Ni 的碳纳米管的储氢容量最高,其质量分数为 2.55%。

虽然碳纳米管具有较高的储氢量,但将其用作商业储氢材料还有一段距离,主要原因在于批量生产碳纳米管的技术尚不成熟且价格昂贵,在储氢机理、结构控制和化学改性方面还需做更深入的研究。

6.3 介孔碳材料在储氢领域应用的研究进展

目前活性碳和碳纳米管等碳材料储氢面临一定的困难,这就要求我们不断寻找具有更好储氢性能的碳材料。介孔碳材料具有高的比表面积、大的孔容、有序规则的介孔网络结构等优点,是具有极大优势的储氢材料之一。关于介孔碳材料的储氢研究工作还没有全面展开,仍然处于实验室研究阶段,但由于介孔碳材料的上述优异性能,使其在吸附储氢领域已经显示出了一定的优越性,其物理吸附储氢是未来非常有潜力的储氢方式之一。

Gadiou 等[39]用体积法测量了模板法制备的有序介孔碳的储氢容量,并研究了储氢容量与有序介孔碳孔结构的关系,认为微孔对其储氢容量起关键性作用。Terres 等[40]在 77K 和 298K 下分别测定了有序介孔碳的储氢容量,在 77K 下储氢容量超过了 2.7%。同时,他们认为具有高比表面积的碳材料是良好的储氢材料,要想提高储氢容量,就必须提高材料的比表面积。Vix – Guterl 等[41]考察了不同碳源制备的有序介孔碳的储氢容量。通过对比研究,他们认为高比表面积的碳材料的储氢容量较高,且最适合氢储存的是孔径为 0.7nm 的有序介孔碳。

Fang 等[42]用硬模板法通过改变反应条件合成了孔结构得到改善的有序介孔碳,并用此材料作电极考察了其电化学储氢性能。结果表明其储氢容量可高达 527mA · h/g,相应于储氢质量百分数为 1.95%,且充/放电循环结束后仍保留很大的储氢容量。

刘宇林等[43]将蔗糖、聚环氧乙烯 – 聚环氧丙烯 – 聚环氧乙烯三嵌段共聚物和硅源构成的复合物进行预碳化、碳化和除硅处理,合成出有序介孔碳,并将有序介孔碳制成电极开展恒流充/放电储氢性能研究,通过与单壁碳纳米管电极相比,介孔碳材料具有良好的电化学储氢性能和更高的电化学活性。

活化是改善多孔材料结构、提高储氢性能的有效方式之一,已经利用的活化方式有物理活化(如 CO_2)和化学活化(如 KOH、NaOH、H_3PO_4)[44,45]。高秋明课题组[46-50]利用 CO_2 对有序介孔碳 CMK – 3 进行了活化研究,并测试了储氢性能,77K、100 kPa 时储氢量达 2.27%(质量分数),但是,CO_2 活化对设备气密性要求高、活化温度高、活化时间长、能耗大。为节省时间、降低能耗,化学活化成为理想的选择。谢春林等[51]选用 KOH、NaOH、H_3PO_4 对有序介孔碳 CMK - 3 进行了活化,活化后有序介孔碳 CMK - 3 的有序性逐渐降低,比表面积明显增大,2nm 介孔明显增多。储氢测试表明活化能够明显提高 CMK - 3 的储氢性能,77K、100 kPa 时的储氢性能高达 2.32%(质量分数)。

康乐等[52]以 SBA - 15 为硬模板,用不同的前驱体进行填充,制备了有序介孔碳 OMC。又以 SBA - 15 为硬模板,乙二胺(EDA)和四氯化碳(CTC)作为填充固化剂,利用纳米浇铸的方法合成了介孔氮化碳 MCN。研究了介孔碳 OMC 和介孔氮化碳 MCN 的电化学储氢性能。研究结果表明,Ni 的含量对 OMC - Ni 电极的电化学储氢性能影响较大,镍粉的添加改善了电极的活化性能,减少活化所需的循环次数。其电化学储氢容量先随着镍粉加入量的增加而增大,当 Ni:OMC = 3:2 时达到最大为 170mA·h/g,之后随着镍粉的量的增加其储氢容量反而减小。研究各种电极的充/放电性能,优选出最佳充/放电参数。MCN 的化学组成以及镍粉的添加与否对 MCN 电极的电化学储氢性能有较大的影响。充/放电实验也证明其放电容量在初始阶段随着循环次数的增加而增大,说明电极的电化学储氢存在一个活化过程,充/放电 8 次后达到最大值,其放电容量为 40mA·h/g 左右。

张猛[53]运用超临界水热裂解的方法,在 550℃成功地将商用聚乙烯薄膜转化为介孔碳(孔壁由不连续的石墨片层构成,厚度 3nm ~ 4nm)。电化学测试表明介孔碳的放电容量达到了 348mA·h/g,相当于 1.3%(质量分数)的储氢量。

周广有[54]以 SBA - 15 为模板、蔗糖为碳源制备了有序介孔碳 CMK - 3。通过熔融浸渍技术将 $NaAlH_4$ 填装进有序介孔碳的孔道,得到介孔碳约束下的 $NaAlH_4$ 储氢体系。实验数据显示,$NaAlH_4$ 均匀分布于介孔碳的孔道中,表现出优异的储氢性能。体系的储氢脱氢温度也由纯 $NaAlH_4$ 的 185℃降低到 150℃,根据等温脱氢数据计算得到,体系的脱氢激活能由纯 $NaAlH_4$ 的 120 kJ/mol 降低到 46 kJ/mol。在 150℃时,样品 90min 的脱氢量达到 5%(质量分数),且 15 次脱加氢循环后的可逆储氢容量仍保有 80%。由于介孔碳的空间限制作用,样品在脱加氢循环中颗粒尺寸得到有效控制,避免了元素的偏析团聚,显著改善了脱加氢循环稳定性。另外,通过与石墨混合的 $NaAlH_4$ 样品的比较实验可知,介孔碳不仅具有空间约束作用,而且自身对 $NaAlH_4$ 也显示出良好的催化效果,是尺寸约束与催化的协同作用。

168

徐智涵[55]以 SBA - 15 为模板,合成了具有系列规则孔径的介孔碳分子筛 CMK - 3 - X。然后对其进行储氢性能测试,在不同压力、不同温度下测试其储氢量、储氢速度及衰减规律,从而对介孔碳材料的原始储氢能力有一个基本的评价。合成了新型的介孔碳分子筛负载金属配位氢化物复合储氢材料,测试不同组分的材料得到最优的配比。在 77K ~ 473K 的区间寻找最佳的温度条件。并初步的分析了其储氢速度、衰减规律的特点。结果表明复合材料使储氢能力从 2.26%(质量分数)提升到 2.76%(质量分数),并扩展其吸放氢温压区间,改善其吸放氢性能。但在实用性方面并没有本质上的突破,依然局限于理论探索的初步阶段。

6.4　本章小结

本章首先介绍了储氢的重要性及储氢的方法,包括高压储氢、液态储氢、有机化合物储氢、金属储氢以及吸附储氢等。与前面几种方法相比,采用多孔材料的吸附存储具有工作压力低、储存容器重量轻、形状选择余地大和成本低等优点,介孔碳材料以其巨大的比表面积和丰富的孔结构对于作为吸附储氢材料是非常有利的。金属配位氢化物与碳纳米结构的结合,能在一定程度上改善材料的储氢性能。如果能设计出最佳的工艺条件,制备出大容量的介孔碳储氢材料,有望进一步推动介孔碳材料在储氢领域的应用进展。

参 考 文 献

[1] Haaland A. High - pressure conformable hydrogen storage for fuel cell vehicle[C]. Proceedings of the 2000 USDOE hydrogen program review, Munich: University of Munich Press, 2001: 22 - 24.

[2] Bossel U, Eliasson B, Taylor G. Future of the hydrogen economy: bright or bleak[C]. Lucerne: University of Lucerne Press, 2003:10 - 11.

[3] Takeichi N, Senoh H, Yokota T, et al. Hybrid hydrogen storage vessel, a novel high - pressure hydrogen storage vessel combined with hydrogen storage material. Int. J. Hydrogen Energy, 2003, 28 (5): 1121 - 1129.

[4] Neimark A V. Calibration of adsorption theories proceedings[C]. The 12th international conference on fundamentals of adsorption, Kyoto: University of Kyoto Press, 2004:159 - 160.

[5] Dantzer P. Properties of inter - metallic compounds suitable for hydrogen storage applications. Mater. Sci. Eng. A, 2002, 329 - 331(3): 313 - 320.

[6] Mitsugi C, Harumi A, Kenzo F. Japanese hydrogen program. Int. J. Hydrogen Energy, 1998, 23(3):

159 – 165.

[7] Bogdanovic B, Schwickardi M. Ti – doped alkali metal aluminium hydrides as potential novel reversible hydrogen storage materials. J. Alloys Compd. , 1997, 253 – 254(1 – 2)：1 – 9.

[8] Ragaiy A Z, Satoshi T, Allan G H, et al. Hydrogen cycling behavior of zirconium and titanium – zirconium – doped sodium aluminum hydride. J. Alloys Comp. , 1999, 285(1 – 2)：119 – 122.

[9] 张占文，唐永建，王朝阳，等. 空心玻璃微球高压储氢技术[J]. 化工学报，2006, 57(7)：1677 – 1681.

[10] 陈东，陈廉. 21 世纪先进氢能载体材料产业化前景 – 质子交换膜燃料电池(PEMFC)最佳氢燃料源[J]. 新材料产业，2002, 107(10)：31 – 34.

[11] Ward M. Molecular Fuel Tanks. Science, 2003, 300(5622)：1104 – 1105.

[12] 王景儒. 制氢方法及储氢材料研制进展[J]. 化学推进剂与高分子材料，2004, 2(2)：13 – 21.

[13] 张超，鲁雪生，顾安忠. 碳纳米纤维吸附储氢性能评价[J]. 太阳能学报，2005, 26(1)：14 – 18.

[14] Zhu H W, Li X S, Ci L J, et al. Hydrogen storage in heat – treated carbon nanofibers prepared by the vertical floating catalyst method. Mater. Chem. Phys. , 2003, 78(3)：670 – 675.

[15] Zhu H W, Li C H, Li X S, et al. Hydrogen storage by platelet – carbon fibers at room temperature. Mater. Lett. , 2002, 57(1)：32 – 35.

[16] Orimo S, Majer G, Fukunaga T, et al. Hydrogen in the mechanically prepared nanostructured graphite. Appl. Phys. Lett. , 1999, 75(20)：3093 – 3095.

[17] Orimo S, Matsushima S, Fujii H, et al. Hydrogen desorption property of mechanically prepared nanostructured graphite. Appl Phys, 2001, 90(3)：1545 – 1549.

[18] Hirai S, Takashima M, Tanaka T, et al. Characteristics of the absorption and the emission of hydrogen in palladium nanoparticles encapsulated into graphite at 1.0 MPa hydrogen pressure. Sci. Technol. Adv. Mater. , 2004, 5(1 – 2)：181 – 185.

[19] Shindo K, Kondo T, Sakurai Y. Dependence of hydrogen storage characteristics of mechanically milled carbon materials on their host structures. J. Alloys Comp. , 2004, 372(1 – 2)：201 – 207.

[20] 文潮，金志浩，李迅，等. 炸药爆轰制备纳米石墨粉储放氢性能实验研究[J]. 物理学报，2004, 53(7)：2384 – 2388.

[21] 付正芳，赵有中，王曙中，等. 碳基吸附储氢材料[J]. 高科技纤维与应用，2004, 29(3)：41 – 45.

[22] Strobel R, Jerissen L , Schliermann T, et al . Hydrogen adsorption on carbon materials. Power Sources, 1999, 84 (2)：221 – 224.

[23] Hirscher M, Becher M, Haluska M, et al. Hydrogen storage in carbon nanostructures. J. Alloys Compd. , 2002, 330 – 332(1 – 2)：654 – 658.

[24] Rodriguez N M, Chambers A, Baker R T K. Catalytic engineering of carbon nanostructures. Langmuir, 1995, 11(10)：3862 – 3866.

[25] Chambers A, Park C, Baker R T K, et al. Hydrogen storage in graphite nanofibers. J. Phys. Chem. B, 1998, 102(22)：4253 – 4256.

[26] Ahn C C, Ye Y, Ratnakumar B V, et al. Hydrogen desorption and adsorption measurements on graphite nanofibers. Appl. Phys. Lett. , 1998, 73(23)：3378 – 3380.

[27] Park C, Anderson P E, Chamber A, et al. Further studies of interaction of hydrogen with graphite nanofibers. J. Phys. Chem. B, 1999, 103(48)：10572 – 10581.

[28] Angela D, Ralph T, Nelly M, et al. Hydrogen storage in graphite nanofibers: effect of synthesis catalyst and pretreatment conditions. Langmuir, 2004, 20(3):714 – 721.

[29] Dillon A C, Jones K M, Bekkedahl T A, et al. Storage of hydrogen in single – walled carbon nanotubes. Nature, 1997, 386(6623): 377 – 379.

[30] Ye Y, Ahn C C, Witham C. Hydrogen adsorption and co – hesive energy of single – walled carbon nanotubes. Appl. Phys. Lett. , 1999, 74(16): 2307 – 2309.

[31] Heben M, Dillon A C. Room – temperature hydrogen storage in nanotubes. Science, 2000, 287(5453): 593 – 594.

[32] Haluska M, Hirscher M, Becher M, et al. Hydrogen storage in sonicated carbon materials. Appl. Phys. A, 2001, 72(2): 129 – 132.

[33] Pradhan B K, Sumanasekera G U, Adu K W, et al. Experimental probes of the molecular hydrogen – carbon nanotube interaction. Physica B, 2002, 323(1 – 4): 115 – 121.

[34] Chen P, Wu X, Lin J, et al. High H2 uptake by alkali – doped carbon nanotubes under ambient pressure and moderate temperatures. Science, 1999, 285(5424): 91 – 93.

[35] Yang R T. Hydrogen storage by alkali – doped carbon nanotubes. Carbon, 2000, 38(4): 623 – 641.

[36] 黄宛真, 孔凡志, 张孝彬, 等. 多壁碳纳米管常温吸氢性能的初步研究[C]. 第三届全国氢能学术会议论文集. 2001: 108 – 111.

[37] 李雪松, 朱宏伟, 慈立杰, 等. 纳米碳管经高温处理后在室温, 中等压力下储氢[C]. 第三届全国氢能学术会议论文集. 2001: 21 – 25.

[38] 张雄伟, 储伟, 庄惠祥, 等. 多壁碳纳米管的改性及其储氢性能研究[J]. 高等学校化学学报, 2005, 26 (3): 493 – 496.

[39] Gadiou R, Texier – Mandoki N, Piquero T, et al. The influence of textural properties on the adsorption of hydrogen on ordered nanostructured carbons. Micro. Meso. Mater. , 2005, 79(1 – 3): 121 – 128.

[40] Terres E, Panella B, Hayashi T, et al. Hydrogen storage in spherical nanoporous carbons. Chem. Phys. Lett. , 2005, 403(4 – 6): 363 – 366.

[41] Vix – Guterl C, Frackowiak E, Jurewicz K, et al. Electrochemical energy storage in ordered porous carbon materials. Carbon, 2005, 43(6):1293 – 1302.

[42] Fang B, Zhou H, Honma I. Ordered porous carbon with tailored pore size for electrochemical hydrogen storage application. J. Phys. Chem. B, 2006, 110(10): 4875 – 4880.

[43] 刘宇林, 李丽霞, 陈晓红, 等. 有序介孔碳的电化学储氢性能[J]. 物理化学学报, 2007, 23 (9): 1399 – 1404.

[44] Xu B, Wu F, Mu D B. Activated carbon prepared from PVDC by NaOH activation as electrode materials for high performance EDLCs with non – aqueous electrolyte. Int. J. Hydrogen Energy, 2010, 35(2): 632 – 637.

[45] Liou T H. Development of mesoporous structure and high adsorption capacity of biomass – based activated carbon by phosphoric acid and zinc chloride activation. Chem. Eng. J. , 2010, 158(2):129 – 142.

[46] Xia K S, Gao Q M, Wu C D, et al. Activation, characterization and hydrogen storage properties of the mesoporous carbon CMK – 3. Carbon, 2007,45(10):1989 – 1996.

[47] Xia K S, Gao Q M, Song S Q, et al. CO$_2$ activation of ordered porous carbon CMK – 1 for hydrogen storage. Int. J. Hydrogen Energy, 2008, 33(1):116 – 123.

[48] Jiang J H, Gao Q M, Zheng Z J, et al. Activation, characterization and hydrogen storage properties of the mesoporous carbon CMK - 3. Int. J. Hydrogen Energy, 2010,35(1): 210 - 216.

[49] Wang H L, Gao Q M, Hu J. High hydrogen storage capacity of porous carbons prepared by using activated carbon. J. Am. Chem. Soc., 2009,131(20): 7016 - 7022.

[50] Guo H L, Gao Q M. Cryogenic hydrogen uptake of high surface area porous carbon materials activated by potassium hydroxide. Int. J. Hydrogen Energy, 2010, 35(14): 7547 - 7554.

[51] 谢春林, 刘应亮, 孙立贤, 等. 有序介孔碳 CMK - 3 的化学活化及储氢性能[J]. 无机化学学报, 2011, 27(11): 2395 - 2400.

[52] 康乐. 氧化物与碳介孔材料的制备与应用研究[D]. 济南:山东大学硕士学位论文, 2009.

[53] 张猛. 无机层状纳米材料的液相控制合成与性能研究[D]. 合肥:中国科学技术大学博士学位论文, 2007.

[54] 周广有. 孔性材料负载的 NaAlH$_4$ 的储氢特性[D]. 上海:复旦大学硕士学位论文, 2010.

[55] 徐智涵. 介孔碳 CMK - 3 负载 LiAlH$_4$ 储氢性能研究[D]. 长春:吉林大学硕士学位论文, 2007.

第7章 介孔碳材料在超级电容器中的应用

介孔碳材料具有良好的导电性、很强的骨架刚性以及大的比表面积等优点，这些优点使得介孔碳材料在电化学超级电容器中有着巨大的应用潜力。本章对介孔碳材料在超级电容器领域的应用情况进行了综述。

7.1 超级电容器简介

7.1.1 超级电容器的定义及特点

超级电容器又称超大容量电容器、电化学电容器或双电层电容器(Electric Double Layer Capacitors,EDLC)，是一种介于电池与普通电容之间，且兼备二者特点的新型储能器件。超级电容器可以像传统电池一样储存能量，并具有普通电容器充/放电速度快、效率高、对环境无污染、循环寿命长、使用温度范围宽、安全性高等特点。超级电容器与静电电容器和电池的性能比较如表7-1所列。

表7-1 静电电容器、超级电容器与电池的性能比较[1]

性能	静电电容器	超级电容器	电池
放电时间	$10^{-6}s \sim 10^{-3}s$	$1s \sim 30s$	$0.3h \sim 3h$
充电时间	$10^{-6}s \sim 10^{-3}s$	$1s \sim 30s$	$1h \sim 5h$
能量密度/(Wh/kg)	<0.1	$1 \sim 10$	$20 \sim 100$
功率密度/(W/kg)	>10000	$1000 \sim 2000$	$50 \sim 200$
循环效率/%	≈1.0	$0.9 \sim 0.95$	$0.7 \sim 0.85$
循环寿命/次	∞	>100000	$500 \sim 2000$

经对比可以发现，超级电容器具有如下优点：

(1) 超高电容量(0.1F～6000F)。与钽、铝电解电容器相比较，超级电容器电容量大得多，比同体积电解电容器容量大2000～6000倍。

(2) 具有非常高的功率密度。电容器的功率密度可为电池的10～100倍，可达到10kW/kg左右。可以在短时间内放出几百到几千安培的电流。这个特点使得超级电容器非常适合于短时间高功率输出的场合。

（3）充电速度快。电化学超级电容器充电是双电层充/放电的物理过程或电极物质表面的快速、可逆的电化学过程，可采用大电流充电，能在几十秒至几分钟内完成充电过程，是真正意义上的快速充电。而蓄电池则需要数小时完成充电，即使采用快速充电也需几十分钟。

（4）使用寿命长。超级电容器充/放电过程中发生的电化学反应具有很好的可逆性，不易出现类似电池中活性物质的晶型转变、脱落、枝晶穿透隔膜等引起的寿命终止的现象，碳基电容器的理论循环寿命为无穷，实际可达10万次以上，比电池高10~100倍。

（5）低温性能优越。超级电容器充/放电过程中发生的电荷转移大部分都在电极活性物质表面进行，所以容量随温度的衰减非常小。电池在低温下容量衰减幅度却可高达70%。

（6）漏电电流极小。具有电压记忆功能，电压保持时间长。

（7）放置时间长。超级电容器有更长的自身寿命和循环寿命，超过一定时间会自放电到低压，但仍能保持其容量，且能充电到原来的状态，即使几年不用仍可保留原有的性能指标。

（8）使用温度范围宽。电化学电容器可以在 −40℃ ~ +70℃ 的温度范围内使用，而一般电池为 −20℃ ~ +60℃。电化学电容器充/放电过程发生的电荷转移大部分都在电极活性物质表面进行，所有容量随温度衰减非常小。而电池在低温下容量衰减幅度却高达70%。

（9）免维护。由于电化学电容器的使用寿命可高达10万次，可以做到真正意义上的免维护，非常适合边远哨所、气象观测、灯塔等特殊应用场合。

（10）安全环保。由于电化学电容器中电极材料主要是碳，而电解液一般采用有机电解液，对环境不存在重金属污染等问题。

7.1.2　超级电容器的结构

目前商业化生产的超级电容器种类很多，但大多基于双电层结构。其基本结构都主要由电极活性材料、电解液、隔膜、集流体和外壳组成。其中外壳用于将超级电容器进行封装。电极活性物质是电极材料中起关键作用的物质，主要是产生双电层、积累电荷。因此一般要求电极活性物质具有大的比表面积，不与电解液反应，有良好的导电性能。常见的电极材料有碳材料、金属氧化物和导电聚合物等。电解液对超级电容器的性能也起着重要的作用，如对离子传导有加速作用、对离子补充有离子源作用、对电极颗粒有粘结作用等。超级电容器的工作电解液包括水系电解液、有机电解液、固体电解液和胶体电解液。隔膜是为了防止双电层电容器中两个相邻电极发生短路而将其分开的材料。隔膜的厚度、大小及孔隙度也会影响到单元电容器的内阻、漏电流以及由其引起的电压稳定性,因此要求开发有一定强度、浸润性好、保湿性优良的薄隔膜。隔膜愈薄,孔隙率愈大,则内部阻抗也愈小。超级电容器隔膜的材料主要有聚丙烯(PP)、聚乙烯(PE)单层微孔膜,以及由 PP 和 PE 复合的多层微孔膜。集流体是超级电容器中电极活性物质的载体,可以增大电极活性物质与电解液的接触面,同时它又通过导线与外界相连,起着电子集结的作用。集流体一般是导电性良好、对电解液惰性的材料。常见的有泡沫镍、泡沫铝和不锈钢网等。

7.1.3　超级电容器的应用

超级电容器的用途根据其放电量、放电时间以及电容量大小,主要用作后备电源、替代电源和主电源。

1)作后备电源

目前,超级电容器主要应用于电子产品领域,如充当记忆器、电脑、计时器等的后备电源。当主电源中断、由于振动产生接触不良或由于其他的重载引起系统电压降低时,超级电容器就能够起后备补充作用。其电量通常在微安或毫安级。在这些应用中,超级电容器的价格比可充电电池低。其最大优点是寿命长、循环次数多、充电快以及环境适应性强。

2)作替代电源

由于超级电容器具有高充/放电次数、寿命长、使用温度范围宽、循环效率高以及低自放电,故很适合这种应用。例如白昼与黑夜的转换,白天太阳能提供电源并对超级电容器充电,晚上则由超级电容器提供电源。典型的应用是:太阳能手表、太阳能灯、路标灯、公共汽车停车站时间表灯、汽车停放收费计时灯和交通信号灯等,它们能长时间使用,不需要任何维护。

3)作主电源

通过一个或几个超级电容器释放持续几毫秒到几秒的大电流。放电之后,超级电容器再由低功率的电源充电。其典型的应用:大约充电 10 s 后可提供几十秒功率超级电容器的玩具车,其体积小、质量轻,故能很快跑动;即使当故障发生时,超级电容器也能自动防止故障,而过去通常用的是弹簧系统。另外,带有超级电容器的传动器不仅小巧,而且便宜和快捷,例如由铅酸电池充电不到 1min 的超级电容器启动器可使柴油发动机在很低的温度下启动,从而使电池系统体积缩减 50%,电池寿命将增加两倍。

7.2　超级电容器用碳电极材料

由于超级电容器电极材料是利用界面处的电化学过程来存储电能,涉及到电解液中的离子或质子的传输,当孔径太小或孔道不合理时电解质离子很难进入到孔道内,即使有大的表面也无法充分利用,从而造成材料的比电容降低;而孔径太大又会导致比表面积减小,同样会降低材料的比电容[2]。超级电容器电极材料在具有高比表面积的同时,还应具有合适的孔径分布,使得电极材料的表面积即使在大电流充/放电情况下也能得到充分的利用,从而增加其电荷存储能力。多孔碳电极材料在超级电容器电极材料方面有着广阔的应用前景[3],如活性碳(AC)、碳气凝胶、碳纳米管(CNT)和介孔碳等都具有独特的化学稳定性、良好的导电能力、高的比表面积等优点,其作为储能材料在超级电容器领域备受人们的关注。

7.2.1　活性碳

活性碳是一种具有丰富孔隙结构和巨大比表面积的碳质吸附材料,具有原料丰富、价格低廉和比表面积高等特点,是商品化超级电容器的首选材料。石油、煤、木材、坚果壳、沥青、树脂等都可以用来制备活性碳粉,原料不同,生产工艺也略有差别。碳源种类的不同以及热处理的条件都会显著影响所得碳材料的电化学性能。

Encarnacion 等[4]在 600℃ 碳化一种海草的提取物,得到比表面积 $273m^2/g$、含氧量 15% 的活性碳,该活性碳在 $1mol/L\ H_2SO_4$ 电解液中的比电容为 $198F/g$,但具有高的能量密度($7.4Wh/kg$)和功率密度($10\ kW/kg$)。刘亚菲等[5]采用同步物理 – 化学活化法制备出比电容高达 $360F/g$ 的超级电容器活性碳电极材料;杨静等[6]采用相同的活化方法制得能量密度高达 $7.3Wh/kg$ 的核桃壳活性碳电极材料。

时志强等[7]以不同温度碳化的石油焦为原料,KOH 为活化剂制备超级电容器用活性碳电极材料。结果表明,通过调整前驱体的预碳化温度,可实现对石油焦基活性碳的微晶结构和孔结构的调控,分别制得无晶体特征的高比表面积活性碳和由大量类石墨微晶构成的低比表面积($15.9m^2/g\ \sim 199.4m^2/g$)新型活性碳。该新型活性碳依靠充电过程中电解质离子嵌入类石墨微晶层间而实现能量存储,具有比高比面积活性碳高 10 倍的面积比电容和更大的体积比电容。

Zhang 等[8]以烟煤为原料,采用 KOH 快速活化法制备出一种中等比表面积($1950m^2/g$)的富氧活性碳。与传统 KOH 活化法制备的高比表面积活性碳相比,该富氧活性碳作电极材料的超级电容器具有更高的能量密度和功率密度,在低电流密度($50mA/g$)和高电流密度($20\ A/g$)下的比电容分别高达 $370F/g$ 和 $270F/g$。

Wang 等[9]合成了一种具有石墨化三维层状多孔结构的新型活性碳,导电性优异,在 6mol/LKOH 电解液中,该电极材料的能量密度和功率密度分别高达 22.9Wh/kg 和 23 kW/kg。

Gamby 等[10]对几种不同比表面积的活性碳超级电容器进行测试,其中比表面积最大为 2315m²/g 的样品得到的比容量最高,达到 125F/g,同时发现比表面积和孔结构对活性碳电极的比容量和内阻有很大影响。

Osaka 等[11]采用聚偏二氟乙烯-六氟丙烯(PVDF-HFP)凝胶电解质作为粘结剂与活性碳粉混合制得的活性碳电极(活性碳/PVDF-HFP,质量比 7/3),比表面积为 2500m²/g,比容量为 123F/g,循环寿命可达 10⁴。对活性碳还可采用掺杂、接枝等方法对活性碳材料加以修饰以改善活性碳的导电性,如通过 Ar-O₂ 等离子处理和电化学的氧化还原处理,通过控制电极表面性质和结构可使电极更加有效。

Wu 等[12]在大比表面积(1420m²/g)的非导电活性碳中加入比表面积为 220m²/g 的导电碳黑,当碳黑达到 25%(质量分数)、在 1mol/L 的 KOH 水溶液中、电压扫描速率 20mV/s 时最大比容量为 108F/g,研究认为复合电极的最大电容量与碳黑含量有关,当碳黑低于一定限度时,电容主要受电极端电子阻抗影响。

从理论上讲,活性碳的比表面积越大,其比电容就越大,但实际情况比较复杂。Barbieri 等[13]认为对双电层电容器,活性碳比表面积在达到 1200m²/g,质量比容量出现稳定值时,不会再随着比表面积的提高而增大,超出的比表面积是无效的,比容量值还与孔结构有关。蔡琼等[14]采用超临界水活化(650℃,32Pa)和传统的水蒸气活化(800℃)来制备酚醛树脂基活性碳,发现超临界水活化有益于介孔的发展,而水蒸气活化有益于微孔的发展;碳化程度较低的酚醛树脂基碳,在较低的活化烧蚀率时就能得到高比表面积和较高介孔率的活性碳。Ito 等[15]以柏树为原料,水蒸气活化后做双电层电容器电极,在电流密度 50mA/g 时,比电容为 190F/g。Mitani 等[16]以 KOH 为活化剂,用不同的焦碳和沥青为原料,前驱体和 KOH 的质量比为 1:4,在 800℃下活化 5.0h,制得比表面积在 1900m²/g~3200m²/g 的微孔活性碳,其在 1.0mol/L H₂SO₄ 水溶液中的比电容为 200F/g~320F/g。张琳等[17]用 KOH 活化酚醛树脂,在适宜的工艺条件下,制得的活性碳比表面积为 1824m²/g,比电容达 74.2F/g。

7.2.2 碳气凝胶

碳气凝胶(Carbon Aerogels)是一种具有连续三维网络结构、密度可调的轻质多孔非晶碳素新型材料,其比表面积高达 200m²/g~1100m²/g,典型孔隙尺寸小于 50nm。碳气凝胶是由热固性有机气凝胶碳化而得,其除了具有一般气凝胶的特性,如形状、密度、比表面积和网络结构连续可调,并且低温下力学性能不变,不容易碎裂,还具有高导电率和高水热稳定性,是制备超级电容器的理想电极材料。用碳气凝胶作电极的超级电容器,其充/放电能力强、储电容量大、体积小、电导率高、造价低廉、可多次重复使用。

蒋伟阳等[18]用溶胶－凝胶法制成间苯二酚－甲醛气凝胶(RF 碳气凝胶),再经高温碳化制备成电极,详细研究了 RF 气凝胶的结构和性能。认为 RF 气凝胶是一种由内部交织的微晶构成网络骨架的半玻璃态的纳米材料,其微晶大小为 1nm ~ 3.3nm,电导率为 5 S/cm ~ 40 S/cm,实验室制得的样品比电容约为 40F/g(双电极)。

Probstle 等[19]采用碳布增强的 RF 碳气凝胶作电极材料,可得到厚度仅为 180μm 的电极片,在 950℃经过 CO_2 活化处理,体积比电容达到 53 F/cm^3,电阻仅为 0.98 Ω。

Miller 等[20]采用气相化学渗透的方法(CVI)制备铷/碳气凝胶复合电极,2nm ~ 3nm 的铷纳米颗粒均匀分散在碳气凝胶的表面。当大于 50%(质量分数)的铷分散碳气凝胶表面时,材料的开孔结构基本没有被破坏,电极在 1M H_2SO_4 电解液中的比电容从未处理前的 95F/g 增加到 250F/g,体积比电容高达 140 F/cm^3。

Hwang 等[21]初步探讨了用丙酮交换控制蒸发来代替传统的超临界干燥过程,制得了在 6.0mol/L H_2SO_4 溶液中比电容达 220F/g 的碳气凝胶。将碳气凝胶用于有机电解质体系的电容器时,由于在活化过程中产生大量亲水性官能团阻碍了电解液的浸润与传输,比电容得不到提高。

李文翠等[22]对其采用酚类同分异构物的混合物和甲醛为原料制备的碳气凝胶的双电层电容性能进行了研究,与 RF 碳气凝胶相比,其比容量略有提高。

Shi 等[23]根据对活性碳比表面积与相应比电容的关系研究认为,微孔表面和介孔表面储存电荷的能力各不相同。借鉴这一模型,Probstle 等[24]计算 RF 碳气凝胶电极微孔表面双电层容量大约为 6.6 $\mu F/cm^2$,而介孔表面的双电层容量约为 19.4 $\mu F/cm^2$。

目前,Powerstor 公司以碳气凝胶作为电极材料,使用有机电解质制得的双电层电容器的电压为 3.0 V,容量为 7.5 F,比能量和比功率分别为 0.4Wh/kg 和 250W/kg,实现了碳气凝胶双电层电容器的商品化,但还是受到碳气凝胶制备工艺复杂,制备时间长,成本高等因素的限制。

7.2.3　碳纳米管

碳纳米管是由类似石墨结构的六边形网络卷绕而成的中空"微管",具有很高的长径比,是目前强度最高、直径最细的纤维材料。碳纳米管具有耐热、耐腐蚀、传热和导电性好、高温强度高、自润滑性能好等优良的特性,在超级电容器领域均有广泛的应用前景。

碳纳米管用作超级电容器电极材料的研究最早见诸于 Niu 等[25]的报道。他们将烃类催化热解法制得的相互缠绕的多壁碳纳米管(MWNT)制成薄膜电极,测试了在质量分数为 38% 的 H_2SO_4 电解液中的电容性能。组装成单一电容器后,在 0.001 Hz ~ 100 Hz 的不同频率下,比电容量达到 49F/g ~ 113F/g。CNT 电极片的电阻率为 $1.6 \times 10^{-2} \Omega \cdot cm$,其等效串联内阻(ESR)为 0.094 Ω,功率密度大于 8 kW/kg。

马仁志等[26]用高温催化 C_2H_4/H_2 混合气体制备多壁碳纳米管,采用两种不同的工艺制备碳纳米管固体电极,以质量分数 38% 的 H_2SO_4 为电解液恒流充/放电测试其电容性能。在氩气保护下,高温热压纯碳纳米管成型电极的比电容为 78.1 F/cm^3;将碳纳米管与质量分数为 20% 的酚醛树脂混合压制成型,再碳化后所得固体电极的比电容为 70.5 F/cm^3,但其等效串联内阻小于前者。

刘辰光等[27]将有机物催化裂解法制得的管径 20nm ~ 40nm 的 CNT 经分散、除杂后,在 6MPa 压力下于泡沫镍上压制成圆片状电极,用 6mol/L KOH 作电解液,以 10mA 电流进行恒流充/放电,测得电极的比电容为 60F/g。

Frackowiaka 等[28]研究了乙炔催化裂解制备的 3 种不同 MWNT 在 6mol/L KOH 中的电容性能。电极制备中按质量比 85:10:5 将碳纳米管、导电剂乙炔黑和胶黏剂 PTFE 混合,压成薄片电极。MWNT 的比表面积为 $128m^2/g ~ 411m^2/g$,对应的比电容为 4F/g ~ 80F/g。以钴为催化剂,700℃裂解乙炔得到的 MWNT 经浓硝酸氧化处理后,比容量由 80F/g 增大到 137F/g,比表面积变化不大,但循环伏安曲线产生了明显的氧化还原峰,说明比容量的增大是由于表面官能团产生了准电容所致。

Zhang 等[29]将烃类催化热解法得到的碳纳米管用硝酸纯化后,加入质量分数 10% 的粘结剂 PTFE 制成片状电极,以铝箔为集流体,以 $LiClO_4/PC + EC$ 为电解液,在 0V ~ 2.3 V 电压范围内以 10mA 的电流恒流充/放电测得其比容量为 16.6 F/cm^3,能量密度达 20Wh/kg。

王贵欣等[30]比较了 5 种催化裂解法制备的 MWNT 在 1mol/L $LiClO_4/EC + DEC$ 电解液中的电容性能。将 MWNT 纯化后,加入质量分数 10% 的乙炔黑和 5% 的 PTFE,调成浆料后涂敷于金属铝箔上,烘干打片后用作电极,组装成模拟电容器,在 0V ~ 3V 电压范围内以 $3.4 A/m^2$ 的电流密度充/放电。5 种 MWNT 的比表面积在 $118.80m^2/g ~ 538.30m^2/g$,比电容在 15.86F/g ~ 54.80F/g,在该电解液中,3nm 以上的孔对比电容的贡献较大,单位面积的比电容约为 0.11

F/m^2。

室温熔盐是超级电容器的新一代高安全性的电解液,徐斌等[31]研究了催化裂解法制备的 MWNT 在室温熔盐二(三氟甲基磺酸酰)亚胺锂(LiTFSI) – 乙酰胺中的电容特性。MWNT 的比表面积为 $193m^2/g$,将其与导电剂和胶黏剂混合调浆后制成薄膜电极,以 LiTFSI – 乙酰胺为电解液,装配成模拟电容器,恒流充/放电测得比电容为 22F/g,模拟电容器的工作电压可达 2.0V 以上,循环性能良好。

An 等[32]在电弧放电法制备的单壁碳纳米管中加入质量分数 30% 的聚偏氯乙烯(PVDC)粘结剂制成片状电极,500℃ ~1000℃ 热处理 30min,以镍做集流体,7.5mol/L KOH 为电解液,最大比电容为 180F/g,功率密度和能量密度分别为 20 kW/kg 和 6.5Wh/kg。随热处理温度升高,电极的比表面积增大,孔径分布得到改善,比电容增大。集流体和电极材料的接触严重影响等效串联内阻,将镍箔直接用作集流体,在 1 kHz 测得电极的 ESR 为 246 mΩ,对镍箔表面抛光后电极的 ESR 降至 105 mΩ,而改用泡沫镍做集流体的 ESR 仅 52 mΩ。

Pico 等[33]将电弧法制备的单壁碳纳米管在空气中于 300℃ ~550℃ 热处理 1h,加入质量分数 5% 的胶黏剂 PVDC 制成电极,分别以 6mol/L KOH 和 2mol/L H_2SO_4 为电解液,测试电容性能,探讨了热处理温度和电解液的影响。碳纳米管在空气中适度的氧化处理,除去了其中的无定形碳,同时使表面功能化,并在管壁产生一定的缺陷,其比表面积和比电容增大,350℃ 氧化的 SWNT 在 6mol/L KOH 中的比电容达 140F/g,具有比以 2mol/L H_2SO_4 为电解液的电容器高的比电容,因此以 KOH 为电解液可以得到高的比能量,而以 H_2SO_4 为电解液可以得到高的比功率。

由于一般制备的碳纳米管为粉末或颗粒状,将其制备成超级电容器的电极,要加入一定量的导电剂和胶黏剂,和浆制片,最后与集流体压在一起,这样固然降低了碳纳米管间的接触电阻,但碳纳米管与胶黏剂之间以及极片与集流体间的接触电阻又都成为电容器整个内阻的一部分。为了克服这一弊端,科学家们在碳纳米管制备过程中使其直接生长在可以充当集流体的导电基体上,这样得到的碳纳米管不需成型处理就可以直接用作电极,减小了活性物质与集流体间的接触电阻,还简化了电极的制备工序。

Park 等[34]在不锈钢基体上合成碳纳米管,直接用作超级电容器的电极。制备中,将不锈钢薄片抛光,超声清洗,再用 HF 表面刻蚀、漂洗干净后,以 C_2H_2 为碳源,先用等离子体增强化学气相沉积生长出初步的碳纳米管,接着再换用热化学气相沉积法使不锈钢基体上的碳纳米管继续生长,所制备的碳纳米管为 MWNTs,呈卷绕状。在两块生长了碳纳米管的不锈钢片间夹上聚丙烯隔膜,以

180

1mol/L LiPF$_6$/EC + DEC 为电解液,恒电流充/放电测得其比容量为 33F/g ~ 82F/g。

Yoon 等[35]以 0.1mm 厚的镍箔为基体,NH$_3$ 等离子刻蚀 5min 使表面粗糙不平,无需在基体上沉积任何催化剂,用热丝等离子增强化学气相沉积法在其上生长出了高纯度、定向排列的碳纳米管阵列,厚度约 20nm,石墨化程度很高。以 6mol/L KOH 为电解液,聚丙烯膜为隔膜,分别以镍箔上直接生长的碳纳米管和传统的胶黏剂型极片为电极,组装成硬币型电容器,用循环伏安法测试电容性能。在扫速为 100mV/s 时两个电容器都有着近似矩形的 CV 曲线,胶黏剂型电极组成的电容器在扫速增大到 500mV/s 时的 CV 曲线已严重变形呈电阻型,而以直接生长的碳纳米管为电极的电容器即使在 1000mV/s 的高扫速下依然保持着良好的矩形。这说明胶黏剂型极片不适合高倍率放电,而直接生长的碳纳米管电极有着非常低的内阻,因此具有高的放电效率和好的功率特性。作者还对生长出的 CNTs 表面进行 NH$_3$ 等离子处理,将比表面积从 9.36m^2/g 提高到 86.52m^2/g,并改善了电极的浸润性,比电容也由 38.7F/g 增大到 207.3F/g。

Emmenegger 等[36]以乙炔为碳源,在沉积有 5nm ~ 10nm 厚的 Fe(NO$_3$)$_3$ 催化剂的铝基体上用化学气相沉积法生长出定向排列的多壁碳纳米管,平均直径 20nm,长度约 20μm,将其直接用作超级电容器的电极,比容量为 120 F/cm^3,能量密度和功率密度分别为 26 Wh/L 和 700 kW/L。

Chen 等[37]以乙炔为碳源、Ni 为催化剂,用化学气相沉积法在厚 0.067mm 的石墨薄片上生长出管径均一(50nm)的碳纳米管,经质量分数 15% 的 HNO$_3$ 浸泡洗去催化剂后用作电极,以 Pt 为辅助电极,饱和甘汞电极为参比电极,构成三电极体系,采用循环伏安法测试其电容性能。在 1.0mol/L H$_2$SO$_4$ 电解液中,在 100mV/s 的扫速下,循环伏安曲线依然保持着良好的矩形,其比容量达 115.7F/g。

总之,碳纳米管直接用作超级电容器电极材料的报道较多,但不同文献报道的材料的比容量、阻抗、功率密度等性能指标却相差很大。这主要是由于影响碳纳米管的电容性能的因素较多,不同方法制备的 CNTs 的比表面积、孔结构、纯度等差别很大,表面官能团影响材料的浸润性和准电容,电极成型工艺如成型方法、导电剂和胶黏剂的用量、极片的面积、厚度等都会影响 CNTs 电极的阻抗,而不同的测试方法得到的结果也有一定的差别。

虽然碳纳米管具有高的表面利用率和良好的导电性,但其比表面积一般仅 100m^2/g ~ 400m^2/g,远远低于活性碳(1000m^2/g ~ 3000m^2/g),因此其比容量较低,加之其价格远高于其他电极材料,因而不宜于实际应用。解决的办法有两个:一是仿照活性碳的制备将碳纳米管进行活化处理,以增大其比表面积,提高比容量;二是与金属氧化物或导电聚合物复合,提高能量密度。

7.3　介孔碳材料在超级电容器中的应用研究进展

理论上,双电层电极材料比表面积越大,比电容越大。然而比表面积高的微孔碳虽然比表面积很大有利于比电容的提高,但由于其微孔结构限制了电解液离子的扩散,导致比表面积利用率低,且随着工作电流、电压的增大,比电容急剧下降。微孔碳在高压、高电流工作条件下不仅比电容低而且功率特性差,无法充分体现超级电容器高能量密度和高功率特性的优势,因而具有较高比表面积和高介孔率的介孔碳材料在离子传输方面比不规则的微孔碳所具有的孔结构更具优越性,在超级电容器领域具有广阔的应用前景。有序介孔碳材料在电化学电容器中的应用主要有纯有序介孔碳材料、有序介孔碳复合材料、含杂原子的有序介孔碳材料和含多级孔道结构的有序介孔碳材料。

7.3.1　纯有序介孔碳材料

自从 1999 年 Ryoo 等发现有序介孔碳材料以来,有序介孔碳在双电层电容器电极材料中的研究不断被报道。

Lee 等[38]使用具有三维孔道结构的介孔分子筛 AlMCM – 48 作为模板,乙炔作碳前驱体,用48%的氢氟酸浸渍脱模,可以得到具有相同对称性的介孔碳材料 CMK – 4,所得介孔碳具有很高的能量密度和功率密度。长时间以来,研究者们一致认为碳材料中大于 2nm 的孔对形成双电层比较有利,小于 2nm 以下的孔则很少有双电层形成,但是一些研究者[39]对有序介孔碳的研究发现比容量与超微孔(小于 0.7nm)体积有一线性关系。

Zhou 等[40]利用 SBA – 15 作模板制备出介孔碳并尝试进行了该有序介孔碳用作超级电容器的研究,在扫描区间 1.5V vs ~ 3.4V vs. Li/Li$^+$时,经过 100 次循环扫描后,电容降低了 20%。

Tamai 等[41]以乙酰丙酮钇为催化剂,以水蒸气为活化剂,以亚乙烯基氯/丙烯酸甲酯任意共聚物为原料制备得到比表面积为 2100m^2/g、介孔比表面积达 1400m^2/g、孔径分布集中在 6.0nm 的介孔碳,该介孔碳在 1mol/L Et$_4$NBF$_4$/PC 电解液中以 10mA 的放电电流放电的比电容达 120F/g。其在大电流密度下放电的比电容高于微孔碳的,这是由于有机电解液离子在介孔中脱出比在微孔中更容易的缘故。

Vix – Guterl 等[42]分别以 SBA – 15 和 MCM – 48 为模板,丙烯和蔗糖为碳源采用模板法制备了介孔碳材料,并将所制备的碳材料与乙炔黑和聚偏二氟乙烯

182

以 85:5:10 的比例混合制备成电容器电极。分别以 1mol/L H_2SO_4、6mol/L KOH 和 1mol/L 四乙基四氟硼酸铵的乙腈溶液为电解液进行了电化学性能测试。结果表明模板剂种类、碳源种类和电解液种类均影响电容器的电容性能。

Fuertes 等[43]以硅胶为模板,制得了单峰孔径分布和双峰孔径分布的两种介孔碳,发现后者具有更大的比表面积和孔容量,将该碳材料制成混合电极后,在电流密度为 1mA/cm^2 时的比电容为 200F/g,比能量和比功率分别达到 3Wh/kg 和 300W/kg。

侯朝辉等[44]采用同步合成模板碳化(SSTCM)法制备了具有可控结构的介孔碳材料,碳材料的比表面积可达 1500m^2/g,平均孔径在 3nm ~ 10nm 之间,循环伏安研究表明,这种同步合成模板碳化法制备的碳材料质量比容量可达 270F/g。

赵家昌等[45]以硅溶胶为模板剂、以葡萄糖为碳源,采用模板法制备了超级电容器介孔碳电极材料(SMC)。SMC 的最可几孔径分布集中在 6.3nm 和 19.0nm,呈双峰分布。SMC 中发达的介孔有利于电解液离子在碳材料的孔隙中的插入和脱出,具备良好的双电层形成和良好的倍率特性。SMC 具有比商品化微孔活性碳更好的频率响应特性和倍率特性。

Liu 等[46]通过三元共组装一步法成功合成了孔径 6.7nm、孔容 2.02cm^3/g、比表面积 2470m^2/g 的有序介孔碳材料。在 200mV/s 扫描速率和 0V ~ 3V 的电容窗口条件下,表现出了良好的平行四边形 CV 循环曲线以及良好的循环寿命,双电层电容为 117F/g,1000 次循环后仍然保持 88% 的电容量。

Xing 等[47]研究了介孔电极孔道结构和电化学性能的相互关系,他们采用 3 种不同结构的介孔硅模板合成了 3 种有序介孔碳,即三维立方结构介孔碳(OMC－1),二维六方形棒状介孔碳(OMC－2)以及二维六方形管状介孔碳(OMC－3)。OMC－3 在 50mV/s 的高扫描速率下,其比电容值仍大于 180F/g,显示出了超级电容特性,能在保持高能量密度的同时提供很高的功率密度。这种有序介孔碳材料在电化学双层电容器领域,尤其是在同时要求高能量密度和功率密度的领域具有广阔的应用前景。

李红芳等[48]采用酚醛树脂为碳源前驱物,以 SBA－15 为模板制备了孔径为 3.6nm、孔径分布均一的有序介孔碳,其比表面积可高达 1017m^2/g。循环伏安研究表明,扫描速率为 2mV/s 时,曲线为较规则的矩形。随着扫描速率的增大,循环伏安曲线逐渐偏离矩形形状,扫描速率越大,偏离程度越高。扫描速率增大到 50mV/s 时,比容量从 221F/g 下降到 159F/g,容量下降了 28%;而活性碳材料的比容量下降 39%。

Li 等[49]采用三组分共组装法,以三嵌段聚合物为有机模板、正硅酸乙酯水解产生的二氧化硅纳米粒子为硬模板、酚醛树脂为碳源,制备出比表面积达 2390m²/g 的有序介孔碳,在有机电解液中,其比电容值达 112F/g。但上述的这些制备方法具有工艺繁琐、周期长等缺点。

聚合物共混碳化法是采用物理或化学方法将两种具有不同热稳定性的聚合物混合碳化制备介孔碳材料的一种方法[50-52]。包丽颖等[53]以酚醛树脂为前驱体,以聚乙二醇为制孔剂,采用聚合物共混法制备得到比表面积为 618m²/g,介孔率为 59.7% 的多孔碳材料。将该多孔碳用作超级电容器的电极材料,其在 1mol/L Et₄NBF₄/PC 中的比电容为 32F/g,大电流性能和循环性能良好。

慈颖等[54]以明胶微球为原料,经过固化、碳化、KOH 活化制备了一种新型的电极材料明胶基多孔碳球。在 800℃温度下得到比表面积为 1041m²/g、平均孔径为 3.8nm 的多孔碳球。以此材料作为电容器的电极材料在有机电解液中的比电容达到 119.8F/g,并且有着较好的稳定性。

李会巧[55]以介孔氧化硅为硬模板,以蔗糖溶液为碳前驱体合成了两种孔径相同而孔长不同的有序介孔碳材料。其中,以传统的 SBA-15 复制的介孔碳(LOMC)其孔长度超过了 2μm,而以横向生长的新型介孔硅作为模板复制的介孔碳(SOMC)其孔长度只有 200nm~300nm。循环伏安测试表明,SOMC 在 6 M KOH 中的表面比电容达 14 μF/cm²,而 LOMC 的表面比电容为 10 μF/cm²。交流阻抗研究表明电解液在 LOMC 中的扩散内阻大于 SOMC,且当电解液浓度降低时,LOMC 的比容量比 SOMC 衰减更快。这些结果表明,SOMC 能为电解液提供更多的开放性入口,因此其表面浸润程度增加,比表面利用率高,同时短的孔长更有利于电解液离子的快速扩散,因而表现出比长径介孔碳更好的电化学性能。该研究者又通过有机-有机两相自组装和有机-无机-有机三相自组装法分别合成了孔径为 3.1nm(di-OMC)和 6.7nm(tri-OMC)的两种介孔碳。作为双电层电容材料,tri-OMC 在有机体系中的比容量达 117F/g,且在 200mV/s 的高扫速下仍能保持良好的电容行为;而 di-OMC 由于小的孔径和高的微孔比例,其表面无法被离子半径较大的有机电解液浸润,因而无双电层容量。在水系电解液中,di-OMC 的比表面可以被有效地利用,因而表现出 117F/g 的比容量,tri-OMC 在水系中的比容量为 211F/g,且倍率性能明显优于 di-OMC。电化学研究结果表明,对倍率性能而言,碳材料的孔径越大越有利,而对表面比电容来说,不同的电解液所要求的最佳孔径不同,只有孔径与溶液离子半径相匹配时,材料的表面利用率才最高。

李娜等[56]以 SBA-15 为模板、蔗糖为碳源,在不同的碳化温度下合成了不同比表面积的介孔碳材料,其孔体积为 1.88cm³/g,比表面积为 1394m²/g,最可几孔径为 3.4nm。循环伏安测试发现该样品单电极在 6mol/L 的 KOH 电解液中,扫描速率为 1mV/s 时,比电容可达 212F/g,是一种理想的超级电容器电极材料。

高秋明等[57]对 CMK 系列介孔碳及其活化后的样品进行了电化学性能表征,发现当介孔体积占有率在 50% ~60% 时比较合适。此外,多孔碳材料的导电性对电容性能影响也很大。

Chang 等[58]采用明胶 – 酚醛树脂为碳源,硅酸钠水解生成的二氧化硅为模板,制备出中空结构的介孔碳微球。电化学测试表明,其比电容值能达到 132F/g;此外,该材料还具有很好的速率性能,在 1000mV/s 的扫描速率下,电容的保持率达 90% 。

严欣[59]以三嵌段共聚物 F127 为模板剂,正丁醇为助模板剂,在酸性条件下通过一步法合成出三嵌段共聚物/正丁醇/硅复合物,然后利用直接碳化除硅的方法制得了具有三维立方结构的球形有序介孔碳材料。电化学测试结果表明,该材料显示出理想的双电层电容行为。首次容量达到 205F/g,在高电流密度下,比容量达到 145F/g。球形有序介孔碳电容器在大电流条件下工作,性能依然保持稳定。

魏国丽[60]采用表面活性剂 F127 为模板剂、自制酚醛树脂为碳前驱体,制备出了有序性好,孔径分布范围窄的具有六方结构的介孔碳材料。电化学测试结果表明:介孔碳电极所得循环伏安曲线都具有较规则的近四边形电势窗口;搅拌 30min 条件下的介孔碳电极中介孔碳的含量在 50mg 左右时内阻较小,更适合大电流充/放电;在 300mA/g 电流下充/放电的电容量最高可以达到 140.69F/g。

李丽霞[61]通过将硫酸交联的硅/三嵌段共聚物 P123/蔗糖复合物直接经碳化和脱硅处理成功合成出孔道排列高度有序的介孔碳。最可几孔径为 3.6nm、比表面积为 $720m^2/g$ 的有序介孔碳具有最低的阻抗和高达 179F/g 的比容量。尤其值得指出的是,有序介孔碳的大电流和大频率行为均好于常规活性碳,这与其具有的大而规则的孔径和高介孔率紧密相关。

廖书田[62]以酚醛树脂低聚物为碳前驱体、三嵌段共聚物 F127 为模板剂,一步法合成了具有二级孔道结构的介孔碳材料,其 BET 比表面积达 $1657.6m^2/g$,孔径分布主要在 2.5nm 与 6nm 处。以其为超级电容器电极材料,研究了其在 KOH 溶液中的超电容性能。结果表明:相比于单一孔道的介孔碳材料,二级孔道结构的介孔碳的循环伏安曲线更接近于矩形,比电容值有了很大提高,随着放电电流的增大其比电容值衰减率更小。

徐斌等[63]以纳米 $CaCO_3$ 为模板、蔗糖为前驱体制备超级电容器用介孔碳电极材料。纳米 $CaCO_3$ 与蔗糖比例为 4:6 时,蔗糖基介孔碳的比表面积为 $606m^2/g$,富含 10nm ~30nm 的介孔。恒流放电法测得介孔碳在电流密度 50mA/g 下的比电容为 125F/g,大电流倍率性能特别突出。电流密度增大到 20000mA/g,比电容还保持有 88F/g,保持率高达 70.4%,远高于进口电容器碳,表明这类介孔碳材料是一种很有前景的高功率超级电容器碳电极材料。纳米 $CaCO_3$ 与蔗糖比例为 5:5 制备的介孔碳材料 CAC5 在 6mol/L KOH 水溶液中的比电容达到 155F/g[64]。扫速增大到 1000mV/s,CV 曲线还保持着良好的矩形,比电容还保持有 1mV/s 的 69.1%。电流密度增大到 20A/g,即充/放电在 2s 内结束,V−t 曲线还保持线性,而充/放电初始瞬间的 IR 突变很小。电流密度由 50mA/g 增大到 50000mA/g,增大了 1000 倍,CAC5 的比电容还保持有 82F/g。

赵家昌等[65]以 Al−SBA−15 为模板、糠醇为碳源,采用微湿含浸法制备有序介孔碳材料。在 1 M Et_4NBF_4/PC 电解液中测试了其电化学性能。结果表明,所制得的有序介孔碳的 BET 比表面积随糠醇加入量的增加先增加后减小,糠醇加入量少制得具有 CMK−5 结构的有序介孔碳,加入量多制得的 CMK−3 结构。电化学性能测试结果表明:在 1mA/cm² 的充/放电电流密度下各介孔碳材料比电容的大小顺序与其 BET 比表面积的大小顺序基本一致,具有 CMK−3 结构的样品 AlSC−1.6 的比电容最大,达 93.3F/g。样品 AlSC−1.6 的倍率性能最好,并且也比无序介孔碳的好。

尹金山等[66]以热塑性酚醛树脂为前驱体、六次甲基四胺为固化剂,经粉压成型、碳化、CO_2 活化制备出比表面积为 1563m²/g、介孔非常发达的碳块体电极。电极在有机电解液 1mol/L Et_4NBF_4/PC 体系中具有良好的电化学电容性能,50mA/g 电流下的比电容为 108F/g,电流密度达到 1000mA/g 时,仍具有 79F/g 的比电容,保持率达 73.1%。此碳电极良好的电容性能归因于其高的比表面积和发达的介孔结构。

王永文等[67]以 FDU−15 与 FDU−16 介孔碳作前驱体填充多孔氧化铝模板孔道,制得了大尺寸介孔孔道、核−壳结构的介孔碳纳米纤维 MCNF−FDU−15 和 MCNF−FDU−16,在 10 A/g 的比电流情况下,比电容分别为 122F/g 和 114F/g。扫速为 100mV/s 时,MCNF−FDU−15 与 MC−NF−FDU−16 比电容保持率高达 71% 与 77%,明显高于 FDU−15 与 FDU−16 的 49% 与 47%。这主要是由于 MCNF−FDU−15 的核与壳间的空隙达 20nm,而 MCNF−FDU−16 平均孔径约 15nm,使得电解液离子在电极内部更易扩散[68],从而具有较好的电容性能。

张雅心[69]分别以三嵌段聚合物 F127、P123 以及 P123/F127 复合作为模板剂,酚醛树脂为碳前驱体,通过溶剂挥发诱导自组装法制备有序介孔碳材料。采用 P123/F127 复合模板剂,介孔孔容和比表面积较单独使用 F127 作模板分别提高了 50% 与 31%。电化学测试结果表明,介孔材料均显示出理想的双电层电容行为。使用复合模板剂制备介孔碳的电极内阻较小,比容量较大,更适合大电流充/放电;在 300mA/g 电流下充/放电的电容量达到 166F/g,较使用单一模板剂提高了 17%。

Li 等[70]以有序介孔硅为模板,通过调节糠醛进入孔体积的比例来调节介孔碳的孔结构,结果表明,当浸入体积为 0.8 时,介孔碳的比电容值最高可达 130F/g。

Banham 等[71]以不同碳链长度的有机胺为表面活性剂,制备系列的有序介孔氧化硅,再以有序介孔氧化硅为模板、蔗糖为碳源,制得具有双峰孔结构的有序介孔碳,在硫酸电解液中,该材料的比电容值可达 260F/g。

张阳等[72]以蔗糖为前驱体、SBA-15 介孔分子筛为模板合成了比表面积为 1046m²/g、孔径为 3.7nm 的有序介孔碳,该材料在 1mol/L 的硫酸溶液中有良好的电容特性。在充/放电电流密度为 200mA/g 时,OMC 比容量达到 127.2F/g,当电流密度增大到 1200mA/g 时,其比容量仍维持在 109.8F/g,能够满足快速充/放电的要求。与普通活性碳相比,有序介孔碳具有更优异的功率性能,可以作为理想的电化学电容器电极材料。

蔡建军[73]以 SBA-15 为模板制备了有序介孔碳材料,并且采用硝酸溶液对 CMK-3 的表面进行改性和修饰。结果表明,制备的 CMK-3 具有二维六方有序结构,结构完整均一且具有较高的有序度,孔径分布主要分布在 2nm～8nm 左右,比表面积和孔容分别为 1206m²/g 和 1.38cm³/g。CMK-3 的双电层电容性能可达 145F/g。CMK-3 在 HNO_3 溶液中进行表面修饰,其电容性能有了明显地提高,达到 200F/g。

林惠明[74]采用不同的介孔氧化硅为模板,实验室合成的芳香性聚合物为碳源,合成出了具有不同结构的石墨化介孔材料。作为 DELC 电极材料展示了接近理想电容器的电化学性能。材料的介孔孔径与比表面积越大,相应的电化学电容也越大。在扫描速率不同的 CV 测试中发现,材料的结构影响了电容的稳定性。主要是由于材料的开放骨架更有利于离子的传递与储存,三维开放的骨架结构使得材料具有更加接近理想电容器的电化学活性。该研究者进一步以 SBA-15 以及 KIT-6 两种硅基介孔分子筛为模板,以蔗糖为碳源,以硫酸为催化剂,分别合成出具有高度有序结构的介孔碳材料 CMK-3 和 CMK-8。经过模板复制后的两种介孔碳材料都具有相应的孔道排列结构、高的比表面积、大的孔容,以及狭窄的孔径分布等特点。电化学测试表明,两种介孔碳材料都有着良好的电化学性能。CMK-3 和 CMK-8 在 10mA 恒电流下放电比电容分别为 116.1F/g 和 110.0F/g。

孙哲[75]采用蔗糖浸渍法,通过微波真空烧结复制介孔 SBA-15 的孔道结构,得到新型介孔碳。此碳材料具有 3.05nm 的孔径和 578cm^3/g 的 BET 比表面积。在 $-0.2V \sim 1.0V$ 电位区间,表现出优越的电化学双电层性能。不同的扫速 5mV/s、15mV/s、30mV/s、50mV/s、100mV/s 下介孔碳电极对应的比容量分别为 86F/g、78F/g、60F/g、53F/g、48F/g,在 0.3 A/g 的电流密度下进行充/放电时,比容量达到 96.4F/g,循环 1000 次后衰减不到 10%。

戴伟杰[76] 以介孔氧化硅材料 MSU-H 和 KIT-6 为硬模板、蔗糖为碳源,合成了有序介孔碳 OMC-M 和 OMC-K。电化学测试结果表明,在 5mV/s 扫描速率下,对于两种不同结构的 OMC-M 和 OMC-K,OMC-M-6 和 OMC-K-4 的比电容分别达到最大值 203.8F/g 和 190.4F/g。当扫描速率从 5mV/s 变化到 100mV/s 时,有序介孔碳的电容保持率高达 81% ~ 86%。在 4nm ~ 8nm 范围内,有序介孔碳的比表面电容随孔径的增大而增大,在 5mV/s 扫描速率下,OMC-M-2 达到最大值 27.5 $\mu F/cm^2$。

煤沥青质是易于石墨化的碳源。模板法可以有效控制产品的孔结构[77],通过适度的活化处理,可以在保持原来孔结构的基础上提高碳材料的 BET 比表面积及孔容[78],完善其孔结构。周颖等[79] 以煤炭液化工艺的副产物预沥青烯为碳源,SBA-15 为模板,用模板法合成得到有序介孔碳 OMC-P。所制备的介孔碳具有有序的二维六方结构、孔径集中在 3.5nm 左右,作为电容器的电极材料表现出良好的电化学特性,在电解质为 6mol/L 的 KOH 溶液的三电极体系下,1mA 的电流强度时放电比电容可达 310F/g;50mA 的电流强度下充/放电 5000 次后单电极放电比电容仍保持在 208F/g,为初次放电比电容 215F/g 的 96.7%。OMC-P 作为电化学电容器电极材料的优异电化学性能与材料本身孔尺寸、孔结构以及其结晶状态相关。

司维江等[80] 以柠檬酸镁为原料,采用直接碳化法制备介孔碳电极材料。所制备介孔碳的比表面积达 2000m^2/g 左右,介孔孔容和平均孔径随着碳化温度的升高而增加。电化学测试表明,碳化温度分别为 800℃ 和 900℃ 的样品 MgC-800 和 MgC-900 具有优异的电化学电容特性。与硬模板法制备的 OMC 相比,MgC-800 和 MgC-900 在实验电流密度范围内具有更大的比电容值,这应当归功于它们巨大的比表面积以及有利于电解质离子扩散的介孔结构。MgC-800 和 MgC-900 在较高的输出功率下仍能保持较高的能量密度,如 MgC-800,当功率密度由 450W/kg 增加到 2700W/kg 时,其能量密度仅从 4.49Wh/kg 减小到 3.62Wh/kg。这说明它们的介孔表面在高功率输出时能够得到较充分地利用,预计这类介孔碳在对能量密度和功率密度都有较高要求的场合,具有良好的应用前景。

表面氧化处理可以改善碳材料的润湿性,在碳材料表面引入官能团一定程度上可以提高碳电极材料的比电容值,同时改善碳材料的能量密度。对于不同碳材料、不同电解液体系,表面氧化处理对电化学性能的改善程度有所不同[81,82]。王六平等[83]采用硝酸对沥青烯基有序介孔碳进行氧化处理改善 OMC 的电化学性能。60℃氧化处理时,OMC 表现出良好的双电层电化学行为和频率响应特性,电容器可以保持较快的充/放电速率,时间常数约为 6s;在 5mV/s 的扫描速率下其质量比电容值和能量密度分别为 138F/g 和 3.9Wh/kg,较改性前分别提高了 57% 和 63%。

姜少华等[84]尝试将乙二胺四乙酸钙直接碳化,制备具有高比表面积的介孔碳材料,并与硬模板制备的介孔碳进行比较,研究其电化学电容性能。电化学测试表明,CaC-700、CaC-800 和 CaC-900 具有优异的电化学电容特性,在较高的输出功率下仍能保持较高的能量密度,说明介孔表面在高功率输出时能够得到较充分的利用。

宋晓娜等[85]以气相法二氧化硅为模板、从煤液化残渣中提取的沥青质为碳源,通过充分混合、干燥、碳化、模板的去除等过程合成了双峰分布的介孔碳。当碳源沥青质与模板二氧化硅的质量配比为 1:1.2 时,总孔容最大为 2.3cm^3/g、平均孔径最大为 12.9nm、介孔率高达 87%,在电流密度为 1000mA/g 下比电容值为 108F/g。采用二氧化碳对上述制备的介孔碳进行活化后,电极材料表现出良好的电化学性能,在电流密度为 1000mA/g 下比电容值由活化前的 108F/g 增加到 135F/g,经过 10000 次恒流充/放电后,比电容值保持率高达 93%。以柠檬酸镁为模板前驱体,分别以沥青质和酚醛树脂为碳源制备介孔碳。酚醛树脂基介孔碳的 BET 比表面积高达 2020m^2/g,相对应的介孔碳在电流密度为 100mA/g 下的比电容高达 205F/g,而沥青质基的介孔碳的 BET 比表面积最高达 1634m^2/g,相对应的介孔碳在电流密度为 100mA/g 下的比电容达 176F/g;当沥青质基介孔碳与酚醛树脂基介孔碳的孔结构一致的情况下,沥青质基介孔碳的比电容值较大,为 176F/g,而酚醛树脂介孔碳的比电容值为 114F/g;对酚醛树脂基介孔碳掺氮改性后,电化学性能有所改善。

7.3.2 有序介孔碳复合材料

1. 有序介孔碳与金属氧化物的复合材料

有序介孔碳材料作为超级电容器电极材料,已具备了大比表面积、均匀孔径分布、物化性能稳定的优点,但目前仍不能回避的是其比容量较低、能量密度也较小。金属氧化物电极材料具有比电容大、能量密度高和快速充/放电的特点;然而金属氧化物的比表面积较小。因此,越来越多的研究者开始关注有序介孔碳与金属氧化物的复合材料,以期实现材料成本和性能之间的合理平衡[86-89]。

1）氧化锰

氧化锰资源广泛、价格低廉、环境友善、具有多种氧化价态,广泛地应用于电极材料[90-93]。目前 MnO_2 在超级电容器的研究也成为热点[94-101],但 MnO_2 本身是一种半导体,电阻率大,循环性能差,限制了其作为超级电容器电极材料的实际应用,利用碳材料和 MnO_2 金属氧化物进行复合制备综合性能优异的复合材料就成为超级电容器电极材料的重要来源。

Dong 等[102,103]利用简单的氧化还原反应合成了 CMK - 3/MnO_2 复合电极材料,讨论了不同 $KMnO_4$ 浓度对其比电容的影响,该复合材料的比容量最大值可达到 220F/g。

Lei 等[104]采用共沉淀法将 β - MnO_2 沉积在介孔碳的多孔网络中合成了 MC/MnO_2 复合电极材料,讨论了不同含量的 MnO_2 沉积在介孔碳上时复合电极的比电容。当 MnO_2 含量为 6%(质量分数)时,MC/MnO_2 复合电极材料初始比电容达到 660F/g,经过 500 次循环后,比电容依然高达 490F/g。

农谷珍等[105]采用高锰酸钾与乙酸锰溶液通过液相沉淀法制备了颗粒尺寸为 100nm 左右的 α - MnO_2,将其作为电极材料进行电化学性能研究发现,在 0.5mol/L Na_2SO_4 溶液中表现出最优的电化学性能,比电容值为 145F/g。在 MnO_2 材料中加入一定比例的介孔碳材料,可以提高 MnO_2 电极的比容量,提高复合材料的电化学稳定性。当介孔碳的质量分数为 20% 时,复合材料电极的电化学性能最优,其比电容高达 182F/g。

王晶日等[106]以 Mn(Ac)$_2$ 为锰源,以 $K_2S_2O_8$ 为氧化剂,采用液相氧化法制备了氧化锰材料和碳/氧化锰复合材料。由于碳的负载,复合材料的电化学电容性能优于纯氧化锰。氧化锰对称型电容器的比电容要远远低于碳/氧化锰的比电容,后者是前者的 7~12 倍。而氧化锰对称型电容器的内阻要远远高于碳/氧化锰的内阻,前者是后者的 4.4~4.5 倍。由于碳的分散大大降低了氧化锰本身的电阻,增加了材料的比电容。

曹水良等[107]以 $KMnO_4$、$MnSO_4$ 与介孔碳(MC)为原料,通过简单的化学液相共沉淀法制备了 MnO_2/MC 复合材料。通过循环伏安法和计时电位法测试电容性,结果表明 MnO_2/MC 电极在 0.1mol/L Na_2SO_4 的电解液中、-0.2V ~ 0.8V(vs SCE)的电势范围内具有良好的电容行为,比电容可高达 270.7F/g。

2）氧化镍

氧化镍(NiO)由于具有价格低廉、理论容量高等优点而受到研究者们的广泛关注[108-111]。

Cao 等[112]以蔗糖和醋酸镍为前驱体,利用溶液浸渍法将前驱体浸渍入 SBA -

15 中,高温碳化时 NiO 直接嵌入在 SBA – 15 中,HF 酸去除模板后,制得 CMK/NiO 复合材料,其比电容达到 230F/g。

张传香等[113]以 NaOH 为催化剂、乙二醇为还原剂、$Ni(Ac)_2$ 为 Ni 源,通过微波辐射及低温空气煅烧在 CMK – 3 上负载 NiO。负载 NiO 后的 CMK – 3 具有更优异的电化学性能,其比电容由原来的 229.3F/g 提高到 295.9F/g,表明所制备的 NiO/CMK – 3 复合材料有望成为一种理想的超级电容器电极材料。

王涛等[114]以三嵌段共聚物 F127 为模板剂、$Ni(Ac)_2 \cdot 4H_2O$ 为 Ni 源、低分子量的酚醛树脂为碳源,通过溶胶 – 凝胶三元共组装方法合成高度有序介孔 C/NiO 复合材料。研究发现 NiO 的存在大大提高了复合材料的电化学性能,其比电容提高到 444.1F/g,在 1000 次充/放电循环后具有较高的比电容保持率,并且适当含量的 NiO 没有破坏 C/NiO 复合材料的有序介孔结构。

Zhou 等[115]首先制备出介孔氧化硅微球,然后将糠醇和醋酸镍浸入介孔氧化硅的孔道,经老化、碳化、空气氧化等步骤,得到含有氧化镍的介孔碳微球,该材料的比电容值能达到 205.3F/g。

张海军[116]采用壳聚糖为碳源,制备了富含介孔的多孔碳材料,并在此基础上利用壳聚糖对金属离子的络合作用,通过对壳聚糖的预处理制备了多孔 C/NiO 复合材料。电化学测试结果表明,复合材料具有良好的电化学电容性能。其中 Ni/C 质量比为 2:20 的复合材料在 0.1 A/g 的电流密度下比容量达 355F/g,比单纯的多孔碳材料料有较大提高,在 2 A/g 的大电流充/放电密度下,比容量仍有 246F/g,表明其具有较好的电容保持率。此外该复合材料具有良好的循环稳定性,经过 1500 次循环后放电比容量仍可保持 99% 以上。

3)氧化钌

RuO_2 具有很好的电容行为和较高的电容值,作为电化学电容器电极材料具有很高的比电容,一直受到人们的重视[117-122]。但 RuO_2 价格昂贵,对环境不友好,限制了其应用和推广,通过 RuO_2 和其他金属氧化物或碳材料复合,能有效地减少钌的用量,从而起到了降低成本的目的,同时也能弥补氧化钌的功率密度较低的缺点。含水的 RuO_2 通常具有比无水 RuO_2 更高的比电容,保持钌基复合物材料的高含水量是提高其比电容的关键因素,同时提高 RuO_2 材料的比表面积和孔隙率是改善其电容性能的重要途径。

Zheng 等[123]采用溶胶 – 凝胶法在水溶液中无定型 $RuO_2 \cdot xH_2O$,结果发现这种含水的二氧化钌单电极的比电容可高达 760F/g。

韩国 Jang 等[124]通过化学气相注入法制备了介孔碳/氧化钌的复合物,并以甘汞电极为参比电极、铂电极为对电极、2mol/L 的 H_2SO_4 溶液为电解质考察了复合材料的电化学性能,他们还对比了不同的氧化钌添加量对材料电容特性的影响。结果表明介孔碳在添加氧化钌后电容值明显提高,而且一直随着氧化钌添加量的增加而增加,其比容量最大值达到243F/g。

陈卫祥等[125]以$RuCl_3$的乙二醇溶液作为前驱体,利用微波辐射技术合成了平均粒径为3.2nm的Ru/C纳米复合材料,将其电化学氧化后作为电化学超级电容器的电极材料,循环伏安实验表明其比电容为144F/g,而未负载纳米钌的XC-72碳的比电容为31F/g。

刘洋[126]以线性酚醛树脂作为碳源、F127为模板、正硅酸乙酯为原料,制备了介孔有序碳硅复合物。进而以其为载体,通过溶胶-凝胶法制备了MC-Si/$RuO_2 \cdot xH_2O$复合电极材料,其电容可达262F/g,换算为纯的RuO_2电容可达1035F/g,有效地提高了钌的利用率。

4）氧化钴

刘萍等[127]采用微湿含浸-溶剂热法制备了BET比表面积为778.7m^2/g的氧化钴/有序介孔碳超级电容器复合材料。电化学性能测试结果表明,在5mV/s充/放电扫描速率下CoO_x-OMC复合材料的比电容高达1079.6F/g,显示了良好的赝电容/双电层协同效应,并具有较高的循环稳定性。

徐菁利等[128]采用微湿含浸法和水热法相结合制备了钴化合物/序介孔碳复合材料。研究结果表明,钴化合物填充到有序介孔碳的孔道中形成了主客体结构,在175℃下水热处理可以制备得到比电容高达936.31F/g的高性能超级电容器$CoNO_3OH \cdot H_2O$和Co_3O_4混合物/有序介孔碳复合材料。$CoNO_3OH \cdot H_2O$和Co_3O_4混合物/有序介孔碳复合材料经过500次循环后比电容与首次的相比仅降低了3.8%,具有良好的循环性能。

5）氧化锡

近年来,拥有高比表面积纳米尺寸的SnO_2也成为了超级电容器领域的研究热点[129,130]。赵尧敏等[131]利用SBA-15作为硬模板、蔗糖作为碳源制备介孔碳CMK-3,并用浸渍法负载纳米晶二氧化锡得到复合材料CMK-3-SnO_2。表明复合超电容材料显示出优异的电化学稳定性和理想的电容性质。在电流密度为0.5mA/mg、电位范围为1.5V ~ 4.3V时复合材料的首次比电容约为110F/g,400次循环后比电容约为108.2F/g,充/放电效率均保持在99.7% ~ 100%,具有良好的循环稳定性。

暨南大学曹水良等[132]以介孔碳(MC)、锡粉和浓HCl为原料,采用MC浸渍$SnCl_2$溶液,煅烧制得SnO_2/MC复合材料,并测试了电容性能。研究结果表明,引入的SnO_2使MC的比表面积有所降低,孔道也变窄,复合材料具有典型的电容特性,与1.0mol/L NaOH构成电容器单元,在-0.8V ~ 0.2V以1mA充/放电,比电容最高达274F/g,第1 000次循环时,比电容约衰减27.8%。

6）氧化铋

陈景星[133]以蠕虫状介孔碳材料为载体,分别对不同浓度硝酸铋溶液浸渍吸附,采用微波法利用微波高能短时辐射制备出介孔碳/Bi_2O_3复合电极材料。测试结果表明,Bi_2O_3粒子分散较均匀,粒子大小为30nm～200nm,利于电解液通过介孔碳孔道顺利与氧化物接触,在充/放电过程中充分发生氧化还原反应,使得复合材料能同时提供双电层电容和赝电容,从而显著提高电极材料的电容性能。在6mol/L KOH水溶液体系,电流密度为50mA/g时,碳材料单电极比电容最高可达344F/g。

7）碳化金属

碳化金属因其独特的物理化学性质,如硬度高、耐磨性强、化学稳定性高等,在材料科学领域受到了广泛关注[134-137]。司维江等[138]尝试将柠檬酸钡直接碳化,制备具有高比表面积的介孔碳材料,并与硬模板制备的介孔碳进行比较,研究其电化学电容性能。结果表明,以柠檬酸钡为原料700℃和800℃碳化所制备介孔碳的电化学电容性能优于由硬模板制备的介孔碳OMC。BaC-700和BaC-700在较高的输出功率下仍能保持较高的能量密度,说明它们的介孔表面在高功率输出时能够得到较充分的利用,预计这类介孔碳在对能量密度和功率密度都有较高要求的场合,具有良好的应用前景。

高娇阳[139]利用直接碳化法制备了高比表面积的碳化钼/碳复合体(MCCs)。调节K_2CO_3的加入量,可以获得较高的比表面积大于900m^2/g的介孔碳复合材料。电化学测试表明MCCs是一种理想的电极材料,具有较高的比容量和长期循环稳定性。K_2CO_3用量为0.3g时制备的样品具有良好的充/放电性能,电流密度为50mA/g时,比容量达到238F/g,且电流密度为1 A/g时仍可保持高于150F/g的比容量。其表现出的高比容量是多孔碳的高比表面积提供的双电层电容和过渡金属氧化物提供的赝电容相叠加的结果。

2. 有序介孔碳与聚合物的复合材料

尽管金属氧化物可以分散在多孔碳材料上成为复合材料电极,但金属氧化物的高成本限制了其在超电容方面的大规模应用,研究者们将目光投向了成本更低的导电聚合物,如果将导电聚合物分散在碳材料上合成为复合材料,利用碳材料较高的比表面积将大大增加导电聚合物与电解液的接触界面,从而提高复合材料的比电容,已经成为目前超级电容器材料研究与开发的一个新趋势[140-143]。

由于聚苯胺(Polyaniline,PAn)与其他导电高聚物相比,原料价格低廉、性质稳定、易于加工和成膜,且所成的膜柔软、弹性好、具有较高的储存电荷能力和较好的电化学性能,其可逆的电化学活性、较高的室温电导率、大的比表面积和稳定性好等特点,使之在电化学能量储存领域得到广泛的应用[144]。将聚苯胺(PAn)和多孔碳复合,有望得到电导率高、比电容大和循环稳定性好的超级电容器复合储能材料。

夏永姚等[145]采用聚苯胺与有序介孔碳原位聚合得到了有序介孔碳/导电聚合物复合材料。电化学测试结果表明,OMC含量为30%的复合材料的比容量在0.5A/g电流密度下为940F/g,5 A/g时下降为770F/g,远高于目前报道的其他材料,表现出长时间的电化学稳定性和接近100%的库仑效率。但经原位聚合后,许多聚苯胺分子填充进碳材料的孔道,比表面积由原来的1300m^2/g降低至35m^2/g,使得OMC双电层电容行为不能充分发挥。

王永刚[146]以有序介孔碳为载体,通过化学聚合的方法制备了具有发散结构的纳米聚苯胺/介孔碳复合材料。刺状聚苯胺的纳米尺寸大大减少了离子在体相扩散的路程,确保了材料在大电流充放时的高利用率,该复合材料的比容量可达900F/g。

Xing等[147]将苯胺单体扩散到有序介孔碳的孔道中采用化学原位聚合法在硫酸和过硫酸铵的条件下控制苯胺的聚合速度,将聚苯胺均匀分散在有序介孔碳的孔道中合成了聚苯胺/介孔碳复合材料,比电容在0V～0.8V的电压区间内为355F/g,比纯的有序介孔碳增加约一倍。

张钦仓[148]以苯胺单体为原料,采用原位溶液聚合的方法,制备聚苯胺与有序介孔碳复合材料(PAn/OMC)。电化学测试结果表明:PAn/OMC复合电极材料的电容由双电层电容和赝电容两部分组成,有序介孔碳含量为30%时PAn/OMC显示出最高的比容量为895F/g;当有序介孔碳所占比例提高到50%时,电容器的大电流和循环稳定性能达到最佳。

刘文晓[149]通过原位聚合法将苯胺单体在OMC表面原位聚合制备了不同配比的有序介孔碳/聚苯胺复合材料(OMC/PANI)。研究结果表明:随PANI含量的提高,复合材料电极的电容量呈现先增加再减小的趋势,聚苯胺含量为60%(质量分数)时OMC/PANI复合材料首次充/放电比容量最高值为409F/g,并且复合材料的比电容远大于单独的有序介孔碳的比电容,提高了材料的电化学性能;OMC的比电容主要由双电层电容提供,而加入PANI后的复合材料的比电容除了存在双电层的贡献外,PANI在充/放电过程中发生氧化还原反应所提供的赝电容也起了很大的作用。在充/放电30次以后,材料的放电比电容基本不再发生变化,趋于稳定。对OMC/PANI复合材料进行循环伏安和交流阻抗测试,发现复合材料适于大电流充/放电,表明复合材料稳定性良好,充/放电循环性良好。

李丽霞[61]以有序介孔碳及其前驱体碳/硅复合物为基体材料,采用化学氧化法在溶液中原位合成出 OMC/PANI 复合材料。电化学测试结果表明,3 种复合材料的电容均由双电层电容和赝电容两部分组成。有序介孔碳与苯胺的质量比为 30:70 时制备的 OMC/PANI 复合材料显示出最高的比容量值为 895F/g;当有序介孔碳所占比例提高到 50% 时,电容器的大电流和循环稳定性能达到最佳。

高秀丽[150]利用化学聚合法合成聚苯胺/介孔碳复合材料,并将其用作超级电容器电极材料。在 10%(质量分数)硫酸为电解质溶液的三电极体系中,采用循环伏安和恒流充/放电技术测试了复合材料的电化学电容性能。与纯的介孔碳电极材料相比,导电聚苯胺的引入使复合电极材料的比电容值显著提高。PANI/MC 复合材料的比电容在 0V ~ 0.8V 的电压区间内为 96.0F/g,比 MC 增加了 6 倍。

张晶等[151]采用介孔碳 CMK – 3 作为载体,通过化学原位聚合的方法制备出一种新型的聚吡咯/介孔碳(PPy/CMK – 3)纳米复合材料。将该纳米复合材料作为正极,配以介孔碳 CMK – 3 为负极和 1.0mol/L NaNO₃ 中性电解液,组装成为电化学混合电容器。电化学测试表明:在 $5.0mA/cm^2$ 电流密度和 1.4V 充/放电电位条件下,其放电比容量达 57F/g,电容器功率密度为 $2.5 \times 10^2 W/kg$;能量密度达 17Wh/kg。当电流密度从 $5.0mA/cm^2$ 增加至 $50mA/cm^2$ 时,电容器的容量保持率在 80% 以上,显示高倍率充/放电特性优异。此外,聚吡咯 – 介孔碳/介孔碳电化学混合电容器易活化,并具有优异的充/放电效率和良好的循环稳定性能,经过 1.0×10^3 周循环,容量衰减约 10%,充/放电效率维持在 96% 左右。

蔡建军[73]将改性后的 CMK – 3(m – CMK – 3)作为载体,通过化学氧化的方法加入 PANI 中,制得了 m – CMK – 3/PANI 复合材料。研究结果表明,PANI 颗粒在载体 m – CMK – 3 的碳纤维束上包覆,该复合物结构疏松,呈三维多孔结构,使得孔隙率增加,渗透性改善,有利于促使电解液中的活性离子扩散到电极表面和体相当中,发生氧化还原反应,产生大的法拉第赝电容。m – CMK – 3 的含量为 30%(质量分数)时,m – CMK – 3/PANI 复合材料比容量高达 489F/g。m – CMK – 3 的独特的孔结构、大比表面积和表面活性在 m – CMK – 3/PANI 复合材料的结构上起了重要作用,使活性物质 PANI 更分散,提高了 PANI 的利用率和循环稳定性。

7.3.3 含杂原子的有序介孔碳材料

通过化学氧化法或选择特定的碳源在介孔碳中引入某些杂原子基团可以提高其单位面积比电容,如 P[152]、N[153]和 B[154,155]杂原子对介孔碳进行掺杂,不仅可以改善电极材料与电解液的界面润湿性,而且还能引入赝电容效应,从而提高介孔碳的电容性能[156-159]。

Cheng 等[160]研究发现孔道缺陷能够阻碍电解液离子在介孔孔道内的传递。孔道长度较短的有序介孔碳被证明更适合在大电流下进行充/放电。Wang 等[161]进一步研究发现,在 KOH 电解液中,长径比较小的有序介孔碳材料具有更好的离子传输效率和电容倍率性能。碳基超级电容器的电荷存储一般包括静电荷存储机理的双电层电容和杂原子引入的赝电容两部分,后者主要是由杂原子基团在电流作用下发生快速的氧化还原反应所致。

1. 氮掺杂

为了提高碳材料的电容行为,一些研究小组将注意力放在了应用于超级电容器电极的富氮碳材料的研究上[162-164]。最常用来制备富氮碳材料的方法是简单热处理含氮前驱物法[165,166]。然而,这种方法一般需要高温条件,极易引起氮元素的流失和氮含量的降低。Hulicova 研究小组用模板法[167]来制备富氮碳材料,然而这种制备方法较复杂,并且成本较为昂贵。

Kodama 等[168]用氟膨胀云母为模板,以含氮有机杂环化合物为碳源,制得了具有边缘线条结构的薄膜型碳材料。所得材料中残留有氮,增加了赝电容效应,在 1mol/L H_2SO_4 溶液中的比电容为 100F/g ~ 180F/g。

陈德宏[169]利用廉价易得的三聚氰胺甲醛树脂为前驱体,经过高温碳化处理制得了骨架含氮的介孔碳微球材料。该类材料同时具有高比表面积(约 1460m^2/g)、大孔径(约 30nm)、大孔容(约 5.4cm^3/g)、适量的含氮基团及部分石墨化的纳米碳结构,这些性质有利于电荷在其表面的存储、水合离子在其孔道中的快速迁移扩散、增强电解质溶液对其表面的润湿性以及提高材料导电性的作用。电化学测试表明,该材料在 1 A/g 电流密度下的质量比容量可达到 185F/g,并能够在很宽的电流密度区间(1A/g ~ 50A/g)内保持住很好的双电层电容性能。作为双电层电容器的电极材料,它具有比一般商业化活性碳材料更高的质量比容量和大电流充/放电性能。

Li 等[70]利用蜜胺树脂作为前驱物、氧化硅小球做为模板,合成了具有高含氮量的碳泡沫材料,在硫酸体系中电流密度为 1 A/g 时比容量为 211F/g,在电流密度为 20 A/g 时,比容量仍可保持在 200F/g。

研究表明,虽然氮元素掺杂能有效提高碳材料的电容值,但是过多的氮会导致材料本身电阻变大,其含有的含氮官能团会阻塞孔道,从而降低材料的电容保持率[170,171]。

Kim[172]利用含氮的聚丙烯腈、聚喹啉为碳前驱体,SBA - 15 为模板,获得了表面修饰的介孔碳材料,这种具有和 CMK - 5 相似结构、孔径在 10nm 左右的介孔碳管,在电化学性能方面得到了很大的提升。

田相亮[173]在较低的温度下,采用三聚氯氰($C_3N_3Cl_3$)作为唯一的反应物,环己烷作为溶剂,未使用任何催化剂,用溶剂热法制备的碳氮纳米材料的电极具有良好的超电容行为,材料具有优良的稳定性和长寿命,扫描速度为10mV/s时,其比电容可达148.3F/g,电势窗口拓宽到1.2V(-0.6V到0.6V)。经6000次循环后,比电容还能分别达到最初容量的95%。利用KOH对其进行活化,得到的产物比电容有了很大提高,达252.1F/g,增幅最高可达到70%。高的比容量归结于超细的粒径和均匀的结构,并且粒径均匀的分布在改善超电容器电极材料的性能方面起到了重要的作用。

2. 硼掺杂

Zhao等[174]采用间苯二酚和甲醛为碳源前驱体、三嵌段共聚物F127为模板剂,通过间苯二酚-甲醛树脂、硼酸和F127的有机自组装制备了硼掺杂的有序介孔碳材料,该材料具有高度有序的二维六方结构、均一的孔径分布,比表面积在$500m^2/g \sim 700m^2/g$。杂原子硼的引入减少了碳化过程中骨架的收缩,提高了碳材料的比表面积,而且电化学性能比纯有序介孔碳有明显改善。

司维江等[175]以SBA-15为模板、硼酸为孔道扩张剂、蔗糖为碳源制备了一系列孔径渐变的有序硼杂介孔碳材料,并研究了其电化学电容性能。电化学测试表明,硼杂碳材料显示出明显的赝电容,具有较高的单位面积比电容值。孔道的长程有序性与孔径尺寸共同影响了样品的电容性能,当硼酸物质的量分数为50%时,样品的比电容性能最好,比电容和保持率分别达到140.5F/g和72%。交流阻抗测试表明,硼杂碳材料具有较大的法拉第反应内阻,反映出该类碳材料含有较多的电化学活性官能团,具有较大的赝电容性能。

周晋等[176]采用硬模板法制备了一系列典型的有序介孔碳材料,硼酸掺杂使该类碳材料具有渐变的孔径尺寸和含氧量。电化学测试表明,在有机电解液中,碳材料的电容性能主要是双电层电容,含氧官能团没有引入明显的赝电容。在硫酸电解液中,掺杂5%硼酸制备的有序介孔碳材料BOMC-5的最大质量比电容值为140.9F/g;随含氧量增大,碳材料单位面积比电容值增大,掺杂50%硼酸制备的碳材料BOMC-50的单位面积比电容值达到0.17 F/m^2,说明含氧官能团在硫酸电解液中引入明显的赝电容。碳材料的表面化学性质是影响碳材料在大电流充/放电和交流测试下电容性能的主要因素。

翟晓玲等[177]以含硼酚醛树脂为碳前驱体,通过溶剂挥发诱导自组装制备了含硼介孔碳。电化学性能测试结果表明:当硼的质量分数为0.3%时,介孔碳既可保持高度有序的介观结构,其单位面积比电容也有较大幅度的提升;介孔碳在电流密度为75mA/g下的单位面积比电容达到0.51 F/m^2,是未掺杂样品的

1.9 倍,并且仍能够保持有序的孔道结构。

硼掺杂能引入赝电容从而提高碳材料的比电容值,同时硼掺杂可能会导致碳材料孔道出现缺陷、有序性降低,这对碳材料在大电流放电下的电容性能是不利的。因此,系统研究硼的掺杂量对有序介孔碳的电容性能影响是非常有必要的[175]。

3. 氧掺杂

Wang 等[178]以介孔硅为硬模板制备有序介孔碳,再用硝酸氧化来调节介孔碳表面的含氧官能团,电化学测试表明,含氧官能团的引入能显著提高介孔碳的能量密度和功率输出特性。

张晶[179]的研究表明,介孔碳 CMK-3 在浓 HNO_3 溶液中进行表面修饰,表面含氧官能团对 CMK-3 的比电容有明显提升作用,由 145F/g 增加到 200F/g。引入含氧官能团的 CMK-3 更适合于高功率超级电容器应用。

7.3.4 含多级孔道结构的有序介孔碳材料

为了提高电容器的整体性能,恰当的孔结构也是必不可少的。分级多孔碳通常包含一定比例的介孔,而介孔被认为可以为离子传输提供通道,减小离子传递的阻力,提高超级电容器的功率密度。因此,分级多孔碳被认为是一种有前途的电极材料[180-182]。

1. 微孔-介孔分级孔结构

Chmiola 等[183]的研究表明微孔对于提高电极材料的比电容值非常重要,即对提高电容器的能量密度非常重要。该研究合成一种具有柱形孔道结构的介孔碳[184],再通过后活化法在介孔的孔壁上制造微孔,最终得到一类具有微孔和介孔的多级孔碳材料。在这个材料中,大尺寸的介孔提供了离子快速扩散的通道,且由于微孔存在于介孔的孔壁上,离子由介孔向微孔扩散的路径很短,所以电解质离子在整个多级孔道中可以较快地传输。另一方面,多级孔结构中的微孔可以大大促进材料比电容的提高。

为了充分利用微孔积累电荷以及介孔有利于离子输运的优势,成会明等[9]制备了三维非周期性多级孔结构,其中含有的大孔可以储存电解液,介孔则用于离子的快速扩散,微孔则是离子积累的有效场所,因此获得了非常理想的电容值和保持率。

邢伟等[185]采用有机-有机自组装法,并结合后活化法制备了一类具有微孔-介孔复合孔结构的多级孔碳材料(HPC),并研究了这类材料的电化学电容性能。电化学测试表明,与文献中报道的硬模板法制备的介孔碳相比,HPC 具有更好的电化学电容性能。在 100mV/s 的快速电压扫描速率下,它的比电容值能达到168.9F/g。HPC的高频电容性能非常优异，在1Hz时的比电容值高达180F/g，这一数值优于任何其他类的电极材料。HPC优异的电化学电容性能归功于其特殊的多级孔结构，有助于电解质离子在孔道内的快速扩散。

黄从聪[186]采用自组装法合成了具有微孔－介孔结构的等级介孔碳材料。研究表明该材料具有更好的电化学电容性能，在100mV/s的快速电压扫描速率下，它的比电容值能达到168.9F/g。在1Hz的频率下比电容值高达180F/g。又使用生物质基原材料核桃壳为碳源，经过粉碎后分别采用KOH和ZnCl₂为活化剂进行活化处理，从而制备出了高比表面积、富含官能团的生物质基碳材料。经测试表明：电容器的电化学性质不但与表面孔结构有关还与表面官能团有关；KOH活化法制备的碳材料比ZnCl₂活化法制备的碳材料性能优异。

2. 大孔－介孔分级孔结构

大孔－介孔分级孔结构碳材料包含了两级尺寸的孔径，且大孔和介孔以相互连通的方式规则排布，能够同时提供优良的大分子通过性以及发达的比表面积，引起了广泛关注[187－189]。

王志超[190]以聚氨酯泡沫为大孔模板、SBA－15为介孔模板，沥青烯、预沥青烯、沥青烯预沥青烯混合物为碳源，制备了大孔－介孔分级孔结构碳材料（ASF、PASF、CLF）。所制备的产品为具有有序的二维介孔孔壁的三维连通大孔结构的块状碳。典型产品ASF、PASF和CLF比表面积分别为745m²/g、570m²/g和407m²/g，孔容分别为0.64cm³/g、0.55cm³/g和0.48cm³/g，介孔孔径集中分布在4nm～5nm左右。将样品组装成电极在三电极体系下进行了循环伏安和充/放电测试，结果表明：样品的比电容随比表面积升高而增大；在50mA/g的电流密度下，比表面积最大的ASF具有最大的比电容值91.9F/g；在900℃以前产品比电容值随碳化终温的升高而增大；900℃碳化终温得到的样品在50mA/g的电流密度下，ASF比电容值为91.9F/g、PASF为78.6F/g、CLF为58.1F/g。

李强[191]以水溶性A阶酚醛树脂为碳源，球形介孔氧化硅泡沫（MCF）材料作为硬模板，以三嵌段共聚物F127作为造孔剂，通过纳米浇铸的方法成功地合成了具有多级孔（3.5nm～60nm）结构的C－MCF小球。电化学测试表明，在2M H₂SO₄以及0.5A/g电流密度下，其比电容值可达208F/g，电流密度增加到30A/g时，比电容仍然可以保持70%左右（146F/g），这说明它具有良好的倍率特性。并且该材料呈现优异的循环稳定性，循环1000次后，电容值没有明显的变化。该材料优异的电化学活性主要归因于其高的比表面、三维连通的孔道、多级的孔径尺寸、以及表面氧物种的存在所产生的赝电容和表面的润湿性。

周颖等[192]以聚苯乙烯微球为大孔模板、F127自组装结构为介孔模板、酚醛树脂低聚物为碳前驱体，采用双模板法合成了大孔－介孔分级孔结构碳。所得碳材料很好地复制了两种模板的孔结构:大孔为 $1\mu m$ 孔径的三维连通结构、介孔为有序二维结构、孔径集中在 $5nm$ 左右、BET 比表面积为 $353.8m^2/g$、孔容为 $0.36cm^3/g$。所得材料作为电化学超级电容器的电极表现出较好的电化学特性,在电解质为 $6mol/L$ 的 KOH 溶液的三电极体系中、$50mA/g$ 的电流密度时放电质量比电容为 $40F/g$。

3. 大孔－微孔－介孔多级孔结构

Xia 等[57]通过 CO_2 活化有序介孔碳制得了高比表面积分级多孔碳,结果表明这种材料非常适合应用于超级电容器。

Wang 等[9]通过模板法合成了一种具有大孔的核、介孔的墙和小孔的 3D 无序分级多孔石墨碳,在无机和有机电解液中都表现出优异的性能,其中大孔被认为可以起到离子库的作用,缩短离子传递的距离,在超级电容器中具有重要的作用。

乔松等[193]以间苯二酚和甲醛为前驱体,原位合成的 $Mg(OH)_2$ 为模板剂,KOH 作为催化剂、沉淀剂、活化剂,一步法合成具有小、中、大孔的分级多孔碳。通过恒流充/放电、循环伏安、电化学阻抗谱,测试样品在 $1mol/L$ 的 $(C_2H_5)_4NBF_4$/碳酸丙烯酯电解液中的电化学性能。结果表明,该材料具有良好的容量性能和功率性能,在电流密度 $0.1\ A/g$ 时,最高质量比电容可以达到 $116F/g$,当电流密度增大到 $5\ A/g$ 时,比电容保持率为 78%。

7.3.5 介孔碳材料作为非对称超级电容器电极材料

非对称型(混合)超级电容器同时具备双电层电容和法拉第赝电容,兼具蓄电池和超级电容器的特点,具有较高的工作电压和能量密度[194]。目前已有一些关于活性碳/MnO_2 非对称体系在中性溶液中的研究[195-198]。关于介孔碳材料在不对称超级电容器方面的应用研究也陆续有文献进行报道。

喻理[199]采用模板法合成有序介孔碳 CMK－3。结果表明,CMK－3 呈现非晶态结构,在纳米尺度上具有高度有序的孔道结构,平均孔径在 $4nm$ 左右,比表面积在 $1000m^2/g$ 左右,孔容为 $1cm^3/g$ 左右。采用高温法和超声法制备了 VO_2/CMK－3 和 V_2O_5/CMK－3 复合材料。通过对有序介孔碳 CMK－3 及其复合材料的电容性能测试比较,分析发现,CMK－3 的亲水性,能使电极产生赝电容,进而对其比电容有一定影响。有序介孔碳/钒氧化物复合材料的比电容较 CMK－3 有大幅提高。其中,VO_2/CMK－3 复合材料的比容量仍然达到了 $131F/g$,比电容与 CMK－3 相比提高了 40%;V_2O_5/CMK－3 复合材料的比容量达到 $124F/g$,比 CMK－3 提高了 33%。这主要来自于钒氧化物的赝电容效应,且钒氧化物的结构和分布决定其赝电容特征,进而影响其电容量。

刘小雪[200]以煤碳液化副产物沥青烯（A）、预沥青烯（P）、及沥青烯与预沥青烯的混合物（M）为碳源，SBA－15 为模板，采用模板法制备了有序介孔碳材料 OMC－A、OMC－P 及 OMC－M，其比表面积为 $542m^2/g$ ~$843m^2/g$，比孔容为 $0.5cm^3/g$ ~$0.7cm^3/g$。在电解质为 6mol/L 的 KOH 溶液的三电极体系下、1mA 的电流强度时，单电极质量比电容值均高于 300F/g，其中 OMC－M 的比电容值最高，达到 413F/g。材料的比表面积、孔道排列方式、石墨化程度和孔尺寸均为影响碳材料电化学性能的重要因素，在上述研究条件下，高比表面积有益于电容器比电容的提高，比电容值随比表面积的增加而增加；孔排列有序度高、比表面积利用率高，有利于得到较高比电容值；石墨化程度的提高有利于电容器体系产生理想的电容行为；介孔碳材料孔径在 4nm 时具有较高的比电容。

孙哲[75]使介孔二氧化锰和介孔碳分别作为正极和负极组装成非对称超级电容器。100mA/g 电流密度下，电容器槽电压可达 1.8V，在此电压下，比容量和储能密度均达最大。随着充/放电电流密度的增大，由于活性物质利用率的减小，比容量和能量密度均随之衰减，相反电容器功率密度和内电阻则大大增加。在 100mA/g 电流密度和 1.8V 充/放电电位条件下，电容器功率密度为 89W/kg，能量密度达 31.3Wh/kg，首次放电比容量为 76.7F/g，经过 1000 次循环容量衰减不到 10%，表现出良好的超级电容特性。

蔡建军[73]以 m－CMK－3/PANI 复合材料为正极材料，介孔碳 CMK－3 为负极和 1mol/L H_2SO_4、1mol/L $NaNO_3$ 电解液，组装成电化学混合电容器，混合电容器的工作电压都提高至 1.4V，1mol/L H_2SO_4 中电容量为 87.4F/g。经过电化学测试，在 $5mA/cm^2$ 电流密度和 1.4V 充/放电电位条件下，电容器功率密度为 206W/kg，能量密度达 23.8Wh/kg。在 1mol/L $NaNO_3$ 中，混合电容器的能量密度在大功率情况下衰减，经过 1000 次循环容量衰减约 10%，充/放电效率维持在 96% 左右，表现出良好的超级电容特性。

杨贞胜[201]采用 SBA－15 为模板，用蔗糖或糠醇为碳源制备高比表面积和孔体积的介孔碳，采用液相还原法制备了具有高析氧电位的正极材料 MnO_2 粉末，将其组合成 MnO_2/OMC 不对称超级电容器，使得混合电容器具有较宽的电位窗口。在 2mol/L $NaNO_3$ 电解液中，不对称电容器的电位窗口可达 2V；当负极材料为短棒状 CMK－3、电流密度为 $2.5mA/cm^2$ 时，混合电容器的比容量高达 86.9F/g。

7.4 本章小结

本章首先介绍了超级电容器的定义、特点与应用，进一步介绍了活性碳、碳气凝胶、碳纳米管和介孔碳材料在超级电容器领域的研究进展。重点综述了介孔碳材料在超级电容器中的应用研究进展，包括纯有序介孔碳材料作电极材料、有序介孔碳与金属氧化物或聚合物的复合材料作电极材料、含杂原子的有序介孔碳材料作电极材料、含多级孔道结构的有序介孔碳材料作电极材料以及介孔碳材料作非对称超级电容器电极材料这几个方面。

在上述碳材料中，活性碳材料具有制备原料来源丰富、价格低廉等优点，是超级电容器最早采用的碳电极材料；但是，活性碳材料较小的孔径不利于离子在其孔道内的快速迁移，其丰富的微孔比表面积难以完全的得以利用，因此由其制备得到的双电层电容器不能满足脉冲大电流充放的需求。碳气凝胶具有低密度、高导电性和可直接应用而不需添加任何粘结剂等优点；但是，该类材料的制备周期长，合成条件较为繁琐和苛刻。碳纳米管用作超级电容器的电极材料具有独特的优越性，如结晶度高、导电性好、比表面积大、孔径分布集中等，但是其相对较高的制备成本和性能一般的电荷存储能力使其难以进行批量化生产。相比之下，介孔碳材料具有有序排列的介孔孔道，不仅介孔分布均匀，而且具有与硬模板相反的介观拓扑结构，可以显著地降低碳材料孔隙内的电解液电阻，提高电容器的脉冲放电能力和碳材料的表面积利用率等，是理想的超级电容器电极材料。

参 考 文 献

[1] Pandolef A G, Hollenkamp A F. Carbon properties and their role in supercapacitors. J. Power Sources, 2006, 157 (1): 11 - 27.

[2] 曹林, 周盈科, 陆梅, 等. 纳米氧化钴的制备及其超电容特性[J]. 科学通报, 2003, 48(7): 1212 - 1215.

[3] Antonino S A, Peter B, Bruno S, et al. Nanostructured materials for advanced energy conversion and storage devices. Nature Mater., 2005, 4(5): 366 - 377.

[4] Encarnacion R, Fabrice L, Franois B. A high - performance carbon for supercapacitors obtained by carbonization of a seaweed biopolymer. Adv. Mater., 2006, 18(14):1877 - 1882.

[5] 刘亚菲, 胡中华, 任炼文, 等. 高性能活性碳电极材料在双电层电容器中的应用[J]. 新型炭材料, 2007, 24(4):355 - 360.

[6] 杨静, 刘亚菲, 陈晓妹, 等. 高能量密度和功率密度碳电极材料[J]. 物理化学学报, 2008, 24(1): 13 - 19.

[7] 时志强, 赵朔, 陈明鸣, 等. 预碳化对 KOH 活化石油焦的结构及电容性能的影响[J]. 无机材料学报, 2007, 23(4):799 - 804.

[8] Zhang C X, Long D H, Xing B L, et al. The superior electrochemical performance of oxygen - rich activated

carbons prepared from bituminous coal. Electrochem. Commun. , 2008,10(11):1809 – 1811.

[9] Wang D W, Li F, Liu M, et al. 3D aperiodic hierarchical porous graphitic carbon material for high – rate electrochemical capacitive energy storage. Angew. Chem. Int. Ed. , 2008, 47(2): 373 – 376.

[10] Gamby J, Tabem P L, Simon P, et al. Studies and characterisations of various activated carbons used for carbon/carbon supercapacitors. J. Power Sources, 2001, 101(1): 109 – 116.

[11] Osaka T, Liu X J, Nojima M. An electrochemical double layer capacitor using an activated carbon electrode with gel electrolyte binder. J. Electrochem. Soc. , 1999, 146(5): 1724 – 1729.

[12] Wu N L, Wang S Y. Conductivity percolation in carbon – carbon aupercapacitor electrodes. J. Power Sources, 2002, 110(1): 233 – 236.

[13] Barbieri O, Hahn M, Herzog A, et al. Capacitance limits of high surface area activated carbons for double layer capacitors. Carbon, 2005, 43(6): 1303 – 1310.

[14] 蔡琼, 黄正宏, 康飞宇. 超临界水和水蒸气活化制备酚醛树脂基活性炭的对比研究[J]. 新型炭材料, 2005, 20(2): 122 – 128.

[15] Ito E, Mozia S, Okuda M, et al. Nanoporous carbons from cypress II. application to electric double layer capacitors. New Carbon Mater. , 2007, 22(4): 321 – 326.

[16] Mitani S, Lee S,Yoon S, et al. Activation of raw pitch coke with alkali hydroxide to prepare high performance carbon for electric double layer capacitor. J. Power Sources, 2004, 133(2): 298 – 301.

[17] 张琳, 刘洪波, 李广步, 等. PF 与 PVB 共混碳化制备双电层电容器用多孔碳材料的研究[J]. 碳素, 2005 (1): 7 – 13.

[18] 蒋伟阳, 孙颖, 唐永建, 等. 碳气凝胶作为电双层电容器电极材料的研究[J]. 高压电技术,1997, 23(1): 95 – 96.

[19] Probstle H, Scmhitt C, Frieke J. Button cell supercapacitors with monolithic carbon aerogels. J. Power Sources, 2002, 105(2): 189 – 194.

[20] Miller J M, Dunn B, Tran T D, et al. Deposition of ruthenium nanoparticles on carbon aerogels for high energy density. J. Electrochem. Soc. , 1997, 144(2): 309 – 311.

[21] Hwang S, Hyun S. Capacitance control of carbon aerogel electrodes. J. Non – Cryst Solids, 2004, 347(1 – 3): 238 – 245.

[22] Li W C, Reichenauer G, Fricke J. Carbon aerogels derived from cresol – resorcinol – formaldehyde for supercapacitors, Carbon, 2002, 40(15): 2955 – 2959.

[23] Shi H. Activated carbons and double layer capacitance. Electrochim. Acta, 1996, 41(10): 1633 – 1639.

[24] Probstle H, Saliger R, Fricke J. Electrochemical investigation of carbon aerogels and their activated derivatives. Stud. Surf. Sci. Catal. , 2000, 128, 371 – 379.

[25] Niu C, Sichel E K, Hoch R. High power electrochemical capacitors based on carbon nanotube electrodes. Appl. Phys. Lett. , 1997, 70(11): 1480 – 1482.

[26] 马仁志, 魏秉庆, 徐才录, 等. 基于碳纳米管的超级电容器[J]. 中国科学(E), 2000, 30(2): 112 – 116.

[27] 刘辰光, 刘敏, 王茂章, 等. 电化学电容器中碳电极的研究及开发 II. 碳电极[J]. 新型炭材料, 2002, 17(2): 64 – 72.

[28] Frackowiaka E, Metenier K, Bertagna V, et al. Supercapacitor electrodes from multiwalled carbon nanotubes. Appl. Phys. Lett. , 2000, 77(15): 2421 – 2423.

203

[29] Zhang B, Liang J, Xu C L, et al. Electric double – layer capacitors using carbon nanotube electrodes and organic electrolyte. Mater. Lett. , 2001, 51(6): 539 – 542.

[30] 王贵欣, 瞿美臻, 周固民, 等. 一种估算多壁碳纳米管电化学容量的方法[J]. 无机化学学报, 2004, 20(4): 369 – 372.

[31] 徐斌, 吴锋, 陈人杰, 等. 碳纳米管在室温熔盐中的电容特性[J]. 物理化学学报, 2005, 21(10): 1164 – 1168.

[32] An K H, Kim W S, Park Y S, et al. Supercapacitorusing single – walled carbon nanotube electrodes. Adv. Mater. , 2001, 13 (7): 497 – 500.

[33] Pico F, Rojo J M, Sanjuan M L, et al. Single – walled carbon nanotubes as electrodes in supercapacitors. J. Electrochem. Soc. , 2004, 151(6): A831 – A837.

[34] Park D, Kim Y H, Lee J K. Synthesis of carbon nanotubes on metallic substrates by a sequential combination of PECVD and thermal CVD. Carbon, 2003, 41(5): 1025 – 1029.

[35] Yoon B J, Jeong S H, LeeK H, et al. Electricalproperties of electrical double layer capacitors with integrated carbon nanotube electrodes. Chem. Phys. Lett. , 2004, 388(1 – 3): 170 – 174.

[36] Emmenegger C, Mauron P, Zuttel A, et al. Carbon nanotube synthesized on metallic substrates. Appl. Surf. Sci. , 2000, 162 – 163(1): 452 – 456.

[37] Chen J H, Li W Z, Wang D Z, et al. Electrochemical characterization of carbon nanotubes as electrode in electrochemical double – layer capacitors. Carbon, 2002, 40(8): 1193 – 1197.

[38] Lee J W, Yoon S H, Hyeon T W, et al. Synthesis of a new mesoporous carbon and its application to electrochemical double lauer capacotors. Chem. Commun. , 1999, (21): 2177 – 2178.

[39] Vix – Guterl C, Frackowiak E, Jurewicz K, et al. Electrochemical energy storage in ordered porous carbon materials. Carbon, 2005, 43(6): 1293 – 1302

[40] Zhou H, Zhu S, Hibino M, et a1. Electrocheroical capacitance of self – ordered mesoporous carbon. J. Power Sources, 2003, 122(2): 219 – 223.

[41] Tamai H, Kouzu M, Morita M, et al. Highly mesoporous carbon electrodes for electric double – layer capacitors. Electrochem. Solid – State Lett. , 2003, 6(10): A214 – A217.

[42] Jurewicz K, Vix – Guterl C, Frackowiak E, et al. Capacitance properties of ordered porous carbon materials prepared by a templating procedure. J. Phys. Chem. Solids, 2004, 65(23): 287 – 293.

[43] Fuertes A B, Pico F, Rojo J M. Influence of pore structure on electric double – layer capacitance of template mesoporous carbons. J. Power Sources, 2004, 133(2): 329 – 336.

[44] 侯朝辉, 李新海, 刘恩辉, 等. 同步合成模板碳化法制备双电层电容器电极用介孔碳材料的研究 [J]. 新型炭材料, 2004, 19(1): 11 – 15.

[45] 赵家昌, 赖春艳, 戴扬, 等. 模板法制备超级电容器中孔碳电极材料[J]. 中国有色金属学报, 2005, 15(9): 1421 – 1425.

[46] Liu R L, Shi Y F, Wan Y, et al. Triconstituent co – assembly to ordered mesostructured polymer – silica and carbon – silica nanocomposites and large – pore mesoporous carbons with high surface areas. J. Am. Chem. Soc. , 2006, 128(35): 11652 – 11662.

[47] Xing W, Qiao S Z, Ding R G, et al. Superior electric double layer capacitors using ordered mesoporous carbons. Carbon, 2006, 44 (2):216 – 224.

[48] 李红芳, 席红安, 杨学林, 等. 有序介孔碳的简易模板法制备与电化学电容性能研究[J]. 无机化学

学报, 2006, 22(4): 714－718.

[49] Li H. Liu K. Zhao D, et al. Electrochemical properties of an ordered mesoporous carbon prepared by direct tri－constituent co－assembly. Carbon, 2007, 45(13): 2628－2635.

[50] Ozaki J, Endo N, Ohizumi W, et al. Novel preparation method for the production of mesoporous carbon fiber from a polymer blend. Carbon, 1997, 35(7): 1031－1033.

[51] Oya A, Hulicova D. The polymer blend technique as a method for designing fine carbon materials. Carbon, 2003, 41(7): 1443－1450.

[52] Patel N, Okabe K, Oya A. Designing carbon materials with unique shapes using polymer blending and coating techniques. Carbon, 2002, 40(3): 315－320.

[53] 包丽颖, 吴锋, 徐斌, 等. 聚合物共混法制备超级电容器用多孔碳材料[J]. 北京理工大学学报, 2007, 27(9): 828－831.

[54] 慈颖, 葛军, 王小峰, 等. 明胶基多孔碳球电极材料的制备及电化学性能研究[J]. 无机化学学报, 2007, 23(2): 365－369.

[55] 李会巧. 超级电容器及其相关材料的研究[D]. 上海:复旦大学博士学位论文, 2008.

[56] 李娜, 王先友, 李双双, 等. 模板法制备有序中孔碳材料及其性能[J]. 化工学报, 2008, 59(12): 3150－3157.

[57] Xia K S, Gao Q M, Jiang J H, et al. Hierarchical porous carbons with controlled micropores and mesopores for supercapacitor electrode materials. Carbon. 2008. 46 (13):1718－1726.

[58] Chang K W, Lim Z Y, Du F Y et al. Synthesis of mesoporous carbon by using polymer blend as template for the high power supercapacitor. Diamond Related Mater. , 2009, 18(2－3): 448.

[59] 严欣. 球形有序中孔碳的合成及其电化学应用[D]. 北京化工大学硕士学位论文, 2009.

[60] 魏国丽. 有序介孔碳的研制[D]. 北京化工大学硕士研究生学位论文, 2009.

[61] 李丽霞. 有序介孔碳及其复合材料的合成和应用研究[D]. 北京化工大学硕士学位论文, 2009.

[62] 廖书田, 郑明波, 高静贤, 等. 一步法合成具有二级孔道的有序介孔碳材料及其超电容性能研究[J]. 化工新型材料, 2009, 37(4): 28－31.

[63] 徐斌, 彭璐, 王国庆, 等. 高功率超级电容器用介孔碳电极材料[J]. 电化学, 2009, 15(1): 9－12.

[64] Xu B, Peng L, Wang G Q, et al. Easy synthesis of mesoporous carbon using nano－$CaCO_3$ as template. Carbon, 2010, 48(8): 2377－2380.

[65] 赵家昌, 张熙贵, 郑静, 等. 高性能超级电容器有序中孔碳材料的研制[J]. 功能材料与器件学报, 2009, 15(5): 477－482.

[66] 尹金山, 徐斌, 陈晓红, 等. 酚醛树脂基中孔碳块体电极的制备与电容性能[J]. 北京化工大学学报(自然科学版), 2010, 37(5): 40－43.

[67] 王永文, 郑明波, 曹睿, 等. 介孔碳纳米纤维制备与超电容性能研究[J]. 电化学, 2010, 16(2): 210－215.

[68] Li W R, Chen D H, Li Z, et al. Nitrogen enriched mesoporous carbon spheres obtained by a facile method and its application for electrochemical capacitor. Electrochem. Commun. , 2007, 9(4): 569－573

[69] 张雅心. 模板法制备介孔碳及其性能研究[D]. 北京:北京化工大学硕士学位论文, 2010.

[70] Li F, Laak N V D, Ting S W. et al. Varying carbon strucures templated from KIT－6 for optimum electrochemical capacitance. Electrochim. Acta. 2010, 55(8):2817－2823.

[71] Banham D, Feng F, Burt J, et al. Bimodal, templated mesoporous carbons for capacitor applications. Car-

bon, 2010, 48(4): 1056 – 1063.

[72] 张阳, 李建玲, 韩桂梅, 等. 有序介孔碳的合成及电容性能研究[J]. 电子元件与材料, 2010, 29 (3): 57 – 61.

[73] 蔡建军. 有序介孔碳/聚苯胺复合材料的制备及其在超级电容器中的应用[D]. 兰州: 兰州理工大学硕士学位论文, 2010.

[74] 林惠明. 介孔材料的合成与应用研究[D]. 长春: 吉林大学博士学位论文, 2010.

[75] 孙哲. 介孔电极材料的制备及其超级电容性能的研究[D]. 长沙: 中南大学硕士学位论文, 2010.

[76] 戴伟杰. 介孔碳与介孔金属氧化物的结构调控及超电容性能研究[D]. 南京: 南京航空航天大学硕士学位论文, 2010.

[77] Ryoo R, Joo S H, Jun S. Synthesis of highly ordered carbon molecular sieves via template – mediated structural transformation. J. Phys. Chem. B, 1999, 103(37): 7743 – 7746.

[78] YanY, Wei J, Zhang F Q, et al. The pore structure evolution and stability of mesoporous carbon FDU – 15 under CO_2, O_2 or water vapor atmospheres. Micro. Meso. Mater., 2008, 113(1 – 3): 305 – 314.

[79] 周颖, 宋晓娜, 舒成, 等. 模板法煤沥青基中孔碳的制备及其电化学性能[J]. 新型炭材料, 2011, 126(3): 187 – 191.

[80] 司维江, 孙丰江, 袁勋, 等. 介孔碳的直接制备及其电化学性能研究[J]. 无机化学学报, 2011, 27 (2): 219 – 225.

[81] Chen X L, Li W S, Tan C L, et al. Improvement in electrochemical capacitance of carbon materials by nitric acid treatment. J. Power Sources, 2008, 184(2): 668 – 674.

[82] 谢应波, 乔文明, 张维燕, 等. 活性碳表面改性对双电层电容器电化学性能的影响[J]. 新型炭材料, 2010, 25(4): 248 – 254.

[83] 王六平, 周颖, 邱介山. 硝酸氧化对沥青烯基有序介孔碳电化学性能的影响[J]. 新型炭材料, 2011, 26(3): 204 – 210.

[84] 姜少华, 邢伟. 有机金属盐基介孔碳的制备及其电化学性能研究[J]. 材料导报B: 研究篇, 2011, 25(8): 30 – 34.

[85] 宋晓娜. 超级电容器用中孔碳电极材料的制备与调控[D]. 大连: 大连理工大学硕士学位论文, 2011.

[86] Yao W L, Wang J L, Yang J, et al. Novel carbon nanofiber – cobalt oxide composites for lithium storage with large capacity and high reversibility. J. Power Sources, 2008, 176(1): 369 – 372.

[87] Li H F, Zhu S M, Xi H A, et al. Nickel oxide nanocrystallites within the wall of ordered mesoporous carbon CMK – 3: Synthesis and characterization. Micro. Meso. Mater., 2006, 89(1 – 3): 196 – 203.

[88] Xing W, Li F, Yan Z F, et al. Synthesis and electrochemical properties of mesoporous nickel oxide. J. Power Sources, 2004, 134: 324 – 330.

[89] Zhu S M, Zhou H S, Hibino M, et al. Synthesis of MnO_2 nanoparticles confined in ordered mesoporous carbon using a sonochemical method. Adv. Funct. Mater., 2005, 15(3): 381 – 386.

[90] Stobbe E R, de Bore B A, Geus J W. The reduction and oxidation behaviour ofmanganese oxides. Catal. Today, 1999, 47(1 – 4): 161 – 167.

[91] Subramanian V, Zhu H W, Rober T V, et al. Hydrothermal synthesis and pseudo – capacitance properties of MnO_2 Nanostructures. J. Phys. Chem. B., 2005, 109(43): 20207 – 20214.

[92] Subramanian V, Zhu H W, Wei B Q. Synthesis and electrochemical characterizations of amorphous manga-

nese oxide and single walled carbon nanotube composites as supercapacitor electrode materials. Electrochem. Commun. , 2005, 8(5): 827 – 832.

[93] Kalakodimi, Rajendra P, Norio M. Potentio dynamically deposited nanostructured manganese dioxide aselectrode material for electrochemical redox supercapacitors. J. Power Sources, 2004, 135 (1 – 2): 354 – 360.

[94] Jiang R R, Huang T, Liu J L, et al. A novel method to prepare nanostructured manganese dioxide and its electrochemical properties as a supercapacitor electrode. Electrochimica Acta, 2009, 54 (11): 3047 – 3052.

[95] Zolfaghari A, Ataherian F, Ghaem I M, et al. Capacitive behavior of nanostructured MnO_2 prepared by sonochemistry method. Electrochimica Acta, 2007, 52(8): 2806 – 2814.

[96] Nagarajan N, Humad I H, Zhitomirsk Y I. Cathodic electrodeposition of $MnOx$ films for electrochemical supercapacitors. Electrochimica Acta, 2006, 51(15): 3039 – 3045.

[97] Xie X F, Gao L. Characterization of a manganese dioxide/carbon nanotube composite fabricated using an in situ coating method. Carbon, 2007, 45(12): 2365 – 2373.

[98] Yuan J Q, Liu Z H, Qiao S F, et al. Fabrication of MnO_2 – pillared layered manganese oxide through an exfo – liation/reassembling and oxidation process. J. Power Sources, 2009, 189(2): 1278 – 1283.

[99] Chen Y, Liu C G, Liu C, et al. Growth of single – crystal α – MnO_2 nanorods on multi – walled carbon nanotubes. Mater. Res Bull. , 2007, 42(11): 1935 – 1941.

[100] Jin W H, Cao G T, Sun J Y. Hybrid supercapacitor based on MnO_2 and columned FeOOH using Li_2SO_4 electrolyte solution. J. Power Sources, 2008, 175(1 – 3): 686 – 691.

[101] Lin C K, Chuang K H, LIN C Y, et al. Manganese oxide films prepared by sol – gel process for supercapacitor application. Surf. Coat. Technol. , 2007, 202(4 – 7): 1272 – 1276.

[102] Dong X P, Shen W H, Gu J L, et al. MnO_2 – embedded – in – mesoporous – carbon – wall structure for use as electrochemical capacitors. J. Phys. Chem. B, 2006, 110(12): 6015 – 6019.

[103] Dong X P, Shen W H, Gu J L, et al. A structure of MnO_2 embedded in CMK – 3 framework developed by a redox method. Micro. Meso. Mater. , 2006, 91(1 – 3): 120 – 127.

[104] Lei Y, Fournier C, Pascal J L. et al. Mesoporous carbon – manganese oxide composite as negative electrode material for supercapacitors. Micro. Meso. Mater. , 2008, 110(1), 167 – 176.

[105] 农谷珍, 王华, 崔德源, 等. 锰/碳混合超级电容器阳极材料的制备及性能[J]. 电源技术, 2009, 33(12): 1078 – 1081.

[106] 王晶日, 田颖. 氧化锰及碳/氧化锰复合材料的电化学电容性能[J]. 大连交通大学学报, 2011, 32(1): 69 – 73.

[107] 曹水良, 周天祥, 莫珊珊, 等. 介孔碳负载二氧化锰复合材料电化学的性能[J]. 暨南大学学报(自然科学版), 2011, 32(1): 57 – 60.

[108] Nam K W, Kim K B. A study of the preparation of NiO_x electrode via electrochemical route for supercapacitor applications and their charge storage mechanism. J. Electrochem. Soc. , 2002, 149 (3): A346 – A354.

[109] Zheng Y Z, Zhang M L. Preparation and electrochemical properties of nickel oxide by molten – salt synthesis. Mater. Lett. , 2007, 61(18): 3967 – 3969.

[110] Yu C C, Zhang L X, Shi J L, et al. A simple template – free strategy to synthesize nanoporous manganese

and nickel oxides with narrow pore size distribution, and their electrochemical properties. Adv. Funct. Mater., 2008, 18(10): 1544 – 1554.

[111] Zheng Y Z, Ding H Y, Zhang M L. Preparation and electrochemical properties of nickel oxide as a supercapacitor electrode material. Mater. Res. Bull., 2009, 44(2): 403 – 407.

[112] Cao Y, Cao J, Zheng M, et al. Synthesis, characterization, and electrochemical properties of mesoporous containing nickel oxide nanoparticles using sucrose and nickel acetate in a silica template. J. Solid State Chem., 2007, 180(2): 792 – 798.

[113] 张传香, 何建平, 周建华, 等. 有序介孔碳 CMK – 3 微波负载 NiO 及其电容性能研究[J]. 化学学报, 2008, 66(6): 603 – 608.

[114] 王涛, 何建平, 张传香, 等. 有序介孔 C/NiO 复合材料的合成及其电化学性能[J]. 物理化学学报, 2008, 24(12): 2314 – 2320.

[115] Zhou J, He J, Zhang C, et al. Mesoporous carbon spheres with uniformly penetrating channels and their use as a supercapacitor electrode material. Mater. Charact., 2010, 61(1): 31 – 38.

[116] 张海军, 张校刚, 原长洲, 等. 水溶性壳聚糖制备多孔碳/氧化镍复合材料及其电化学电容行为[J]. 物理化学学报, 2011, 27 (2): 455 – 460.

[117] Miller J M, Dunn B, Tran T D, et al. Deposition of ruthenium nanoparticles on carbon aerogels for high energy density supercapacitor electrodes. J. Electrochem. Soc., 1997, 144(12), L309 – L311.

[118] Kim H, Popov B N. Characterization of hydrous ruthenium oxide/carbon nanocomposite supercapacitors prepared by a colloidal method. J. Power Sources, 2002, 104(1): 52 – 61.

[119] Lin C, Ritter J A, Popov B N. Development of carbon – metal oxide capacitor with double layer and faradaic processes. J. Electrochem. Soc., 1999, 146 (9): 3155 – 3160.

[120] Lina K M, Chang K H, Hua C C, et al. Mesoporous RuO_2 for the next generation supercapacitors with an ultrahigh power density. Electrochimica Acta, 2009, 54(19): 4574 – 4581.

[121] Fang Q L, Evans D A, Roberson S L, et al. Ruthenium oxide film electrodes prepared at low temperatures for electrochemical capacitors. J. Electrochem. Soc., 2001, 148 (8): 833 – 837.

[122] Zheng J P, Jow T R. High energy and high power density electrochemical capacitors. J. Power Sources, 1996, 62(2): 155 – 159.

[123] Zheng J P, Cygan P J, Jew T R. Hydrous ruthenium oxide as an electrode material for electrochemical capacitors. J. Electrochem. Soc., 1995, 142(8): 2699 – 2703.

[124] Jang J H, Han S J, Hyeon T W, et al. Electrochemical capacitor performance of hydrous ruthenium oxide/mesoporous carbon composite electrodes. J. Power Sources, 2003, 123 (1): 79 – 85.

[125] 陈卫祥, 韩贵, LEE J Y, 等. 微波辐射合成钌/碳纳米复合材料及其在电化学超级电容器的应用[J]. 化学学报, 2003, 61(12): 2033 – 2035.

[126] 刘洋. 钌基金属复合氧化物电极材料的制备与研究[D]. 南京: 南京航空航天大学硕士学位论文, 2008.

[127] 刘萍, 赵家昌, 张伟伟, 等. 氧化钴/有序中孔碳超级电容器复合材料的制备及其性能[J]. 上海工程技术大学学报, 2010, 24(2): 148 – 153.

[128] 徐菁利, 赵家昌, 唐博合金, 等. 钴化合物/有序中孔碳复合材料的电容特性[J]. 电源技术, 2011, 35(12): 1551 – 1554.

[129] Wu N. Nanocrystalline oxide supercapacitors. Mater. Chem. Phys., 2002, 75(1 – 3): 6 – 11.

208

[130] Prasad K R, Miura N. Electrochemical synthesis and characterization of nanostructured tin oxide for electrochemical redox supercapacitors. Electrochem. Commun. , 2004, 6(8): 849 – 852.

[131] 赵尧敏, 杨新丽. 介孔碳负载纳米晶二氧化锡复合超电容材料的电化学性能[J]. 中原工学院学报, 2008, 19(2): 20 – 23.

[132] 曹水良, 夏南南, 莫珊珊, 等. SnO₂/介孔碳复合材料的电容性能[J]. 电池, 2010, 40(5): 237 – 240.

[133] 陈景星. 碳/金属氧化物复合材料的制备及其电化学性能[D]. 广州: 暨南大学硕士学位论文, 2010.

[134] Levy R B, Boudart M. Platinum – like behavior of tungsten carbide in surface catalysis. Science, 1973, 181(4099): 547 – 549.

[135] Nelson J A, Wagner M J. High surface area Mo₂C and WC prepared by alkalide reduction. Chem. Mater. , 2002, 14(4): 1639 – 1642.

[136] Liang C, Ma W, Geng Z, et al. Activated carbon supported bimetallic CoMo carbides synthesized by carbothermal hydrogen reduction. Carbon, 2003, 41(9): 1833 – 1839.

[137] Perez – cadenas A F, Maldonado F J, Moreno – castilla C. Molybdenum carbide formation in molybdenum – doped organic and carbon aerogels. Langmuir, 2005, 21(23): 10850 – 10855.

[138] 司维江, 高秀丽, 周晋, 等. 由柠檬酸钡制备介孔碳的电化学电容特性研究[J]. 功能材料, 2010, 41(Z2): 353 – 356.

[139] 高娇阳. Mo₂C/C复合体和MnO₂纳米线的合成及电化学性能研究[D]. 大连: 大连理工大学硕士学位论文, 2011.

[140] Rajendra Prasad K, Munichandraiah N. Fabrication and evaluation of 450 F electrochemical redox supercapacitors using inexpensive and high – performance polyaniline coated, stainless – steel electrodes. J. Power Sources, 2002, 112(2): 443 – 451.

[141] Chen W, Wen T. Electrochemical and capacitive properties of polyaniline – implated porous carbon electrode for supercapacitors. J. Power Sources, 2003, 117(2): 273 – 282.

[142] Wu M, Snook G A, Gupta V, et al. Electrochemical fabrication and capacitance of composite films of carbon nanotubes and polyaniline. J. Mater. Chem. , 2005, 15(23): 2297 – 2303.

[143] Jang J, Bae J, Choi M, et al. Fabrication and characterization of polyaniline coated carbon nanofiber for supercapacitor. Carbon, 2005, 43(13): 2730 – 2736.

[144] Sarangapani S, Tilak B V, Chen C P. Materials for electrochemical capacitors – theoretical and experimental constraints. J. Electrochem. Soc. , 1996, 143(11): 3791 – 3799.

[145] Wang Y G, Li H Q, Xia Y Y. Ordered whiskerlike polyaniline grown on the surface of mesoporous carbon and its electrochemical capacitance performance. Adv. Mater. , 2006, 18(19): 2619 – 2623.

[146] 王永刚. 高比能量电化学电容器的研究[D]. 上海: 复旦大学博士学位论文, 2007.

[147] Xing W, Zhuo S P, Cui H Y, et al. Synthesis of polyaniline – coated ordered mesoporous carbon and its enhanced electrochemical properties. Mater. Lett. , 2007, 61 (23 – 24): 4627 – 4630.

[148] 张钦仓. 聚苯胺 – 多孔碳复合材料的制备及其电化学性质研究[D]. 北京: 北京化工大学硕士学位论文, 2007.

[149] 刘文晓. 有序介孔碳 – 聚苯胺的制备及电化学性能[D]. 北京: 北京化工大学硕士位论文, 2009.

[150] 高秀丽, 禚淑萍, 阎子峰. 聚苯胺/介孔碳复合材料的合成与电化学电容性能研究[J]. 山东理工

大学学报(自然科学版),2009,23(3):1-4.

[151] 张晶,孔令斌,蔡建军,等. 电化学混合电容器用新型聚吡咯/介孔碳纳米复合电极[J]. 物理化学学报,2010,26(6):1515-1520.

[152] Hulicova-Jurcakova D, Puziy A M, Poddubnaya O I, et al. Highly stable performance of supercapacitors from phosphorus-enriched carbons. J. Am. Chem. Soc., 2009, 131(14):5026-5027.

[153] Xia Y, Mokaya R. Synthesis of ordered mesoporous carbon and nitrogen-doped carbon materials with graphitic pore walls via a simple chemical vapor deposition method. Adv. Mater., 2004, 16(17):1553-1558.

[154] Abramovic B F, BjelicaL J, Gaal F F, et al. Potentiometric application of boron- and phosphorus-doped glassy carbon electrodes. J. Serb. Chem. Soc., 2001, 66(3):179-188.

[155] IkuoY, Hidehiko K. Synthesis of boron carbide powder from polyvinyl borate precursor. Mate. Lett., 2009, 63:91-93.

[156] Liu H Y, Wang K P, Teng H. A simplified preparation of mesoporous carbon and the examination of the carbon accessibility for electric double layer formation. Carbon 2005, 43(3):559-566.

[157] Wang D W, Li F, Chen Z G, et al. Synthesis and electrochemical property of boron-doped mesoporous carbon in supercapacitor. Chem. Mater., 2008, 20(22):7195-7200.

[158] Wang H, Gao Q, Hu J. Preparation of porous doped carbons and the high performance in electrochenmical capacitors. Micro. Meso. Mater., 2010, 131(1-3):89-96.

[159] Xu H, Gao Q, Guo H, et al. Hierarchical porous carbon obtained using the template of NaOH-treated zeolite β and its high performance as supercapacitor. Micro. Meso. Mater., 2010, 133(1-3):106-114.

[160] Wang D, Li F, Fang H T, et al. Effect of pore packing defects in 2-D ordered mesoporous carbons on ionic transport. J. Phys. Chem. B, 2006, 110(17):8570-8575.

[161] Wang D W, Li F, Liu M, et al. Mesopore-aspect-ratio dependence of ion transport in rodtype ordered mesoporous carbon. J. Phys. Chem. C, 2008, 112(26):9950-9955.

[162] Toles C A, Marshal W E, Johns M M. Surface functional groups on acid-activated nutshell carbons, Carbon, 1999, 37(8):1207-1214.

[163] Hulicova D, Yamashita J, Yasushi S, et al. Supercapacitors prepared from melamine-based carbon. Chem. Mater., 2005, 17(5):1241-1247.

[164] Lota G, Grzyb B, et al. Effect of nitrogen in carbon electrode on the supercapacitor performance. Chem. Phys. Lett., 2005, 404(1-3):53-58.

[165] Bagreev A, Menendez J A, Dukhno I, et al. Bituminous coal-based activated carbons modified with nitrogen as adsorbents of hydrogen sulfide. Carbon, 2004, 42(3):469-476.

[166] Lahaye J, Nanse G, Bagreev A, et al. Porous structure and surface chemistry of nitrogen containing carbons from polymers. Carbon, 1999, 37(4):585-590.

[167] Hulicova D, Kodama M, Hatori H. Electrochemical performance of nitrogen-enriched carbons in aqueous and non-aqueous supercapacitors. Chem. Mater., 2006, 18(9):2318-2326.

[168] Kodama M, Yamashita J, Soneda Y, et al. Structural characterization and electric double layer capacitance of template carbons. Mater. Sci. Engine. B, 2004, 108(1-2):156-161.

[169] 陈德宏. 介孔材料结构和孔道的可控合成及其在电化学和生物分离中的应用[D]. 上海:复旦大

学博士学位论文, 2006.

[170] Wang H, Gao Q, Hu J, et al. High Performances of nanoporous carbon on cryogenic hydrogen storage and electrochemical capacitance. Carbon, 2009, 47(9): 2259 − 2268.

[171] Kim J, Choi M, Ryoo R. Synthesis of mesoporous carbons with controllable N − content and their supercapacitor properties. Bull. Korean Chem. Soc., 2008, 29(2): 413 − 416.

[172] Kim W, Joo J B, Kim N, et al. Preparation of nitrogen − doped mesoporous carbon nanopipes for the electrochemical double layer capacitor. Carbon, 2009, 47(5):1407 − 1411.

[173] 田相亮. 碳氮纳米材料的制备表征及其在超级电容器中的应用[D]. 合肥:合肥工业大学硕士学位论文, 2009.

[174] Zhao X C, Wang A Q, Yan J W, et al. Synthesis and electrochemical performance of heteroatom − incorporated ordered mesoporous carbons. Chem. Mater., 2010, 22 (19): 5463 − 5473.

[175] 司维江, 周晋, 邢伟,等. 孔径渐变的有序介孔碳的合成及电化学应用[J]. 无机化学学报, 2010, 26(10): 1844 − 1850.

[176] 周晋, 李文, 邢伟,等. 可调有序介孔碳在有机和硫酸电解液中的电容性质[J]. 物理化学学报, 2011, 27 (6): 1431 − 1438.

[177] 翟晓玲, 宋燕, 智林杰,等. 硼掺杂中孔碳的制备及其电化学性能[J]. 新型炭材料, 2011, 26(3): 211 − 216.

[178] 王大伟, 李峰, 刘敏,等. 硝酸氧化改性 SBA − 15 模板合成的中孔碳电容性能研究[J]. 新型炭材料, 2007, 22(4): 307 − 314.

[179] 张晶. 基于介孔碳载体的高容量超级电容器复合电极材料的制备及性能研究[D]. 兰州:兰州理工大学博士学位论文, 2010.

[180] Xing W, Huang C C, Zhuo S P, et al. Hierarchical porous carbons with high performance for supercapacitor electrodes. Carbon, 2009, 47(7): 1715 − 1722.

[181] Yamada H, Nakamura H, Nakahara F, et al. Electrochemical study of high electrochemical double layer capacitance of ordered porous carbons with both meso/macropores and micropores. J. Phys. Chem. C, 2007, 111(1): 227 − 233.

[182] Liu H J, Cui W J, Jin L H, et al. Preparation of three − dimensional ordered mesoporous carbon sphere arrays by a two − step templating route and their application for supercapacitors. J. Mater. Chem., 2009, 19(22): 3661 − 3667.

[183] Chmiola J, Yushin G, Gogotsi Y, et al. Anomalous increase in carbon capacitance at pore sizes less than 1 nanometer. Science, 2006, 313(5794): 1760 − 1763.

[184] Liang C D, Dai S. Synthesis of mesoporous carbon materials via enhanced hydrogen − bonding interaction. J. Am. Chem. Soc., 2006, 128 (16): 5316 − 5317.

[185] 邢伟, 禚淑萍, 高秀丽,等. 微孔介孔多级孔碳材料的制备及电化学电容性能研究[J]. 化学学报, 2009, 67(13): 1430 − 1436.

[186] 黄从聪. 超级电容器电极材料的制备及应用[D]. 淄博:山东理工大学硕士学位论文, 2010.

[187] Taguchi A, Smatt J H, Linden M. Carbon monoliths possessing a hierarchical fully interconnected porosity. Adv. Mater., 2003, 15(14): 1209 − 1211.

[188] Chai G S, Shin I S, Yu J S. Synthesis of ordered, uniform, macroporous carbons with mesoporous walls templated by aggregates of polystyrene spheres and silica particles for use as catalyst supports in direct

methanol fuel cells. Adv. Mater. , 2004, 16(22): 2057 - 2061.

[189] Xue C F, Tu B, Zhao D Y. Facile fabrication of hierarchically porous carbonaceous monoliths with ordered mesostructure via an organic self – assembly. Nano Res. , 2009, 2(3): 242 –253.

[190] 王志超. 大孔–介孔分级孔结构碳材料的制备及应用研究[D]. 大连:大连理工大学硕士学位论文, 2010.

[191] 李强. 介孔氧化硅基材料水热稳定性的研究以及新型介孔碳基材料的合成与应用[D]. 上海:复旦大学博士学位论文, 2010.

[192] 周颖, 王志超, 王春雷, 等. 大孔–介孔分级孔结构碳材料制备及性能研究[J]. 无机材料学报, 2011, 26(2): 145 –149.

[193] 乔松, 孙刚伟, 张建华, 等. 分级多孔碳的制备及其电化学性能研究[J]. 碳素技术, 2010, 1(29): 14 –19.

[194] Conway B E. Transition from supercapacitor to battery behavior in electrochemical energy storage. J. Eleetrochem. Soc. , 1991, 138(6): 1539 –1548.

[195] Cottineau T, Toupin M, Delahaye T, et al. Nanostructured transition metal oxides for aqueous hybrid electrochemical supercapacitors. Appl. Phys. A: Mater. , 2006, A 82(4): 599 –606.

[196] Khomenko V, Raymundo P E, Beguin F. Optimisation of an asymmetric manganese oxide/activated carbon capacitor working at 2 V in aqueous medium. J. Power Sources, 2006, 153(1):183 –190.

[197] Brousse T, Taberna P L, Crosnier O, et al. Long – term cycling behavior of asymmetric activated carbon/MnO$_2$ aqueous electrochemical supercapatior. J. Power Source, 2007, 173(1): 633 –641.

[198] Yang X H, Wang Y G, Xiong H M, et al. Interfacial synthesis of porous MnO$_2$ and its application in electrochemical capacitor . Electrochimi. Acta, 2007, 53(2): 752 –757.

[199] 喻理. 有序介孔碳–钒氧化物复合材料的制备和表征[D]. 武汉:武汉理工大学硕士学位论文, 2009.

[200] 刘小雪. 有序中孔碳的制备及其电化学性能[D]. 大连:大连理工大学硕士学位论文, 2009.

[201] 杨贞胜. 介孔碳超级电容器电极材料的研究[D]. 兰州:兰州理工大学硕士学位论文, 2011.

第8章 介孔碳材料在锂离子电池中的应用

8.1 锂离子电池简介

锂离子电池是伴随着金属锂二次电池发展起来的新一代二次电池,具有开路电压高、能量密度大、使用寿命长、无记忆效应、无污染以及自放电率小等优点。与其他高能二次电池相比,锂离子电池具有显著的优越性,主要表现在如下几个方面[1, 2]:①平均输出电压高:单体电池电压 3.6V ~ 3.8V,是 Ni/Cd 或 Ni/MH 电池 3 倍;②能量密度高:与目前广泛使用的 Ni/Cd 电池和 Ni/MH 电池相比,锂离子电池的能量密度是它们的 2.4 倍;③安全性能好、循环寿命长:嵌锂化合物稳定性比金属锂高,循环寿命也大大提高,可达 1000 次以上;④自放电率小:室温下,锂离子电池自放电率小于 12% ,首次充电过程中会在电极表面形成一层固体电解质界面膜[3],允许离子通过但不允许电子通过,因此可以较好地防止自放电;⑤可快速充放,充/放电效率高,可达 100% ;⑥无记忆效应:锂离子电池不存在记忆效应;⑦工作温度范围宽:一般为 - 20℃ ~ 45℃,期望为 - 40℃ ~ 70℃;⑧环境友好、清洁无污染:二次锂离子电池不含有铅、镉、汞等有毒物质,是一种无毒无污染的绿色电池体系。锂离子电池的不足之处是成本较高、与普通电池的相容性差及电池的安全问题还需要进一步解决等。

目前,锂离子电池已广泛地应用于小型电器中,并正积极地向国防工业、空间技术、电动汽车、静置式备用电源(UPS)等领域发展。近期的国际车展报告表明,国际上知名汽车公司,如福特、通用、日产、三菱、奔驰等,将致力于推出基于锂离子二次电池的电动汽车的研发和生产。随着当今电子设备小型化和微型化的飞速发展,锂离子电池的研究与应用也越来越得到重视。

锂离子电池主要由正极、负极和电解质溶液等组成。其中,电解质是锂离子迁移的桥梁;电极材料是锂离子存储和脱出的场所,其物理性质和化学性质决定着锂离子电池的电压、能量密度、循环寿命和倍率性能等。重视高性能锂离子电池关键材料的研究和开发对提高电池性能、降低成本具有十分重要的意义。

引入高比容量负极材料是提高锂离子电池比能量的重要途径之一,而锂离子电池的成功商品化也主要归功于嵌锂化合物代替金属锂负极。理想的锂离子电池负极材料应具备以下特点:①高度可逆的嵌脱锂反应,可逆容量高;②首次不可逆容量较小;③良好的导电性,锂离子在材料骨架中扩散速度要快;④与电解质溶剂相容性好;⑤嵌脱锂滞后效果小,电极电势比较低;⑥安全、环保、资源丰富、价格低廉等。而现有的负极材料很难同时满足上述要求。因此,研究和开发新型电化学性能更优的负极材料已成为锂离子电池研究领域的重要课题。

目前,锂离子电池负极材料主要有碳素类材料、合金类材料、金属氧化物系列、锂金属氮族元素系列和其他负极材料。其中碳材料导电性好、嵌锂电位低、循环性能优异、资源丰富、价格低廉及无毒无污染等优点,是目前较理想的锂离子电池负极材料。目前已应用于锂离子电池的碳负极材料主要有石墨、碳纤维、焦碳、碳凝胶、碳纳米管、石墨烯等。非碳基负极材料一般具有比碳基负极材料更高的理论储锂量,但其存在许多问题。例如,伴随着锂离子的不断脱嵌,Si基、金属及合金类负极材料将产生巨大体积变化,导致电极变形与开裂,从而逐渐崩塌、粉化失效,表现出较差的充/放电循环性能。

8.2 锂离子电池用碳电极材料

8.2.1 石墨

石墨化碳材料结晶度较高,导电性好,具有良好的层状结构,适合锂的嵌入和脱出,六个碳配位一个锂离子,理论储锂容量为 $372mA \cdot h/g$,不可逆容量低于 $50mA \cdot h/g$,充/放电效率在 90% 以上。石墨类材料由于其结构的规律性,锂离子在碳层之间进行脱嵌时的反应主要是发生在 $0V \sim 0.25V$ 左右,具有良好的充/放电电压平台,与提供锂源的正极材料 $LiNiO_2$、$LiCoO_2$、$LiMn_2O_4$ 等匹配较好,所组成的电池平均输出电压高。石墨材料因负极不可逆容量额外需要消耗的正极材料少,是一种性能较好的锂离子电池负极材料,也是目前锂离子电池应用最多的负极材料。但杂质和缺陷结构导致石墨的实际可逆容量一般仅为 $300mA \cdot h/g$,且石墨对电解液敏感,首次库仑效率低、循环性能较差。改进方法主要为表面氧化处理、包覆改性及掺杂改性等。

8.2.2 焦碳

焦碳是经液相碳化形成的一类碳素材料,具有成本低、材料来源丰富、大电流充/放电性能好和循环寿命长的优点;缺点是容量较低。焦碳电极的放电容量一般为 $185mA \cdot h/g \sim 360mA \cdot h/g$。因此,此类材料尚需改进才能成为有竞争力的碳素材料。

Mori 等[4]的研究表明,焦碳嵌锂的可逆容量为 385mA·h/g,不过容量的增加是靠 0.8V ~ 1.2V 的高电位区间获得的,与石墨的反应电位完全不同,表明焦碳上的电极反应本质上有别于通常意义上的层间嵌入。而且充/放电曲线在 0V ~ 1V 之间是逐渐变化的,这种电位变化在最初的锂离子电池中有利于剩余容量的检测,但随着充电器性能的提高,这已不能视为优点了。此外,焦碳的真实密度约为石墨的 80% ,因此体积比容量较低。

8.2.3 碳纤维

碳纤维直径一般为 10nm ~ 500nm,具有较高的结晶取向度、较好的导热和导电性能。研究表明,碳纤维材料的放电容量依赖于其结晶性,高结晶性和低结晶性的碳纤维放电容量大,处于中间状态的放电容量小。高结晶性碳纤维材料中表现出的负极稳定特性类似于金属锂负极,低结晶性碳纤维材料的输出电压随着放电的进行有所降低,加入少量石墨可以提高其导电性。

为了改善电池的储锂容量和循环性能,姚文俐[5]以酸化处理碳纳米纤维为模板在异丙醇/水溶液中合成了 $Co(OH)_2$ – CNF 前驱体并煅烧制备了 Co_3O_4 – CNF 复合负极材料。Co_3O_4 – CNF 复合材料的比表面积及碳纳米纤维的含量强烈地影响该系列复合材料的电化学性能。作为锂离子电池负极材料,Co_3O_4 – CNF(CNF 的百分含量为 24.3%)纳米复合材料显示了优良的储锂容量和循环性能,100 次循环后容量仍超过 880mA·h/g。

Liu[6]和 Jang 等[7]均通过化学气相沉积法(CVD)在硅颗粒表面生长 CNF,制得了 Si/CNF 复合材料,首次可逆容量在 1000mA·h/g 以上,循环性能良好。研究者认为性能的提高应归因于柔韧的 CNF 包覆层及其内部空隙缓冲了硅的体积膨胀,并且提高了硅颗粒之间的电子传导能力。

Cui 等[8]通过低压化学气相沉积法制备了硅 – 碳纤维纳米复合材料。首先将碳纳米纤维涂覆在不锈钢基底上,再以 SiH_4 为硅源,通过低压 CVD 在碳纳米纤维表面生长一层无定形硅。该复合材料的可逆容量高达 2000mA·h/g,且循环性能优异,不足之处是 CVD 法产率较低,制备过程难以精确控制,生产成本高。

8.2.4 碳气凝胶

碳气凝胶具有导电性好、比表面积大、密度变化范围宽等特点,是理想的电化学能源材料,在锂离子电池材料中也具有广泛的应用前景。

巢亚军[9]以碳气凝胶作为锂离子电池电极材料。研究结果表明,碳气凝胶的电化学性能优于碳干凝胶和碳冷冻凝胶,具有较高的比容量和良好的循环性能。碳气凝胶首次可逆容量可达 500.7mA · h/g,大于石墨的理论储锂容量 (372mA · h/g),50 次循环后的可逆容量仍可维持在 317.1mA · h/g,容量保持率达 63.3%,充/放电效率超过 99%。该研究者进一步以碳凝胶和高比容量的硅基材料(Si 和 SiO)为原料,通过高能球磨制备了硅 – 碳复合材料。碳气凝胶硅基复合材料(CA – Si 和 CA – SiO)具有较高的容量和良好的循环稳定性能,尤其是 CA – SiO 复合材料首次嵌锂容量高达 1942mA · h/g,首次可逆容量为 984.6mA · h/g,该复合材料在 50 次循环后的可逆容量仍可维持在 635.3mA · h/g,容量保持率达 66.4%,充/放电效率超过 98%。

8.2.5 碳纳米管

碳纳米管由于其特殊的一维管状分子结构,锂离子不仅可嵌入中空管内,而且可嵌入到层间的缝隙、空穴之中,具有嵌入深度小、过程短、嵌入位置多等优点,从而有利于提高锂离子电池的充/放电容量,已经证明在 6GPa 的高压下,催化法生成的多壁碳纳米管中每个碳原子可以吸收两个锂原子[10]。但是碳纳米管作为锂离子电池负极材料还存在 3 个问题:在锂嵌入和脱嵌过程中,没有出现电压平台、存在较大的电位滞后现象、不可逆容量较大。

1. 纯碳纳米管

Wang 等[11]用化学气相沉积法制备的碳纳米管作为锂离子电池的负极活性物质时,其电池容量超过石墨嵌锂化合物理论容量一倍以上,并且发现石墨化程度较低的碳纳米管,容量可达 700mA · h/g,但存在 1V 左右的电位滞后,而石墨化程度较高的碳纳米管虽容量较低(300mA · h/g),但电位滞后较小且循环稳定性明显得到改善。拉曼光谱、X 射线衍射、高分辨电镜测试表明,石墨化程度很高的石墨层间存在着间隙碳原子,电位滞后是由于间隙碳原子的存在引起的。

Frackowiak 等[12]用以 Co/硅胶为催化剂在 900℃下催化分解乙炔气体得到的碳纳米管作为锂离子电池的负极材料,并对其嵌锂行为进行了研究。碳纳米管电极的首次嵌锂容量达到 952mA · h/g,但可逆容量仅为 447mA · h/g,5 次充/放电循环后可逆容量减少到 273mA · h/g,容量保持率较低。首次充/放电过程中的不可逆容量损失主要是由碳纳米管表面 O—C—O,C—O 等基团中的氧发生还原及电解液分解而形成固体电解质相界面(SEI 膜)引起的;进一步研究还发现碳纳米管的嵌脱锂电位相差较大,并且电位为 0V ~ 1.0V(vs Li/Li$^+$)时锂离子都能嵌入到碳纳米管中,这说明锂离子嵌入位置并不在石墨层间的缝隙内。此外,与其他锂离子电池碳负极材料相比,碳纳米管还存在明显的双电层电容(35F/g)效应,但在电荷传输速率、可逆性等方面,碳纳米管电极性能有待进一步提高。

Leroux 等[13]对碳纳米管进行高温退火热处理后,发现其 BET 表面积及孔体积均随热处理温度的升高而降低,并且其不可逆容量、可逆容量也相应有所降低,电位滞后与碳纳米管的微观结构及表面的含氧基团有关,如果能够较好地控制碳纳米管的微观结构,消除间隙碳原子和表面基团的影响,就可以完全消除嵌锂过程中的电位滞后现象,制备出真正实用的锂离子电池负极材料。

陈卫祥等[14]用催化剂热解碳氢化合物气体的方法制备了多壁碳纳米管,稍微石墨化的碳纳米管初始容量达 640mA · h/g,20 次循环后电化学储锂量为 520mA · h/g,随后基本保持在 400mA · h/g ~ 380mA · h/g;石墨化程度较高的碳纳米管初始容量只有 282mA · h/g,循环 20 次后,容量仍为初始容量的 91.5%。Tatsumi 等[15]研究了碳纳米管在不同有机电解液中的容量,其中以 PC - MEC(1:4)为电解液时,首次容量达 420mA · h/g。

2. 碳纳米管复合材料

Wang 等[16]以锡锑的氧化物为原料,在碳纳米管内部合成了一种生长受限的锡锑纳米棒新型复合材料。其中,碳纳米管可以防止在高温下,熔化的锡、锑小液滴的相互融合长大,进而有效地提高锡锑纳米棒的导电性和机械完整性。此外,这种碳纳米管包裹的锡锑纳米棒在用作锂离子电池阳极材料时,较同类材料具有更好的电容量及循环性能。

Wang 等[17]合成了二氧化锡纳米管/碳纳米管核壳结构的复合管状纳米材料,其中二氧化锡纳米管与碳纳米管为同轴排列。该纳米材料具备了碳材料优良的循环性能,以及二氧化锡材料优良的电容性能,是一种极好的锂离子可逆存储材料。实验结果表明,此复合材料的最高电容可达 540mA · h/g ~ 600mA · h/g,每次循环仅损失其总电容的 0.0375%。

Wang 等[18]采用一种简易模板的化学蒸汽沉积法制备碳纳米管包裹的锡纳米颗粒,其粒子的包裹率约为 100%,且粒子的填充均匀。被包裹的锡颗粒形成锡或 Sn@ C 的核壳结构,其大小和形貌具有很好的可控性。在内部具有较大自由空间的碳纳米管中,完整而均匀地包裹具有电化学活性的锡的微小颗粒,这为锂离子的重复插层及释放反应提供了良好的条件。实验结果表明,所制备的完整填充的 Sn@ CNT 复合纳米材料具有优良的锂离子可逆储存性能。

Shu 等[19]通过化学镀在微米级的硅粉表面沉积 Ni - P 合金颗粒作为催化剂,再采用 CVD 法在硅表面生长碳纳米管,得到具有笼状结构的 CNT/Si 复合材料。该材料经 20 次循环后仍具有 940mA · h/g 的可逆容量。Kim 等[20]采用类似的方法制得了 Si/CNT 复合材料,首次可逆容量约 1 600mA · h/g。

Wang 等[21]采用液相注射化学气相沉积法制备纵向有序的碳纳米管阵列,并在碳纳米管表面沉积纳米硅颗粒,得到了 Si/CNT 复合材料。该材料具有

2050mA·h/g 的可逆容量,不仅循环稳定,而且倍率性能很好,在 2.5C 倍率下仍保持 1000mA·h/g 的容量。在此复合材料中,CNT 阵列不仅起到了缓冲机械应力的作用,而且为硅活性颗粒提供了快速导电通道。

Kumar[22] 用催化法合成碳纳米管,利用毛细作用吸附锡盐,通过水热法和 $NaBH_4$ 还原法制备负载金属 Sn 的多壁碳纳米管复合材料。水热法合成的 Sn/CNTs 首次充/放电比容量分别为 834mA·h/g 和 1916mA·h/g,$NaHB_4$ 还原的 Sn/CNTs 首次充/放电比容量分别为 889mA·h/g 和 2474mA·h/g,而开口的碳纳米管首次充/放电比容量仅为 340mA·h/g 和 1281mA·h/g。Sn/CNTs 复合材料的容量很高,20 次循环后仍能稳定在 720mA·h/g～800mA·h/g。

Chen[23] 采用液相化学还原法,将碳纳米管直接加入反应物中制备了 Sb/CNTs 和 $SnSb_{0.5}$/CNTs 复合材料。Sb/CNTs 的首次可逆比容量为 462mA·h/g,30 次循环后容量保持率为 62.1%,而金属 Sb 在 30 次循环后的容量保持率仅为 17.7%。$SnSb_{0.5}$/CNTs 的首次可逆比容量为 518mA·h/g,30 次循环后容量保持率为 67.2%,而合金 $SnSb_{0.5}$ 在 30 次循环后的容量保持率为 23.5%。

8.2.6 石墨烯

石墨烯为二维蜂窝状晶格结构,具有很好的电子导电率和柔韧性,具有比石墨高的可逆储锂容量[24]。研究发现、石墨烯片层的两侧均可吸附 1 个 Li^+,因此石墨烯的理论比容量为石墨的两倍,即 744mA·h/g [25]。尽管具有较高的理论比容量,但将石墨烯单独用作锂离子电池的负极材料,尚需解决不可逆容量大和电压滞后等问题。

苏航等[26] 研究发现高度无序结构的石墨烯纳米片具有非常高的可逆容量(794mA·h/g～1054mA·h/g)。Zou 等[27] 利用水热法制备了层状相叠的氧化镍/石墨烯纳米复合材料,该材料在 0.1 C 的普通电流条件下,表现出很高的可逆容量和较好的倍率性能。在 0.1 C 时,层状相叠的纳米复合材料的初始充电容量可达 1056mA·h/g,经过 40 个循环的充/放电过程,其充电容量变为 1031mA·h/g,仅下降 2.4%。此材料的循环性能大大高于氧化镍纳米片、石墨烯纳米片、氧化镍颗粒/石墨烯纳米片以及以往合成的碳纳米管支持的氧化镍纳米复合物。研究发现,石墨烯纳米片的存在提高了氧化镍纳米片的机械稳定性和导电性,同时氧化镍纳米片的存在又可以有效防止石墨的片层结构相互聚集。

Chou 等[28] 通过简单混合制备了硅/石墨烯复合材料,首次可逆容量为 2158mA·h/g,30 次循环后仍保持 1168mA·h/g 的容量。Wang 等[29] 先用水合肼还原氧化石墨,再将所得石墨烯和硅的分散液进行抽滤制备硅/石墨烯薄膜。该薄膜循环稳定,100 次后仍具有 700mA·h/g 的可逆容量,这得益于纳米硅颗粒均匀分散在柔韧的石墨烯层间,不仅改善了硅的电子电导,而且有效缓冲了硅的体积效应。Lee 等[30]首先制备了硅/氧化石墨薄膜,再热处理还原氧化石墨,得到硅/石墨烯复合材料。该材料表现出很好的循环性能,50 次循环后可逆容量在 2200mA·h/g 以上,经 200 次循环仍有 1 500mA·h/g 的容量。

8.3 介孔碳材料在锂离子电池中的应用研究进展

由于介孔碳材料骨架的内在特性和规整的孔结构分布特征使其兼具较高的储能能力和较快的锂离子迁移能力,在锂离子电池领域具有广泛的应用前景。

1. 纯介孔碳材料

Zhou 等[31]将 CMK - 3 介孔碳材料应用于锂离子电池中。研究发现,在介孔 CMK - 3 碳材料中,第一次充/放电便能获得 1100mA·h/g 的锂离子存储高比能容量,即便充/放电 20 次后,这种碳材料依旧能达到 850mA·h/g ~ 900mA·h/g 的可逆比能容量。研究者将这种较好的可逆充/放电能力归因于 CMK - 3 介孔碳材料的三维有序的孔道结构和较均匀的孔径。

江志裕等[32]利用 FDU - 5 作为模板,合成出具有三维结构的有序介孔碳,将其应用于锂离子电池中作为电极材料,也取得了较理想的效果。

Lee 等[33]在真空条件下,将聚甲基丙烯酸甲酯(PMMA)的胶态晶体浸渍于间苯二酚 - 甲醛聚合物溶液中,取出模板,将其放入聚四氟乙烯瓶中晶化 3 天。900℃条件下焙烧 2 h,除去 PMMA 模板,便得到比表面积为 326m² /g 的三维有序孔状碳(3DOM)。此种材料作为锂离子电池的负极,倍率放电性能比普通碳负极有显著提高。

邢伟等[34]研究了 CMK - 5 的电化学性质。循环伏安法电性能测试表明,在低压小于 0.3V 时,CMK - 5 的放电和充电曲线没有明显的位能峰,这是由该材料碳结构的无序性造成的。CMK - 5 第三次充/放电循环的可逆充电容量达525mA·h/g。大电流循环实验表明,CMK - 5 更适用于快速循环操作,因为在该条件下 CMK - 5 仍能保持高容量。这种快速循环适用性使得这一碳材料在某些特殊领域具有良好的应用前景。

阎子峰等[35]的研究结果表明,CMK - 5 由于具有特殊的介孔结构而具有良好的可逆特性,在第三次充/放电循环中储能密度仍可达 525mA·h/g。

Hu 等[36]以沥青中间相为碳源、孔状 SiO₂ 为模板,制备得到平均孔径为7.3nm,比表面积为 330m² /g 的介孔碳,其首次放电比容量可达到 900mA·h/g。

刘瑞丽[37]利用三嵌段聚合物 F127 为结构导向剂、水溶性 A 阶酚醛树脂为高分子前驱体和氧化硅寡聚体为无机前驱体,通过三元共组装一步法成功合成了有序介孔碳材料 MP－C－46,并研究了该介孔碳材料在锂离子存储方面的应用。实验结果表明,介孔碳材料 MP－C－46 首次循环表现出了很高的电容 1048mA·h/g,且多次循环后仍具有良好的充/放电可逆容量。

2. 介孔碳纳米复合材料

Fan 等[38]在介孔碳 CMK－3 中掺入氧化锡得到一种新的电池材料,该材料显示出更加优秀的锂离子电池循环性能。

范杰[39]通过将锡基氧化物和磷的前驱体"浇注"到介孔碳材料的三维纳米空间而制备得到一种有序纳米结构锡基氧化物/碳复合材料,相比于一般的锡基氧化物纳米材料,这种新型纳米结构的复合材料作为锂离子电池负极显示出更加优良的循环性能,作为锂离子电池负极恒流循环 30 次后,放电容量为首次放电容量的 42.8%,大大高于一般的纳米二氧化锡(15.5%)和锡基氧化物 (7.2%)。

Xia 等[40]以三嵌段共聚物 F127 为模板剂、原硅酸四乙酯和酚醛树脂分别为硅源和碳源,制备得到 C/Si 复合物材料,再用氢氟酸除去硅。过滤后即得到孔径大小为 6.7nm、比表面为 $2390m^2/g$ 的孔状碳。充/放电测试表明,其可逆比容量达 1048mA·h/g。

利用碳纳米管将有序介孔碳粒子连接起来,可大大提高介孔碳的导电性。此复合材料中有序介孔碳的导电性由 138 S/m(连接前)提高到 645 S/m(连接后)。此复合碳材料导电性和介孔可利用性的增强,也大大提高了其用于充电锂离子电池阴极材料时的循环性能[41]。

Zhang 等[42]以 $Co(NO_3)_2·6H_2O$ 为钴源制备 CoO/CMK－3 有序介孔碳复合材料,利用恒电流法研究了 CoO/CMK－3 作为锂离子电池阳极材料时的电化学性能。结果显示,此材料的可逆容量大于 700mA·h/g,高于单纯的介孔碳,且具有很好的循环性能。

8.4 本章小结

锂离子电池领域的关键问题是获得性能优良的正负极材料,以保证获得比容量高、循环寿命长、安全性能好的电池。本章首先介绍了各种碳材料,如石墨、焦碳、碳纤维和碳凝胶,以及先进的碳纳米材料,如碳纳米管、石墨烯和介孔碳材料在锂离子电池领域中的研究进展情况。其中,介孔碳材料骨架的内在特性和规整的孔结构分布特征使其兼具较高的储能能力和较快的锂离子迁移能力,在锂离子电池领域具有广泛的应用前景。在该领域,如何设计具有高可逆容量的碳材料及提高材料的比体积容量是今后的发展方向,以满足锂离子电池在便携式电器、电动车行业、军事装备及航天等事业中的应用需求。

参 考 文 献

[1] 吴宇平, 万春荣, 姜长印, 等. 锂离子二次电池[M]. 北京:化学工业出版社, 2002.

[2] 陈德钧. 电池的近期发展与锂离子电池[J]. 电池, 1996, 26(3): 139 – 143.

[3] Doron A, Yak E E, Orit C, et al. The correlation between the surface chemistry and the performance of Li/carbon intercalation anodes for rechargeable "Rocking – Chair" type batteries. J. Electrochem. Soc., 1994, 141(3): 603 – 611.

[4] Mori Y, Iriyama T, Hashimoto T. et al. Lithium doping/ undoping in disordered coke carbons, J. Power Sources, 1995, 56(2): 205 – 208.

[5] 姚文俐. 锂离子电池高容量氧化钴负极材料的研究. 上海:上海交通大学工学博士学位论文, 2008.

[6] Liu H P, Qiao W M, Zhan L, et al. In situ growth of a carbon nanofiber/Si composite and its application in Li – ion storage. New Carbon Mater., 2009, 24 (2): 124 – 130.

[7] Jang S M, Miyawaki J, Tsuji M, et al. The preparation of a novel Si – CNF composite as an effective anodic material for lithium – ion batteries. Carbon, 2009, 47 (15): 3383 – 3391.

[8] Cui L F, Yang Y, Hsu C M, et al. Carbon – silicon core – shell nanowires as high capacity electrode for lithium – ion batteries. Nano Lett., 2009, 9 (9): 3370 – 3374.

[9] 巢亚军. 碳凝胶及其复合材料用于锂离子电池负极材料研究[D]. 上海:上海交通大学博士学位论文, 2008.

[10] 黄辉, 张文魁, 马淳安, 等. 纳米碳管的制备及其在化学电源中的应用[J]. 化学通报, 2002, 65 (2): 96 – 100.

[11] Wu G T, Wang C S, Zhang X B et al. Structure and lithium insertion properties of carbon nanotube. J. Electrochem. Soc., 1999, 146(5): 1696 – 1699.

[12] Frackowiak E, Gautier S, Gaucher H, et al. Electrochemical storage of lithium multiwalled carbon nanotubes. Carbon, 1999, 37(1): 61 – 69.

[13] Leroux F, Metenier K, Gautier S et al. Electrochemical insertion of lithium in catalytic multi walled carbon nanotubes. J. Power Sources, 1999, 81 – 82(1 – 2): 317 ~ 322.

[14] 陈卫祥, 吴国涛, 王春生, 等. 纳米碳管的电化学贮锂性能[J]. 化学物理学报, 2001, 14(1): 88 – 94.

[15] Ishihara T, Kawahara A, Nishiguchi H, et al. Effects of synthesis condition of graphitic nanocarbon tube on anodic property of Li – ion rechargeable battery. J. Power Sources, 2001, 97 – 98: 129 – 132.

[16] Wang Y, Lee J Y. One – step, confined growth of bimetallic tin – antimony nanorods in carbon nanotubes grown in situ for reversible Li $^+$ ion storage. Angew. Chem. Int. Ed., 2006, 45(42): 7039 – 7042.

[17] Wang Y, Zeng H C, Lee J Y. Highly reversible lithium storage in porous SnO_2 nanotubes with coaxially grown carbon nanotubes overlayers. Adv. Mater., 2006, 18(5): 645 – 649.

[18] Wang Y, Wu M H, Jiao Z, et al. Sn@ CNT and Sn@ C@ CNT nanostructures for superior reversible lithium – ion storage. Chem. Mater., 2009, 21(14): 3210 – 3215.

[19] Shu J, Li H, Yang R Z, et al. Cage – like carbon nanotubes/Si composite as anode material for lithium – ion batteries. Electrochem. Commun, 2006, 8(1): 51 – 54.

[20] Kim T, Mo Y H, Nahm K S, et al. Carbon nanotubes (CNTs) as a buffer layer in silicon/CNTs composite electrodes for lithium secondary batteries. J. Power Sources, 2006, 162 (2): 1275 – 1281.

[21] Wang W, Kumta P N. Nanostructured hybrid silicon/carbon nanotube heterostructures: reversible high – capacity lithium – ion anodes. ACS Nano, 2010, 4 (4): 2233 – 2241.

[22] Kumar T, Ramesh R, Lin Y. Tin – filled carbon nanotubes as insertion anode materials for lithium – ion batteries. Electrochem. Commun. , 2004, 6(6): 520 – 525.

[23] Chen W, Lee J, Liu Z. The nanocomposites of carbon nanotube with Sb and SnSb0. 5 as Li – ion battery anodes. Carbon, 2003, 41(5): 959 – 966.

[24] Lian P H, Zhu X F, Liang S Z, et al. Large reversible capacity of high quality graphene sheets as an anode material for lithium – ion batteries. Electrochim. Acta, 2010, 55(12):3909 – 3914.

[25] Wang G X, Wang B, Wang X L, et al. Sn/graphene nanocomposite with 3D architecture for enhanced reversible lithium storage in lithium – ion batteries. J. Mater. Chem. , 2009, 19(44):8378 – 8384.

[26] 苏航,陶城,缪文泉,等. 锂离子电池能源材料研究进展[J]. 上海大学学报(自然科学版), 2011, 17 (4): 555 – 561.

[27] Zou Y, Wang Y. NiO nanosheets grown on grapheme nanosheets as superior materials for Li – ion batteries. Nanoscale, 2011, 3(6): 2615 – 2620.

[28] Chou S L, Wang K B, Choucair M, et al. Enhanced reversible lithium storage in a nanosize silicon/graphene composite. Electrochem. Commun. , 2010, 12(2): 303 – 306.

[29] Wang J, Zhong C, Chou S, et al. Flexible free – standing graphene – silicon composite film for lithium – ion batteries. Electrochem. Commun. , 2010, 12(11): 1467 – 1470.

[30] Lee J K, Smith K B, Hayner C M, et al. Silicon nanoparticles – graphene paper composites for Li ion battery anodes. Chem. Commun. , 2010, 46 (12): 2025 – 2027.

[31] Zhou H S, Zhu S M, Hibino M, et al. Lithium storage in ordered mesoporous carbon (CMK – 3) with high reversible specific energy capacity and good cycling performance. Adv. Mater. , 2003, 15 (24): 2107 – 2111.

[32] Wang T, Liu X Y, Zhao D Y, et al. The unusual electrochemical characteristics of a novel three – dimensional ordered bicontinuous mesoporous carbon. Chem. Lett. , 2004, 389(4 – 6): 327 – 331.

[33] Lee K T, Lytle C J, Ergang N S, et al. Synthesis and rate performance of monolithic macroporous carbon electrodes for lithium – ion secondary batteries. Adv. Funct. Mater. , 2005,15 (4): 547 – 556.

[34] 邢伟,张颖,阎子峰,等. 锂离子电池电极用规整中孔碳分子筛的电化学特性[J]. 化学学报, 2005, 63(9): 819 – 826.

[35] Xing W, Bai P, Li Z, et al. Synthesis of ordered mesoporous carbon and its application in Li – ion battery. Electrochim. Acta, 2006, 51(22): 4626 – 4633.

[36] Hu Y S, Adelhelm P, Smarsly B M, et al. Ordered microstructure and their application in rechargeable lithium batteries with high – rate capability. Adv. Funct. Mater. , 2007, 17(12): 1873 – 1878.

[37] 刘瑞丽. 三元共组装法合成有序介孔高分子—氧化物纳米复合材料及碳材料[D]. 上海:复旦大学博士学位论文,2007.

[38] Fan J, Wang T, Yu C Z, et al. Ordered nanostructured tin – based oxides/carbon composite as the nega-

tive – electrode material for lithium – ion batteries . Adv. Mater. , 2004, 16(16): 1432 –1438.

[39] 范杰. 介孔材料结构和孔道的模板合成及其在生物和电池中的应用[D]. 上海:复旦大学博士学位论文, 2004.

[40] Li H Q, Liu R L, Zhao D Y, et al. Electrochemical properties of an ordered mesoporous carbon prepared by direct tri – constituent co – assembly. Carbon, 2007, 45(13): 2628 –2635.

[41] Su F, Zhao X S, Wang Y, et al. Bridging mesoporous carbon particles with carbon nanotubes. Micro. Meso. Mater. , 2007, 98(1/2/3): 323 –329.

[42] Zhang H,Tao H,Jiang Y,et al. Ordered CoO/CMK – 3 nanocomposites as the anode materials for lithium – ion batteries. J. Power Sources, 2010, 195(9):2950 –2995.

第9章 介孔碳材料在燃料电池中的应用

9.1 燃料电池简介

燃料电池(Fuel Cell,FC)是一种直接以电化学反应方式将燃料的化学能转变成电能的高效发电装置,其工作过程不经过燃烧步骤(亦即燃料电池不是一种热机),不受卡诺循环的限制,可以获得很高的转化效率(40%～60%)。因此,燃料电池具有高效、环境友好、安静和可靠性高的特点,将成为21世纪首选的洁净、高效的发电技术[1]。

迄今为止,人们已经开发出了多种类型的燃料电池。按照工作温度,燃料电池可分为高温型、中温型、低温型3类;按燃料来源,燃料电池可分为直接式燃料电池(如直接甲醇燃料电池)、间接式燃料电池(如甲醇通过重整器产生氢气,然后以氢气为燃料的燃料电池)和再生类燃料电池;依据电解质类型可分为5大类,即磷酸燃料电池(Phosphoric Acid Fuel Cell,PAFC)、熔融碳酸盐燃料电池(Molten Carbonate Fuel Cell,MCFC)、固体氧化物燃料电池(Solid Oxide Fuel Cell,SOFC)、碱性燃料电池(Alkaline Fuel Ce11,AFC)和质子交换膜燃料电池(Proton Exchange Membrane Fuel Cell,PEMFC)。

电极是构成燃料电池的关键材料与部件之一,是燃料氧化和氧化剂还原的电化学反应发生的场所。电极结构通常分为两层:一层为扩散层或称支撑层,它由导电多孔材料制备,起到支撑催化剂层、收集电流、传导气体和反应产物的作用;另一层为催化剂层,它由电催化剂和防水剂(如聚四氟乙烯)等制备,其厚度仅为几微米至数十微米。电极性能好坏的关键是电催化剂的性能。

铂、钌、钯、银、金等贵金属,由于其良好的催化活性、导电性和抗腐性成为普遍选用的各种低温燃料电池的催化剂,金属铂是低温燃料电池首选的催化剂。铂颗粒的大小是影响催化剂性能的主要因素之一,与铂颗粒的分散程度、比表面积存在一定的关系,铂颗粒尺寸越小,其分散程度越大,比表面积也越大,其电催化性能会得到提高。但研究表明,当铂颗粒的尺寸小到一定尺度时,若进一步减小其尺寸,催化活性反而会下降[2]。因此,有效控制催化剂的粒径及其形状对提高铂电催化剂的利用效率具有重要意义。

在担载型催化剂中,载体起着至关重要的作用。一方面是作为惰性支撑物将催化剂固定在其表面,并将催化剂粒子分开,避免其团聚而失效;另一方面载体和催化剂之间存在某种相互作用,能够通过修饰催化剂表面的电子状态,发生协同效应,提高催化剂的活性和选择性。用于制备高分散的电催化剂的载体必须具备高的电导、高的比表面积、合适的孔结构,这样才使贵金属实现高分散并阻止铂的团聚。

9.2 碳材料在燃料电池催化剂载体方面的应用

碳材料是一种最为广泛的燃料电池用催化剂载体。碳载体不仅直接影响催化剂的分散度和催化活性,而且对催化层内的传荷和传质过程也具有重要影响。在燃料电池中,要求所用的碳载体具有高导电率、高比表面积、合理的孔结构与憎水性、碳载体与活性组分之间存在相互作用及具有良好的化学稳定性与热稳定性。目前,用于燃料电池电极用催化剂碳载体的主要有碳黑、空心碳球、碳纳米纤维、碳纳米管以及石墨烯等碳材料。

9.2.1 碳黑

碳黑是低温燃料电池最常用的载体材料之一,包括乙炔黑(BET 表面积约 $50m^2/g$)、Vulcan XC - 72(BET 表面积约 $250m^2/g$)、KETJEN 黑(BET 表面积约 $1000m^2/g$)。这 3 种碳材料均有很好的导电性能,但它们的比表面积相差较大,表面形态也有很大差异。乙炔黑具有较小的比表面积故其担载量不能过高,但由于没有微孔存在,所以不会阻碍反应物的传质。高比表面的 KETJEN 碳黑可以作为高担载量催化剂的载体,且可以提高活性金属的分散度,但是由于微孔太多,一方面导致活性物种分布不均匀,另一方面引起传质极化,反应物很难到达微孔的内表面,所以不太适合作催化剂载体。Vulcan XC - 72 为无定形活性碳石墨化处理的碳黑材料,比表面积约为 $250m^2/g$,具有良好的导电性和较好的孔结构,为目前燃料电池催化剂中使用最多的催化剂载体。然而该载体表面具有大量的微孔,不利于物质在电极中的传输过程;此外,由于在燃料电池运行条件下容易发生氧化腐蚀,造成贵金属催化剂的脱落,降低催化剂的耐久性。

为了解决上述问题,Anderson[3] 等以 Vulcan XC - 72 为载体通过硅胶法制备了 Ptcoll/C - SiO$_2$ 催化剂,制得的 Pt 粒子的粒径为 3nm ~ 4nm,并且催化剂对甲醇具有良好的催化活性。干林等[4] 将不同粒径的 Pt 催化剂粒子负载于 Vulcan XC - 72 导电碳黑中,发现 Pt 平均粒径为 3.0nm 的 Pt/C 复合材料作为 DMFC 催化剂的性能最好。然而,黄成德等[5] 认为颗粒效应不是决定铂催化活性的主要因素,占主导地位的是载体材料的作用。他们分别以 BP - 2000、Vulcan

XC - 72 和核桃木碳为载体,采用浸渍法制备 Pt/C 催化剂,研究表明在采用不同碳材料时,必须考虑高比表面积的碳黑与金属之间的相互作用以及对催化活性的影响。

李旭光等[6]分别以松木碳和 Vulcan XC - 72 碳黑为载体制得碳载铂电催化剂,在聚合物电解质膜燃料电池 PEMFC 中对其性能进行比较。结果表明:Vulcan XC - 72 碳黑作载体的电催化剂性能显著优于松木碳作载体的电催化剂,活性碳的孔径、电导率和表面含氧基团对电催化剂性能有很大的影响。

唐亚文等[7]利用固相反应法制得 Vulcan XC - 72 碳黑载 Pt 催化剂,探讨了制备条件对催化剂性能的影响。结果显示该催化剂对甲醇氧化的峰电流密度较同样条件下 E - TEK 公司商品化的 Pt/C 高。田植群等[8,9]利用交替微波加热法制备 Pt 载量高于 40% 的 Pt/C 催化剂,测试结果表明 Pt 颗粒高度均匀地分散于 Vulcan XC - 72 碳载体上,粒径分布在 2.5nm ~ 5nm 之间。由该催化剂制备的电极对甲醇的电化学氧化性能优于 E - TEK 公司的同类产品。

Liu 等[10]利用微波铺助乙二醇溶液将 Pt 和 PtRu 纳米粒子负载到 Vulcan XC - 72 碳上。首先在乙二醇溶液中形成铂胶体,然后将其转移到甲苯和硫醇溶液中,硫醇作为两相转换的溶剂。该方法制备的金属微粒的粒径分布大约为 3nm ~ 6nm。电化学测试结果表明该催化剂在室温时对甲醇氧化的活性很好。

李翔[11]通过多元醇方法,并添加醋酸钠作为稳定剂,制备了具有不同 Pt/Ru 原子比例的碳负载 PtRu 合金催化剂(PtRu/Vulcan XC - 72),该催化剂对甲醇氧化的电催化性能较高,并且对 CO 有较好的抑制作用。Pt∶Ru = 1∶1 的 PtRu/Vulcan XC - 72 催化剂对甲醇的电化学氧化具有最好的性能。

梁营[12]优化了微波协助乙二醇还原方法来制备 VulcanXC - 72 负载的 Pt 和 PtRu 催化剂。制备的催化剂具有优异的性能,对甲醇氧化的活性和商品化 E - TEK催化剂相当。PtRu/C 催化剂比即 C 催化剂具有更好的甲醇氧化活性,PtRu/C 和 Pt/C 催化剂对甲醇氧化的起始电位分别为 0.19V 和 0.32V,峰电位分别在 0.53V 和 0.62V。但在金属含量都为 20% 的情况下,即 C 催化剂对甲醇氧化的峰电流比 PtRu/C 催化剂的高。CO 溶出实验显示,PtRu/C 催化剂比 Pt/C 催化剂具有更低的 CO 氧化峰电位,以上结果间接地说明了 PtRu 催化剂促进甲醇氧化的双功能机理。

彭小亮[13]采用化学还原法将铂沉积至聚苯胺/Vulcan XC - 72 碳黑(PANI/C)复合载体上制得催化剂 Pt/PANI/C。测试结果表明,PANI/C 复合载体不仅能高效地负载 Pt 粒子,而且使 Pt 粒子呈均匀的分散状况,且颗粒粒径分布窄,Pt 平均粒径约为 7nm。对复合载体载 Pt 催化剂电催化氧化甲醇性能进行了比较,发现 PANI/C 为 0.12 时,Pt/PANI/C 催化活性相对最好。

王召[14]利用等离子体还原制备高分散、高载量 Pt/Vulcan XC - 72 电催化剂。等离子体还原的 20% 和 40% 的 Pt 颗粒分布窄,其尺寸大小分别为 1.43nm 和 1.5nm,在 0.5mol/L H_2SO_4 和 1mol/L CH_3OH 溶液测得的循环伏安图中,甲醇的氧化峰都出现在 0.73V 左右,两者的峰电流密度分别为 35.2mA/cm^2 和 68.9mA/cm^2。所制备的 Pt/C 催化剂在 Pt 的粒径、电化学活性表面积、对甲醇氧化的电催化活性方面优于商业 Pt/C 催化剂。

Wu 等[15]报道了一种以氮修饰石墨层为壳、纯碳黑粒子为核的新型核-壳结构的氮修饰碳材料。采用的方法是首先在碳黑表面原位聚合苯胺,再高温锻烧,使得碳表面留有一定量的氮修饰层。相对于未修饰的碳黑,氮修饰的碳材料更适合作为合成高 Pt 载量(60%(质量分数))催化剂的载体,并且粒径分布均一。认为修饰后的碳材料表面由于氮的掺杂产生了很多的缺陷,有利于 Pt 粒子的负载及稳定,另外也提高了材料的电子密度,增强了导电性。

Urchaga 等[16]通过 4 - 氨基苯硫酚与 $NaNO_2$ 反应所得重氮盐阳离子的自发还原来修饰 Vulcan XC - 72 碳黑表面,然后与采用"油包水"微乳液/硼氢化钠还原法制备的纳米铂胶体溶液混合,得到了 Pt/C 催化剂。结果表明,苯硫醇嫁接层的引入明显降低了因铂颗粒在碳载体上迁移所导致的活性表面积损失,从而提高了铂催化剂的稳定性。

Fang 等[17]采用尿素辅助均匀沉积 - 乙二醇法合成 Pt/Vulcan XC - 72 催化剂,其中尿素的作用是水解提供 OH^-,以便与氯铂酸根水合物形成中间产物,并最后被乙二醇还原,这种方法能够有效地调控 Pt 颗粒的生长。此法制备出来的催化剂有更小的粒径和均匀的分散度。将制备出来的 Pt(60%,质量分数)/Vulcan XC - 72 用于燃料电池,表现出很好的电催化性能,最大比功率可达 384 mW/cm^2。

9.2.2 空心碳球

Liu 等[18]研究了碳微球(大约 10μm,比表面积 1.3m^2/g)为载体负载 PtRu 催化剂对甲醇氧化的性能。所负载的 PtRu 平均粒子大小为 10nm,大于采用 Vulcan XC - 72 为载体所制备出的约 3nm 的 PtRu 粒子。电极极化结果表明 Pt-Ru/MCMB 催化剂比 PtRu/C 具有对甲醇氧化更好的活性,性能的提高主要是由于好的质量传质效果。

李景虹研究组[19]用葡萄糖作碳源在十二烷基硫酸钠(SDS)的辅助下水热合成含碳多聚糖空心球壳或半球壳后,再经 900℃高温分解得到了原结构的空心碳载体(HCSs),然后通过 $NaBH_4$ 还原 H_2PtCl_6 在 HCSs 的内外表面均匀分散地沉积了 Pt 纳米颗粒(Pt/HCSs)。与 Pt/碳微球和 Pt/Vulcan XC - 72 相比,Pt/

HCSs 具有更高的催化活性和稳定性,这归因于 Pt 纳米颗粒的高分散性和 HCSs 的独特结构。

沈培康等[20]利用聚苯乙烯球模板和三嵌段共聚物表面活性剂的辅助,采用水热法加间歇式微波加热技术,同样以葡萄糖作碳源制备了 HCSs。Pt 纳米颗粒在 HCSs 的沉积采用了蚁酸还原 H_2PtCl_6 的办法。与同样 Pt 载量的商业 Pt/C 催化剂相比,所制备的 Pt/HCSs 对甲醇氧化具有更高的催化活性,这归功于 Pt/HCSs 所具有的更高电化学活性表面积和其空心结构中的微孔与纳米通道。

9.2.3 碳纳米纤维

碳纳米纤维(CNF)是研究较多的一类新型碳材料,该材料是通过烃类解离吸附于催化剂表面,碳原子在不同的金属催化剂的晶面的沉积形成的。碳纳米纤维具有独特的物化性质,不同的催化剂和催化条件可以得到不同的石墨片排布。由于 CNF 优异的导电性和独特的物理化学性质,有望成为理想的电催化剂载体材料。

Baker 等[21]利用浸渍法制备了 10%(质量分数)Pt/CNF 催化剂,该催化剂的 Pt 粒子在 HRTEM 观察下呈扁的高度晶体化的结构,显示了很强的金属载体强相互作用(SMSI)。在电池反应中,5%(质量分数)负载量的该催化剂与 30%(质量分数)Vulcan XC – 72 催化剂的甲醇氧化活性相当。

Steigerwalt 等[22]制备了鲱骨形 CNFs 负载的高分散 PtRu 催化剂,PtRu 粒径在 7nm 左右,作为阳极催化剂用于 DMFC,其单电池功率密度高于 SWNT 和 MWNT 负载 PtRu 催化剂,并且较使用非负载 PtRu 催化剂,功率密度提高了 50%。

Zhao 等[23]使用硬模板 AAO 和软模板 F127 合成了有序介孔碳纳米纤维(MCNFs),TEM 显示 MCNFs 具有高度有序平行管道和规整的圆形孔结构,以 MCNFs 为载体制备的 Pt 催化剂的电化学活性面积为 $235.2m^2/g$,是 E – TEK 公司 Pt/C 催化剂的 2 倍,同时该催化剂显示出更高的甲醇氧化催化活性。

上述文献报道中 CNFs 载体所表现出来的优异性能,一方面是由于 CNFs 表面的石墨边缘能促进金属纳米颗粒的均匀分散;另一方面也是由于 CNFs 所构成的网状介孔结构具有较好的导电性并有利于物质的扩散。CNFs 表面的石墨边缘由于具有较高的化学活性,因此能很容易地进行表面改性,从而可以很好地研究表面结构对 DMFC 催化剂性能的影响。

干林[24,25]以热处理的 CNFs 为载体,研究了 CNFs 的表面重构对阴极 Pt 催化剂性能的影响。经 900℃ 热处理的 CNFs,其表面的石墨边缘重构成单壁纳米回路,并在循环伏安测试中引起氧的表面扩散,提高了 Pt 对氧还原反应的催化性能。高温石墨化处理的 CNFs,由于具有优异的导电性能,同时表面重构形成的多壁纳米回路能保持 Pt 纳米颗粒的均匀分散,显著提高了 DMFC 的阴极性能。

Wallnofer 等[26]将 CNFs 在 H_2SO_4 – HNO_3 中进行预处理,以其为载体制备的 Pt 催化剂的平均晶粒尺寸为 4.6nm,与碳黑相比可有效提高活性组分的利用效率。Maiyalagan 等[27]也将 CNFs 在 H_2SO_4 – HNO_3 中进行预处理,然后将硅钨酸(STA)稳定的 Pt – Ru 粒子负载在该载体上,测试结果表明 Pt – Ru 纳米粒子高度分散在 CNFs 上,平均粒径为 3.9nm ± 0.1nm,CV 曲线表明 20% Pt – Ru/STA – CNFs 比商业的 Johnson Mathey 20% Pt – Ru/C 具有更好的甲醇氧化催化活性。

9.2.4 碳气凝胶

碳气凝胶(CA)是一种由球状纳米粒子相互连接而成的新型多孔材料,有许多优异的特性,如曲折的开环结构、超细粒子和孔尺寸、高比表面积($400m^2/g$ ~ $2000m^2/g$)和良好导电性等,这些特性使其可作为催化剂载体,其应用对于降低成本、提高催化剂利用率及催化活性有着重要的作用。因此,碳气凝胶在燃料电池领域的应用逐渐受到广泛关注[28-31]。其缺点是制备比较困难,且作为非晶态的碳气凝胶材料,在 PEMFC 恶劣的工作环境中容易发生化学腐蚀,导致催化剂的耐久性降低。

Ye 等[32-34]将碳化聚丙烯腈气凝胶作为基体与铂盐混合制成高孔隙率、高分散的纳米级 Pt/CA 电催化剂。测试结果表明该催化剂对于燃料电池氧还原反应具有较高的催化活性和稳定的寿命性能;该研究小组制备的纳米级 Fe/CA 和 Co/CA 电催化剂在酸性条件下也表现出对氧还原反应较好的电催化活性和稳定性[35, 36]。

杜娟等[37]以间苯二酚和甲醛为原料,制备了碳气凝胶,采用浸渍还原法制备了 CA 负载的 Pt/CA 催化剂。结果发现 CA 成品表面负载的 Pt/CA 催化剂具有更好的甲醇电氧化催化性能。对比研究 Pt/CA 和同方法制备的以 Vulcan XC – 72 为载体的催化剂 Pt/C 对甲醇氧化的催化性能,可以认为,碳气凝胶是一种很有希望的、极具竞争力的燃料电池催化剂载体材料。

Wei 等[38]用间苯三酚(R)和甲醛(F)为前驱体、十六烷基三甲基溴化铵(CTAB)为凝胶催化剂制备了碳气凝胶,以其为载体制备的催化剂中 Pt 粒子平均粒径为 2.3nm,R/C = 125 的 Pt/CA 催化剂的电化学活性表面积为 $87.4m^2/g$,明显高于 E – TEK 公司的 Pt/Vulcan XC –72R($28.6m^2/g$)。

郭志军[39]采用碳气凝胶为载体制备了 Pt/CA 催化剂。Pt 粒子以圆形小颗粒均匀分布在碳气凝胶上,并且高度分散,基本上没有团聚,粒径多数分布在 2.0nm ~ 5.0nm 之间。电化学测试表明 Pt/CA 催化剂有着较高的电催化活性和稳定性,且表明该催化剂对甲醇的电催化氧化过程是一种典型的扩散控制的电化学反应过程。

Saquing 等[40,41]用超临界流体技术制得了含 Pt 的 R - F 凝胶,碳化后,得到 Pt/CA 复合材料。该材料 Pt 含量最高可达 40% (质量分数),粒径为 1nm ~ 4nm。因此,优化气凝胶结构和催化层的组成,可进一步提高电池性能。Pt/CA 催化剂独特的大孔结构、Pt 粒子在多孔碳结构中的均匀分散性和电池运行中较小的团聚与烧结趋势,使 Pt/CA 催化剂成为 PEMFC 和 DMFC 最有希望的催化剂之一。

9.2.5 碳纳米管

碳纳米管由于具有大的比表面积、空腔结构和特殊的电学性质,可以用于负载或填充具有其他性质的材料,以获得特殊性能的复合物材料,因此,以碳纳米管为载体负载金属或金属氧化物等用于燃料电池催化剂的研制成为该领域的研究热点。

1. 未改性碳纳米管

Li 等[42]将直径为 4nm ~ 50nm、比表面积为 42m^2/g、经过纯化的碳纳米管(CNT)用作直接甲醇燃料电池(DMFC)阴极催化剂的支撑层。研究发现,采用 Pt/CNTs 的电流密度为 14.7mA/cm^2,而 Pt/Vulcan XC - 72 的电流密度仅为 2.5mA/cm^2,增加近 5 倍,认为其原因可能是纳米管独特的性质和导电性能。

李翔[11]通过微波 - 多元醇方法制备了 Pt/CNTs 催化剂,电化学测试结果表明 Pt/CNTs 催化剂对甲醇的电化学氧化具有较高的催化性能,并且当反应前驱体溶液 pH = 7.4 左右时,制备的 Pt/CNTs 催化剂的电催化性能最高,并且对 CO 的抑制较为稳定。

Jha 等[43]以多壁碳纳米管(MWCNTs)为载体制备 Pt - Ru 阳极催化剂,在 80℃时 DMFCs 最大功率密度为 39.3 mW/cm^2,远高于相同条件下的 Pt - Ru/Vulcan XC - 72R(25 mW/cm^2),电池性能的提高,一方面是由于 MWCNTs 具有较高的比表面积;另一方面是 MWCNTs 具有优良的电子传输性能。

Wai 研究组[44]采用甲醇一步还原法制备了 Pt/SWNT 催化剂,循环伏安分析显示其对甲醇氧化有很好的催化活性,峰电流为商用 Pt 碳黑催化剂的 2.5 倍。

CNTs 的管径和壁厚对催化剂的活性有较大的影响。唐亚文等[45]发现,Pt/CNTs 催化剂对甲醇氧化的电催化活性随着 CNTs 管径的减小而提高,这归结于管径小的 CNTs 的比表面积大、含氧基团多、有利于提高 Pt 粒子的分散度,加上管径小的单壁 CNTs 具有更高的导电性。

Wu 等[46]比较了 SWNT 和 MWNT 负载的 Pt 催化剂的甲醇电氧化性能,发现 Pt/SWNT 具有更低的甲醇电氧化起始电位、更小的电荷转移电阻,可能是单壁碳纳米管良好的石墨结晶度、更多的含氧基团和介孔三维结构,从而提高了Pt 的利用率。

2. 功能化碳纳米管

CNTs 的缺点是表面具有较强的化学惰性以及与金属颗粒呈现较弱的相互作用,因此,如何在 CNTs 上较容易的负载均匀分散且尺寸分布窄的金属纳米颗粒存在较大的困难。为了解决这一问题,关于 CNTs 的功能化修饰也有大量的文献报道。

1) 聚合物非共价功能化碳纳米管

Drillet 和 Arbizzani 等[47,48]使用噻吩在碳纳米管表面原位聚合,以提高碳纳米管的表面能,使得催化剂颗粒能够更均匀地分散在载体的表面。其基本原理为 CNTs 表面的官能团—COOH 在噻吩氧化聚合时作为质子酸掺杂其中,使得这些官能团被覆盖而使得金属颗粒不会主要集中在这些缺陷表面生长而产生严重的团聚。同时,聚噻吩较好的电化学稳定性、高的质子和电子传导能力以及其对过渡金属的诱捕作用,一方面使得催化剂层的三相结构得以改善,另一方面可以改善过渡金属的分散性和附着力。

Selvaraj 等[49]把吡咯单体与 MWCNTs 混合在一起,在 0℃~5℃的低温条件下制备聚吡咯(PPy)功能化的 MWCNT。随后利用 HCHO 作为还原剂,制备得到了 Pt/PPy – MWCNTs 和 PtRu/PPy – MWCNTs 催化剂。通过对甲醇的循环伏安法显示,这两种催化剂都显示了对甲醇增强的电催化活性和稳定性。Zhao 等[50]通过类似的方法制备得到的 PtCo/PPy – MWCNTs 催化剂同样显示了对甲醇良好的电催化活性。

2) 酸化处理的碳纳米管

唐亚文等[51]通过将经过浓硝酸氧化处理前后的 CNTs 作为载体载铂的电化学研究比较,显示处理后的 CNTs 负载铂拥有更大的电化学活性面积,原因是处理后的 CNTs 明显变短且端口开放,降低了 CNTs 的管径效应,使得 CNTs 的内表面负载的 Pt 粒子得到了充分利用,增加了催化剂的电化学活性面积和对甲醇的电催化氧化性能。张俊松等[52]研究了浓 HNO_3 处理对不同壁厚 CNTs 结构和表面基团的影响,结果表明,Pt 粒子更容易均匀地吸附在薄壁 CNTs 的表面,因此制得的 Pt/CNTs 催化剂对甲醇氧化有很高的电催化活性。

Yang 等[53]将 MWCNTs 在 $HNO_3 – H_2SO_4$ 中进行回流预处理,并制备了负载

Pt – Ru 催化剂,研究表明该催化剂具有较高的分散度与较窄的粒度分布,Pt – Ru/MWCNTs 具有较高的甲醇氧化催化活性。Han 等[54]同样将 MWCNTs 在 H_2SO_4 – HNO_3 中回流进行预处理并制备了 Pt/Sn/PMo$_{12}$/MWCNTs 催化剂,其电化学活性面积比 Pt/Sn/MWCNTs 的高 15.6%。

3)掺杂碳纳米管

掺杂的碳纳米管作为燃料电池催化剂载体近期也有报道。Viswanathan 等[55]以 Al_2O_3 为模板、PVP 为前驱体制备了含氮碳纳米管(N – CNTs),以其为载体制备的 Pt 催化剂颗粒均匀分散且无团聚现象,电化学测试表明含氮量为 10% 左右的含氮碳纳米管催化剂具有最高的甲醇氧化催化活性。干林等[56]报道了掺杂五元环缺陷的竹节状碳纳米管(BCNTs)在 DMFC 催化剂载体中的应用,发现五元环缺陷能在较温和的氧化条件下形成丰富的表面含氧官能团,增强了载体与金属颗粒的作用,将 Pt 纳米颗粒均匀分散于 BCNTs 载体上,作为 DM-FC 阴极催化剂在 30℃下显示出较好的性能。制备的高金属含量(质量分数为 60%)Pt – Ru/BCNT 阳极催化剂,可显著提高 DMFC 的性能[57]。

9.2.6 石墨烯

石墨烯表面含有的羟基等基团能够作为金属纳米粒子生长的成核中心,控制金属纳米粒子的生长[58]。此外,由于石墨烯具有优异的导电性、导热性和结构稳定性,同时石墨烯对负载金属催化剂的电子改性作用使得石墨烯负载催化体系将表现出许多特殊的催化活性。因此,石墨烯在燃料电池领域显示出了作为优秀载体的潜力。

Li 等[59]采用 $NaBH_4$ 还原石墨氧化物与 H_2PtCl_6 的混合溶液,通过一釜法合成了 Pt/石墨烯复合物。结果表明,Pt/石墨烯催化剂的甲醇氧化峰电流比传统的 Pt/Vulcan XC – 72 催化剂高近 2 倍,且具有更好的催化稳定性。此外,Kou 等[60]通过浸渍法也制得具有高比表面积和良好氧化还原活性的 Pt/石墨烯催化剂。

用 $NaBH_4$ 同步还原 H_2PtCl_6 和氧化石墨烯,可将 Pt 粒子均匀沉积于石墨烯片层上,所制 Pt/石墨烯作为 DMFC 催化剂显示较好的催化活性[61]。张立逢[62]以 $NaBH_4$ 为还原剂,制备了 Pt/石墨烯催化剂,该催化剂对甲醇的电催化氧化能力为 20.7mA/cm^2,明显优于利用商品碳材料 Vulcan XC – 72 制备的催化剂(10mA/cm^2)。

9.2.7 富勒烯纳米簇

富勒烯 C_{60} 纳米簇具有高的比表面积、良好的导电性和耐腐蚀性,在 DMFC

中有潜在的应用前景。Vinodgopal 等[63]采用电泳沉积 C$_{60}$ 纳米簇得到碳纳米载体,在 C$_{60}$ 膜上电沉积 Pt 粒子,显示出显著的甲醇电氧化活性。季长春等[64]采用光透电极(OTE)为基底,通过滴加涂覆 C$_{60}$ 溶胶的方法制备了 C$_{60}$/OTE 薄膜,再电沉积 Pt 制得修饰电极 Pt/C$_{60}$/OTE,对甲醇电氧化表现出显著的催化作用。Xu 等[65]以洋葱形富勒烯(Onion – Like Fullerenes,OLFs)为载体,采用浸渍还原法制备了 Pt/OLFs 催化剂,Pt 粒径为 3.05nm。循环伏安测试显示,Pt/OLFs 在电位 0.78V 时的甲醇氧化电流高出 Pt/Vulcan XC – 72 催化剂 20%。

9.2.8　碳纳米笼

空心碳纳米笼(Hollow Carbon NanoCages,HCNC)是由多层石墨层片形成的一种空壳状纳米碳材料,其结构也类似于富勒碳葱。空心碳纳米笼通常是作为碳纳米管制备过程中的副产物而得到的。大多数碳纳米笼的孔径在 2nm ~ 100nm 之间,表面结构类似于多孔碳,其拥有较大的比表面积,因此可以被应用于燃料电池的催化剂载体材料。

Han 等[66, 67]为了研究空心碳纳米笼的性能,将其用作直接甲醇燃料电池的电极材料中催化剂的载体,嵌入 Pt – Ru(1∶1)合金来研究它的电化学性能。相对于普通氢电极为 0.5V 时,催化剂载体用空心碳纳米笼比用其他两种要优越的多。研究结果表明,由于空心碳纳米笼具有较高的导电性和较小的颗粒尺寸,所以使得金属间接触较好,且分散比较均匀,催化性能也相应提高。

上海交通大学张力[68]以液态的羰基铁和乙醇为基质,通过化学气相沉积法制备碳包覆铁纳米颗粒,进一步酸洗除铁后制备得到碳纳米笼。研究结果表明,与常用的碳黑相比,碳纳米笼具有更好的性能。它具有类石墨结构从而表现出优异的电性能,同时又具备比较大的比表面积,因此它是一种很有发展前途的优异的电催化剂的载体。

9.3　介孔碳材料在燃料电池中的应用研究进展

介孔碳材料具有规整的三维孔道结构和很大的比表面积,其规整的介孔孔道结构有利于反应物和产物的传质,从而提高催化剂的比活性,在提高金属粒子分散度和利用率方面具有极大的潜力。因此,介孔碳材料是一种很有优势的催化剂载体材料。

9.3.1　未改性介孔碳材料

Joo 等[69]利用 SBA – 15 作为模板合成了孔径在 3.5nm 左右的有序介孔碳,

其比表面积可达 2000m²/g。以其为载体制备了均匀分布且具有较高含量的 Pt 纳米颗粒,该催化剂表现出了高的催化活性,在质量分数为 33 % Pt 负载量时峰电体的催化剂比 Vulcan XC -72 活性炭、碳纤维和碳纳米管为载体的催化剂具有更高的催化活性。

Yu 等[70]采用苯酚和甲醛为碳源,制备出具有均匀孔径的介孔碳材料,在直接甲醇燃料电池中,使用该纳米碳材料负载的 PtRu 阳极催化剂与使用 E - TEK 的 PtRu/C 催化剂相比,其阳极贵金属负载量降低 25%,最大功率密度提高 15%。表明采用介孔碳材料作为催化剂载体,对于燃料电池尤其是需要高贵金属负载量的 DMFC 显示出极好的应用前景。

Raghuveer 等[71]以介孔碳 CMK -3 为载体,多聚甲醛为还原剂,用液相反应法制备 Pt/CMK -3 催化剂,研究发现其电化学性能优于商品化催化剂 Pt/Vulcan XC -72 负载催化剂。

吴伟等[72]以蔗糖为碳源制得 CMK -3,采用浸渍法制备了 PtRu/CMK -3 催化剂。结果表明,PtRu/CMK -3 催化剂拥有较大的电化学活性面积,对甲醇的电氧化性能和抗 CO 中毒能力明显优于其他同类催化剂。

Woo[73]和 Liu 等[74]采用金属前驱物与碳化前驱物共填充的方法制备出了包埋于介孔碳墙壁中贵金属纳米粒子负载的介孔碳催化材料,在直接甲醇燃料电池阴极催化反应中表现出了良好的抗甲醇性能。

白士英等[75,76]以二茂铁为碳源,可成功合成二维六方有序结构的碳材料 CMK -5。合成的 CMK -5 在作为 Pt 催化剂载体时,Pt 在 CMK -5 上的颗粒尺寸为 3.1nm,小于同负载量的 Pt 在商业 XC -72 的颗粒大小(5nm)。实验中采取室温下 0.5 M H_2SO_4 和 1M CH_3OH 的混合溶液作为电解液,同样的条件下检测 Pt/CMK -5 与 Pt/XC -72 输出电流密度的大小。实验结果显示,Pt/XC -72 电流密度是 220mA /mg Pt,Pt/CMK -5 的电流密度最高可达 433mA /mg Pt。CMK -5 碳材料的大的比表面积、高的石墨化程度和均一的孔径分布是 Pt/CMK -5 良好的催化活性的主要原因。

Vengatesan 等[77]以 CTAB 为结构导向剂、TEOS 为硅源、过硫酸铵为聚合引发剂制备了介孔碳 MC,其平均孔径为 15nm,比表面积为 838m²/g。采用液相还原法制备了 Pt/MC 催化剂。实验表明,80%(质量分数)Pt/MC 催化剂中 Pt 颗粒有最小的粒径和好的分散性,电催化性能也较普通 Pt/C 催化剂有显著提升。

Lin 等[78]研究了不同结构碳材料负载 PtRu 的催化效果,发现介孔碳材料的介孔结构能使催化剂 PtRu 获得最大的催化作用面积,同时短小的孔道也能缩短分子的输送距离,进而提高燃料电池的效率。

孙海燕[79]用络合还原法制备了 DMFC 阳极催化剂 Pt - Ru/CMK -3,该催化剂具有高的合金化程度。Pt – Ru/CMK – 3 催化剂对乙醇氧化的电催化活性要远高于商品化 E – TEK 的 Pt – Ru/C 催化剂,表明合金化程度的提高也有利于提高对乙醇氧化的电催化活性。

Cui 等[80]以含铝 SBA – 15 为模板、沥青和糠醇为碳源制备了介孔碳 GMC 和 CMK – 5,它们具有规则的二维六方介孔结构和较高的比表面积,与 Pt/C 相比,以其为载体制备的催化剂具有更高的甲醇氧化催化活性和稳定性。

为了研究孔径对催化性能的影响,Chai 等[81]采用聚苯乙烯、氧化硅等胶体球组装成的胶体晶体作为模板,制备有序结构的多孔碳材料,以其作为 DMFC 催化剂载体。研究结果表明,孔径为 25nm 的介孔碳为载体时电池性能最佳,常温下的电池功率密度比商品催化剂的性能高 40 % 以上。他们认为这是由于在介孔范围内,孔径越小,比表面积越大,催化性能越大。但过小的孔又不利于反应物、产物的扩散,因此 Chai 等[82]进一步采用了不同直径的模板,制备了由大孔 – 介孔组成双重孔结构的有序多孔碳。将这种方法制备出来的具有双重孔结构的多孔碳应用在 DMFC 催化剂上,取得了很好的效果。较大的孔为传质提供了通道,而较小的孔则促进了均匀分散纳米催化剂颗粒。采用模板法制备的具有层次孔结构的有序介孔碳也因此引起了广泛的研究兴趣。Zhang 等[83]通过原位自组装聚合物胶体、碳化、去除模板得到了具有部分石墨化特性的层次孔碳,大孔和介孔内部连通,是一种很好的 Pt – Ru 合金催化剂载体。

李恒[84]研究了不同形貌及粒子大小的 CMK – 3 作为催化剂载体时催化剂对甲醇氧化催化性能的影响。电化学测试结果表明:有着较大比表面积、长径比较大、粒子粒度较大的 CMK – 3 更有利于作为催化剂载体。

Salgado 等[85]将 Pt 及 PtRu 合金采用蚁酸还原法负载在介孔碳上,其对甲醇的催化活性均比在 Vulcan XC – 72 上的活性高,同时具有更负的 CO 氧化电位。Chen 等[86]将 Pt 负载在以酚醛树脂为碳源的介孔碳上,认为所制备的介孔碳的孔壁中相互贯穿的小的介孔和介孔通道能够有效提高 Pt 的分散性,并且所制备的催化剂对乙醇氧化表现出更好的催化活性和稳定性,对乙醇中 C — C 键的断裂有较高的反应活性。

Creager 等[87]通过溶胶 – 凝胶方法制备了具有高比表面积和大的孔体积(4cm^3/g)的介孔碳,以此介孔碳作为负载的 Pt 颗粒比负载在碳黑上的稍大,但是却表现出较低的凝聚现象。循环伏安测试表明,Pt 在介孔碳上的电化学活性表面积仅是碳黑上的 1/2。

Scholz 等[88]将不同量的氯铂酸加入到硅—蔗糖混合物中,之后分别在氮气和氢气气氛下热处理,表征后发现 Pt 纳米粒子嵌入到了介孔碳中,而且所制备的 Pt/C 催化剂比浸渍还原法所得到的催化剂表现出了更好的催化活性和稳定性。

Liu 等[89]将合成的 Pt – OMC 催化材料用于氢氧燃料电池的氧化还原反应，表现出较好催化活性和耐久性。发现这种较好催化活性和耐久性是由于 Pt 纳米粒子与介孔碳之间的强作用力可有效避免 Pt 纳米粒子在介孔碳载体上迁移或团聚而致。

徐群杰等[90]以介孔氧化硅 SBA – 15 为模板，在不同温度下以蔗糖为碳源制备了介孔碳 CMK – 3，通过浸渍还原法制备了 Pt/CMK – 3，利用循环伏安法（CV）、计时电流法等测试电催化剂对甲醇的催化氧化性能及稳定性。预吸附单层 CO 溶出伏安法研究测试催化剂抗 CO 中毒能力。结果表明在烧制温度为 900℃时制备的介孔碳载 Pt 催化剂具有最好的催化性能和稳定性，而在烧制温度为 700℃时制备的介孔碳载 Pt 催化剂对 CO 有较低的溶出电位。初步判断低温制备的介孔碳中所含有的部分羧基可以使 CO 的溶出电位提前，为今后开发抗毒性的催化剂提供参考。

尽管模板法制备的介孔碳作为催化剂载体取得了优异的性能，但 Rolison 等[91]认为，孔的有序性对提高单位质量的催化剂的效率是丝毫没有作用的，孔的有序性使得孔道只在有限的几个特定的方向上连通。而对反应物分子来说，其在各个方向上的扩散几率是相同的。有序孔会导致反应物分子与孔壁的碰撞几率增大。因此，相对于在各个方向都可能连通的无序孔结构来说，有序孔对传质是不利的。Antonietti 等[92]也认为，利用多孔材料的表面效应（如吸附、催化）时，高度有序的孔结构会降低反应物的扩散。

9.3.2 功能化修饰介孔碳材料

软模板法制得的有序介孔碳有很多结构上的优点，但是作为载体，负载 Pt 的性能却很差，所以有必要将此有序介孔碳进行表面修饰，使其不但具有良好的结构，并且具有优异的负载能力。表面修饰碳可以采用表面官能团化、掺杂杂原子或复合化等方法。

1. 表面官能团化

Lee 等[93]在多孔碳中引入—SO_3H 官能团，将 Pt – Ru 纳米粒子负载于所制备的多孔碳中，所得催化剂的离子电导率更高，比商用 60% Pt – Ru/Vulcan XC –72 催化性能更好。

Pak 等[94]通过用导电聚合物选择性地修饰介孔碳材料的外表面，进一步提高了介孔碳材料的电导率。孔道内负载平均粒径大约 2.8nm 的 Pt 纳米粒子后，循环伏安法测得其电化学活性比表面积较商用催化剂有大幅提高，催化剂在直接甲醇燃料电池单电池实验中，其能量密度较商用的催化剂提高 50% 左右。

Calvillo 等[95]也研究了 CMK-3 的官能团化处理对 Pt/CMK-3 催化剂活性的影响,发现以 2mol/L HNO$_3$ 或浓 HNO$_3$ 处理 0.5h 的 CMK-3 负载 Pt 催化剂具有最佳的 CO 和甲醇电氧化活性,好于商品 Vulcan XC-72 负载的 Pt 催化剂。

Wang 等[96]在低温 5℃下,将一定量 CMK-5 浸泡在氯化对磺酸基重氮苯中,制备了具有磺酸基团的 CMK-5-SO$_3$H,明显地改善了 CMK-5 的亲水性能。另外也可以在负载金属粒子的过程中加入表面活性剂来改善碳载体与负载金属的相互作用。Zhou 等[97]以软模板法所制备的有序介孔碳为载体,采用微波法负载 Pt 纳米粒子。在实验过程中添加阳离子表面活性剂 CTAB 以改善碳微粒的亲水性能,同时提高 Pt 纳米粒子的分散度,收到了很好的效果,增强了 Pt 纳米粒子的电催化性能,其对吸附氢的电化学活性面积是未加入 CTAB 时的两倍多。

Salgado 等[98]考察了几种有序介孔碳 OMC 的功能化处理方法对沉积其上的 Pt 纳米颗粒催化 CO 和甲醇氧化的影响。处理的目的在于产生含氧基团用来锚定经由蚁酸和硼氢化物还原制备的 Pt 纳米颗粒。结果表明,甲醇电氧化受载体性质的影响,催化剂的粒径、晶格参数和比表面积都依赖于所采用的处理方法。与 Vulcan XC-72 所负载的催化剂相比,功能化后 OMC 所负载的 Pt 纳米颗粒上的 CO 脱附发生在更负的电势,最佳的载体处理方法为浓硝酸中保持0.5h。另外,他们的研究还显示,从制备的 Pt 纳米颗粒的性能来看,硼氢化物还原法优于蚁酸还原法。

2. 掺杂杂原子

采用杂原子修饰的方式(如硼、硫、磷、氮等),使杂原子进入表面碳原子的晶格,进而改善碳的物理化学性能,以实现甲醇催化氧化过程中高的输出电流的目的。

夏永姚小组[99]在制得的 CMK-3 有序介孔碳上原位合成聚苯胺,形成聚苯胺-介孔碳复合材料。电化学分析表明,聚苯胺-介孔碳复合材料具有较好的电化学电容性能。另外,从杂原子修饰的角度考虑,还可以选取带有杂原子的有机物作为碳源,直接碳化就可以得到杂原子修饰的碳材料。Choi 小组[100]以自制的聚吡咯为碳源,800℃高温碳化得到氮修饰的磁性碳纳米材料。在此材料上化学还原法负载 Pt 粒子,发现其对甲醇氧化的性能优于 Vulcan XC-72 碳负载的 Pt 催化剂。

Gadiou 等[101]以 SBA-15 为模板,并以蔗糖、葡萄糖和氨基葡萄糖为碳源,制备了不同的介孔碳,发现当 N 掺杂量为 2%(质量分数)~5%(质量分数)时,其比表面积介于 1000m^2/g 与 1300m^2/g 之间,同时 N 元素在介孔碳合成过程中对碳材料的结构参数具有积极作用。

Liu[102]获得的氮修饰的、高石墨化程度的介孔碳具有很好的稳定性,在负载了金属粒子以后,对燃料电池的氧化还原反应比普通碳源制备的介孔碳具有更好的催化效果。

对有序介孔碳表面进行官能团改性或者在合成过程中添加适量的金属盐均能有效地提高碳负载 Pt 催化剂的性能,在质子交换膜燃料电池催化剂方面有广阔的应用前景。陈秀[103]利用苯胺单体在有序介孔碳上原位聚合得到有序介孔碳—聚苯胺复合材料,以其为载体,微波法负载 Pt 催化剂后电化学活性面积可达 $59.4m^2/g$,比纯有序介孔碳负载 Pt 催化剂($2.4m^2/g$)的活性高。显示了亚胺基团表面修饰能有效地提高有序介孔碳负载 Pt 催化剂的性能。该研究者还尝试在制备有序介孔碳的过程中采用乙酸钴作为辅助催化剂。实验结果表明,适量钴盐的加入对介孔碳的有序结构几乎没有影响,且由于所加入 Co 元素在高温下的还原,使 Pt 的负载有了较好的活性点,更利于 Pt 的还原沉积,从而可使 Pt 催化剂的电化学活性面积达到 $128.7m^2/g$。表明了在合成介孔碳的过程中添加适量的钴盐也能够有效改善碳负载 Pt 催化剂的性能。

安丽珍[104]以苯胺为碳源,以六方有序的介孔 SBA – 15 为模板,通过纳米浇铸(Nanocasting)法合成了氮掺杂的有序介孔碳材料(NOMC)。以 NOMC 作为催化剂载体,在其表面负载贵金属 Pt 催化剂,通过循环伏安和电化学阻抗研究了 Pt/NOMC 的电催化甲醇氧化特性。结果表明,N 的掺杂可有效提高 Pt 的分散及其抗 CO 中毒的能力。在优化的实验条件下,Pt/NOMC 比同条件制备的 Pt/XC – 72 呈现出较高的甲醇氧化活性和抗 CO 中毒的能力。

赵明艺[105]以粒径在 55nm ~ 90nm 范围内的的聚苯胺(PANI)纳米球为模板和碳源,制备氮掺杂的介孔碳纳米壳(N – dopedmesoporous Carbon Shells)(NCSs)。以不同温度热解的 NCSs 作为 Pt 催化剂载体,测试了 Pt/NCS 在甲醇的电催化氧化中的活性,结果表明,负载在 NCSs 上的 Pt 催化剂比负载在商业 Vulcan XC – 72 上的 Pt 催化剂表现出更小的尺寸、更均匀的分布以及更优的抗 CO 能力。Pt/NCS – 950 的甲醇氧化活性是同条件 Pt/Vulcan XC – 72 的 1.3 倍。

3. 复合化

Tang 等[106]利用氢键辅助的自组装方法,成功制备了孔道内含有亲水性 SiO_2 粒子的介孔碳,该方法可大大提高催化剂 Pt 的自增湿性,从而使燃料电池的最大功率密度达到了 $456\ mW/cm^2$,远大于使用普通介孔碳和传统导电碳黑的功率密度,这种功能复合材料的催化作用使聚合物电解质膜燃料电池的电性能得到显著提高。

赵桂网[107]通过 F127、$NiCl_2$ 和可溶性酚醛树脂三组分共组装,再碳化制得 Ni – 有序介孔碳复合材料。通过一系列测试,可知在制备有序介孔碳的过程中加入一定量的镍盐,基本上不会影响它的有序介孔结构,加入不同量的镍盐对碳的比表面积影响不大。采用微波法负载 Pt 微粒时,随着镍含量的增多,Pt 微粒的负载量明显增多,且分散均匀,其中电化学活性面积高达 107.8m²/g。该研究者进一步制备了有序介孔硅 - 碳复合材料,以其为载体微波法负载 Pt 催化剂的电化学活性面积达到 63.8m²/g,与纯有序介孔碳为载体负载 Pt 催化剂比较,电化学性能得到了显著的提高,表明硅的加入提高了介孔碳的负载性能。

赵东元院士课题组[108]以可溶性酚醛树脂作为碳源、TiCl₄ 和 Ti(OC₄H₇)₄ 作为钛源、P123 作为模板剂,利用三组分共组装的方法得到 C - TiO₂ 有序介孔结构复合材料,具有高的比表面积,较大的孔容,并且在还原过氧化氢方面表现出优异的催化性能。

张华[109]等利用介孔碳作为载体,制备介孔碳负载 Pt - WO₃ 复合催化剂应用于质子交换膜燃料电池(PEMFC)电极。以苯为碳源,采用气相沉积法复制介孔 SiO₂ - Al - SBA - 15 模板结构合成石墨化介孔碳 Cg,采用浸渍法制备无定形介孔碳 CMK - 3。通过分步沉积,将 Pt 和 WO₃ 负载到介孔碳载体上。结果表明:Pt - WO₃/Cg 和 Pt - WO₃/CMK - 3 作为催化剂载体,均提高了催化剂的电催化剂活性,说明 WO₃ 对 Pt 催化具有协同作用。另一方面,通过研究发现,虽然 Cg 的比表面积远小于 CMK - 3,但由于其粒径小、导电性高,使得相应催化剂的催化活性要高于 Pt - WO₃/CMK - 3。由此可见,对于介孔碳材料而言,提高催化剂导电性比提高催化剂的比表面积显得更为重要,因此,Pt - WO₃/Cg 作为 PEMFC 阳极电催化剂,具有很好的应用前景。

9.4　本章小结

本章主要介绍了碳材料在燃料电池领域应用的研究进展情况,包括碳黑、空心碳球、碳纳米纤维、碳纳米管、石墨烯以及介孔碳材料等。Vulcan XC - 72、Ketjen 等碳黑材料为传统的燃料电池载体,新型碳材料如碳纳米管、石墨烯、介孔碳材料等作为燃料电池催化剂载体的应用研究也不断扩展和深入,但相关新型碳材料负载催化剂活性提高的机理却需要进一步研究。此外,新型碳纳米材料的制备成本较高,必须研发出新的廉价的生产路线,降低成本,才可能应用于商品化燃料电池。

重点介绍了未经改性的介孔碳材料和功能化修饰的介孔碳材料在燃料电池催化剂载体方面的应用研究进展。由于有序介孔碳具有较高的孔隙率、大的比表面积、良好的电子导电性和较高的水热稳定性,正好满足了催化剂载体的要求,可作为燃料电池电催化剂的载体。当其表面负载金属纳米粒子后是良好的电极材料,可以制备高效的催化反应电极,应用于燃料电池方面。但由于介孔碳的多孔特性,部分的 Pt 可能会被包覆在孔道内,从而降低催化剂的利用率。因此,如何提高孔道内贵金属催化剂的利用率将是今后需要解决的关键问题之一。

参 考 文 献

[1] Wang X, Hsing L M, Yue P L. Electrochemical characterization of binary carbon supported electrode in polymer electrolyte fuel cells. J. Power Sour., 2001, 96, 282 - 257.

[2] Giordano N, Passalacqua E, Pino L, et al. Analysis of platinum particle size and oxygen reduction in phosohoric acid. Electrochimica. Acta., 1991, 36(13): 1979 - 1984.

[3] Anderson M L, Stroud R M, Rolison D R. Enhancing the Activity of fuel - cell reactions by designing three - dimensional nanostructured architectures: catalyst - modified carbon - silica composite aerogels. Nano Lett., 2002, 2(3): 235 - 240.

[4] 干林,杜鸿达,李宝华,等. 载体炭与 Pt 催化剂之间的相互作用及其引起的尺寸效应[J]. 新型炭材料,2010, 25(1): 53 - 59.

[5] 黄成德,单忠强,李晓婷,等. 负载型 Pt/C 催化剂的制备条件对 Pt 晶粒尺寸的影响[J]. 应用化学,2000, 17(6): 645 - 647.

[6] 李旭光,邢巍,陆天虹,等. 活性炭载体对聚合物电解质膜燃料电池中炭载铂电催化剂性能的影响[J]. 分析化学, 2002, 30(7): 788 - 791.

[7] 唐亚文,杨辉,周益明,等. 固相反应制备 Pt/C 催化剂[J]. 精细化工, 2003, 12(12): 718 - 723.

[8] 田植群,沈培康,古国榜. 交替微波加热法制备 Pt/C 催化剂的研究[J]. 电池, 2004, 34(3): 204 - 206.

[9] 田植群,简弃非,沈培康. 快速制备高负载量高分散 Pt/C 催化剂的研究[J]. 功能材料,2004, 2(35): 197 - 199.

[10] Liu Z L, Ling X Y, Su X D, et al. Carbon - supported Pt and PtRu nanoparticles as catalysts for a direct methanol fuel cell. J. Phys. Chem. B, 2004, 108(24): 8234 - 8240.

[11] 李翔. 碳负载 Pt 及 Pt 基合金纳米粒子的合成及其对甲醇氧化的电催化性能研究[D]. 杭州:浙江大学硕士学位论文, 2006.

[12] 梁营. 直接甲醇燃料电池阳极碳纳米管和碳黑负载 Pt 基催化剂的研究[D]. 厦门:厦门大学博士学位论文,2007.

[13] 彭小亮. 高表面活性聚苯胺/纳米碳复合载体载铂催化剂的制备及结构性能研究[D]. 厦门:厦门大学硕士学位论文, 2007.

[14] 王召. 等离子体还原制备炭载材料的研究[D]. 天津:天津大学硕士学位论文, 2010.

[15] Wu G, Li D, Dai C S, et al. Well - dispersed high - loading Pt nanoparticles supported by shell - core nanostructured carbon for methanol electrooxidation. Langmuir, 2008, 24(7): 3566 - 3575.

[16] Urchaga P, Weissmann M, Baranton S, et al. Improvement of the platinum nanoparticles - carbon substrate interaction by insertion of a thiophenol molecular bridge. Langmuir, 2009, 25(11): 6543 - 6550.

[17] Fang B Z, Chaudhari N K, Kim M S, et al. Homogeneous deposition of platinum nanoparticles on carbon black for proton exchange membrane fuel cell. J. Am. Chem. Soc., 2009, 131(42): 15330 - 15338.

［18］ Liu Y C, Qiu X P, Huang Y Q, et al. Influence of preparation process of MEA with mesocarbon microbeads supported PtRu catalysts on methanol electrooxidation. J. Appl. Electrochem. , 2002, 32(11): 1279 – 1285.

［19］ Wen Z, Wang Q, Zhang Q, et al. Hollow carbon spheres with wide size distribution as anode catalyst support for direct methanol fuel cells. Electrochem. Commun. , 2007, 9(8): 1867 – 1972.

［20］ Wu J, Hu F, Hu X, et al. Improved kinetics of methanol oxidation on Pt/hollow carbon sphere catalysts. Electrochimica. Acta, 2008, 53(28): 8341 – 8345.

［21］ Baker R T K, Launbernds K, Wootsch A, et al. Pt/graphite nanofiber catalyst in n – hexane test reaction. J. Catal. , 2000, 193(1): 165 – 167.

［22］ Steigerwalt E S, Deluga G A, Cliffel D E, et al. A Pt – Ru/graphitic carbon nanofiber nanocomposite exhibiting high relative performance as a direct – methanol fuel cell anode catalyst. J. Phys. Chem. B, 2001, 105(34): 8097 – 8101.

［23］ Zhao G W, He J P, Zhang C X, et al. Highly dispersed Pt nanoparticles on mesoporous carbon nanofibers prepared by two templates. J. Phys. Chem. C, 2008, 112(4): 1028 – 1033.

［24］ Gan L, Du H D, Li B H, et al. Enhanced oxygen reduction performance of Pt catalysts by nano – loops formed on the surface of carbon nanofiber support. Carbon, 2008, 46(15): 2140 – 2143.

［25］ Gan L, Du H D, Li B H, et al. Surface – reconstructed graphite nanofibers as a support for cathode catalysts of fuel cells. Chem. Commun. , 2011, 47(13): 3900 – 3902.

［26］ Wallnofer E, Perchthaler M, Hacker V, et al. Validity of two – phase polymer electrolyte membrane fuel cell models with respect to the gas diffusion layer. J. Power Sources, 2009, 188(1): 192 – 198.

［27］ Maiyalagan T. Silicotungstic acid stabilized Pt – Ru nanoparticles supported on carbon nanofibers electrodes for methanol oxidation. Int. J. Hydro. Energy, 2009, 34(7): 2874 – 2879.

［28］ Moreno C, Maldonado H F. Carbon aerogels for catalysis applications: An overview. Carbon, 2005, 43(3): 455 – 465.

［29］ Farmer J C, Fix D V, Mack G V, et al. Capacitive deionization of NaCl and NaNO$_3$ solutions with darbon aerogel electrodes. J. Electrochem. Soc. , 1996, 143(7): 159 – 166.

［30］ Pierre A C, Pakonk G M. Chemistry of aerogels and their applications. Chem. Rev. , 2002, 102(11): 4243 – 4266.

［31］ Muhtaseb S A, Ritter J A. Preparation and properities of resorcinol – formaldehyde organic and carbon gels. Adv. Mater. , 2003, 15(2): 101 – 114.

［32］ Ye S, Vijh A K, Dao L H. A New fuel cell electrocatalyst based on highly porous carbonized polyacrylonitrile foam with very low platinum loading. J. Electrochem. Soc. , 1996, 143(1): L7 – L9.

［33］ Ye S, Vijh A K, Dao L H. Fractal dimension of platinum particles dispersed in highly porous carbonized polyacrylonitrile microcellular foam. J. Electrochem. Soc. , 1997, 144(5): 1734 – 1738.

［34］ Ye S, Vijh A K, Dao L H. Carbonized aerogel – platinum composites as fuel cell electrocatalysts: some electrochemical and surface effects. J. New Mater. Electrochem. Syst. , 1998, 1(1): 17 – 24.

［35］ Ye S, Vijh A K. Non – noble metal – carbonized aerogel composites as electrocatalysts for the oxygen reduction reaction. Electrochem. Com. , 2003, 5(3): 272 – 275.

［36］ Ye S, Vijh A K. Oxygen reduction on an iron – carbonized aerogel nanocomposite electrocatalyst. J. Solid State Electrochem. , 2005, 9(3): 146 – 153.

［37］杜娟，原鲜霞，巢亚军，等. 炭气凝胶负载 Pt 基催化剂的制备及其甲醇氧化催化性能［J］. 功能材料，2007, 38(4)：580 –585.

［38］Wei S L, Wu D C, Shang X L, et al. Studies on the structure and electrochemical performance of Pt/carbon aerogel catalyst for direct methanol fuel cells. Energ. Fuel. , 2009, 23(1)：908 –911.

［39］郭志军. 燃料电池用碳气凝胶载铂基催化剂的制备与表征［D］. 北京交通大学博士学位论文，2011.

［40］Saquing C D, Cheng T T, Aindow M, et al. Preparation of platinum/carbon aerogel nanocomposites using a supercritical deposition method. J. Phys. Chem. B, 2004, 108(23)：7716 –7722.

［41］Zhang Y, Kang D, Saquing C, et al. Supported platinum nanoparticles by supercritical deposition. Ind. Eng. Chem. Res. , 2005, 44(11)：4161 –4164.

［42］Li W Z, Liang C H, Qiu J S, et al. Carbon nanotubes as support for cathode catalyst of a direct methanol fuel cell. Carbon, 2002, 40(5)：791 –794.

［43］Jha N, Reddy A, Shaijumon M M, et al. Pt – Ru/multi – walled carbon nanotubes as electrocatalysts for direct methanol fuel cell. Int. J. Hydro. Energy, 2008, 33(1)：427 –433.

［44］Shimizu K, Wang J S, Cheng I F, et al. Rapid and one – step synthesis of single – walled carbon nanotube – supported platinum (Pt/SWNT) using as – grown SWNTs through reduction by methanol. Energ. Fuel, 2009, 23(3)：1662 –1667.

［45］唐亚文，曹爽，陈煜，等. 碳纳米管结构对碳纳米管载 Pt 催化剂电催化性能的影响［J］. 高等学校化学学报，2007, 28(5)：936 –939.

［46］Wu G, Xu B Q. Carbon nanotube supported Pt electrodes for methanol oxidation：A comparison between multi – and single – walled carbon nanotubes. J. Power Sources, 2007, 174(1)：148 –158.

［47］Drillet J F, Dittmeyer R, Jüttner K, et al. New composite DMFC anode with PEDOT as a mixed conductor and catalyst support. Fuel Cells, 2006, 6(6)：432 –438.

［48］Arbizzani C, Biso M, Manferrari E, et al. Methanol oxidation by pEDOT – pSS/PtRu in DMFC. J. Power Sources, 2008, 178(2)：584 –590.

［49］Selvaraj V, Alagar M. Pt and Pt – Ru nanoparticles decorated polypyrrole/multiwalled carbon nanotubes and their catalytic activity towards methanol oxidation. Electrochem. Commun. , 2007, 9 (5)：1145 –1153.

［50］Zhao H, Yang J, Li L, et al. Effect of over – oxidation treatment of Pt – Co/polypyrrole – carbon nanotube catalysts on methanol oxidation. Int. J. Hydrogen Energy, 2009, 34(9)：3908 –3914.

［51］唐亚文，包建春，陆天虹,等. 碳纳米管负载铂催化剂的制备及其对甲醇的电催化氧化研究［J］. 无机化学学报，2003, 19(8)：905 –908.

［52］张俊松，李海涛，唐亚文，等. 厚壁和薄壁碳纳米管载 Pt 催化剂制备和对甲醇氧化的电催化活性［J］. 应用化学，2008, 25(3)：290 –294.

［53］Yang C W, Wang D L, Hu X G, et al. Preparation and characterization of multi – walled carbon nanotube (MWCNTs) – supported Pt – Ru catalyst for methanol electrooxidation. J. Alloy. Compound. , 2008, 448 (1 –2)：109 –115.

［54］Han D M, Guo Z P, Zeng R, et al. Multiwalled carbon nanotube – supported Pt/Sn and Pt/Sn/PMo12 electrocatalysts for methanol electro – oxidation. Int. J. Hydro. Energy, 2009, 34(5)：2426 –2434.

［55］Viswanathan B. Architecture of carbon support for Pt anodes in direct methanol fuel cells. Catal. Today,

2009, 141(1 – 2): 52 – 55.

[56] Gan L, Lv R, Du H D, et al. Highly dispersed Pt nanoparticles by pentagon defects introduced in bamboo – shaped carbon nanotube support and their enhanced catalytic activity on methanol oxidation. Carbon, 2009, 47(7): 1833 – 1840.

[57] Gan L, Lv R T, Du H D, et al. High loading of Pt – Ru nanocatalysts by pentagon defects introduced in a bamboo – shaped carbon nanotube support for high performance anode of direct methanol fuel cells. Electrochem. Commun. , 2009, 11(2): 355 – 358.

[58] Scheuermann G M, Rumi L, Steurer P, et al. Palladium nanoparticles on graphite oxide and its functionalized graphene derivatives as highly active catalysts for the suzuki miyaura coupling reaction. J. Am. Chem. Soc. , 2009, 131(23):8262 – 8270.

[59] Li Y, Tang L, Li J. Preparation and electrochemical performance for methanol oxidation of Pt/graphene nanocomposites. Electrochem. Commun. , 2009, 11(4): 846 – 849.

[60] Kou R, Shao Y Y, Wang D H, et al. Enhanced activity and stability of Pt catalysts on functionalized grapheme sheets for electrocatalytic oxygen reduction. Electrochem. Commun. , 2009, 11(5): 954 – 957.

[61] Xin Y C, Liu J G, Zhou Y, et al. Preparation and characterization of Pt supported on graphene with enhanced electrocatalytic activity in fuel cell. J. Power Sources, 2011, 196(3): 1012 – 1018.

[62] 张立逢. 以石墨烯为载体制备直接甲醇燃料电池阳极催化剂的研究[D]. 南京:南京航空航天大学硕士学位论文, 2010.

[63] Vinodgopal K, Haria M, Meisel D, et al. Fullerene – based carbon nanostructures for methanol oxidation. Nano. Lett. , 2004, 4(3): 415 – 418.

[64] 季长春, 魏先文. C60 基纳米结构膜的制备及其催化氧化甲醇的研究[J]. 石河子大学学报, 2005, 23(2): 146 – 148.

[65] Xu B, Yang X, Wang X, et al. A novel catalyst support for DMFC: Onion – like fullerenes. J. Power Sources, 2006, 162 (1): 160 – 164.

[66] Hou P X, Bai S, Yang Q H, et al. Multi – step purifyication of carbon nanotubes. Carbon. 2002, 40(1): 81 – 85.

[67] Han S, Yun Y, Park K W, et al. Block – copolymer – templated synthesis of electroactive RuO_2 – based mesoporous thin films. Adv. Mater. , 2003(15):1922 – 1925.

[68] 张力. 碳纳米笼的制备及应用研究[D]. 上海:上海交通大学硕士学位论文, 2007.

[69] Joo S H, Choi S J, Oh I, et al. Order nanoporous arrays of carbon supporting high dispersions of platinum nanoparticles. Nature, 2001, 412(6843): 169 – 172.

[70] Yu J S, Kang S, Yoon S B, et al. Fabrication of ordered uniform porous carbon networks and their application to a catalyst supporter. J. Am. Chem. Soc. , 2002. 124(32): 9382 – 9383.

[71] Raghuveer V, Manthiram A. Mesoporous carbon with larger pore diameter as an electrocatalyst support for methanol oxidation. Electrochem. Solid – State Lett. , 2004, 7(10): A336 – A339.

[72] 吴伟, 曹洁明, 陈煜, 等. 室温制备高合金化 Pt – Ru/CMK – 3 催化剂及其对甲醇的电催化氧化[J]. 高等学校化学学报, 2006, 27 (12): 2394 – 2397.

[73] Choi W C, Woo S I, Jeon M K, et al. Platinum nanoclusters studied in the microporous nanowalls of ordered mesoporous carbon. Adv. Mater. , 2005, 17(4): 446 – 451.

[74] Liu S H, Lu R F, Huang S J, et al. Controlled synthesis of highly dispersed platinum nanoparticles in or-

dered mesoporous carbons. Chem. Commun. , 2006, 1(32): 3435 – 3437.

[75] Ma Y W, Yue B, Hu Z, et al. CMK – 5 mesoporous carbon synthesized via chemical vapor deposition of ferrocene as catalyst support for methanol oxidation. J. Phys. Chem. C, 2008, 112(3): 722 – 731.

[76] Lei Z B, An L Z, Dang L Q, et al. Highly dispersed platinum supported on nitrogen – containing ordered mesoporous carbon for methanol electrochemical oxidation. Micro. Meso. Mater. , 2009, 119 (1): 30 – 38.

[77] Vengatesan S, Kim H J, Kim S K, et al. High dispersion platinum catalyst using mesoporous carbon support for fuel cells. Electrochimica Acta, 2008, 54(2): 856 – 861.

[78] Lin M L, Huang C C, Lo M Y, et al. Well ordered mesoporous carbon thin film with perpendicular channels: application to direct methanol fuel cell. J. Phys. Chem. C, 2008, 112(3): 867 – 873.

[79] 孙海燕. 直接醇类燃料电池新型阳极催化剂材料的研究[D]. 南京:南京航空航天大学硕士学位论文, 2008.

[80] Cui X Z, Shi J L, Zhang L X, et al. PtCo supported on ordered mesoporous carbon as an electrode catalyst for methanol oxidation. Carbon, 2009, 47 (1): 186 – 194.

[81] Chai G S, Yoon S B, Yu J S, et al. Ordered porous carbons with tunable pore sizes as catalyst supports in direct methanol fuel cell. J. Phys. Chem. B 2004, 108(22): 7074 – 7079.

[82] Chai G S, Shin I S, Yu J S. Synthesis of ordered, uniform, macroporous carbons with mesoporous walls templated by aggregates of polystyrene spheres and silica particles for use as catalyst supports in direct methanol fuel cells. Adv. Mater. 2004, 16(22): 2057 – 2061.

[83] Zhang S L, Chen L, Zhou S X, et al. Facile synthesis of hierarchically ordered porous carbon via in situ self – assembly of colloidal polymer and silica spheres and its use as a catalyst support. Chem. Mater. , 2010, 22(11): 3433 – 3440.

[84] 李恒. Pt/CMK – 3 阳极催化剂的制备及其在直接甲醇燃料电池中的应用[D]. 兰州:兰州理工大学硕士学位论文, 2010.

[85] Salgado J R C, Alcaide F, Lvarez G, et al. Pt – Ru electrocatalysts supported on ordered mesoporous carbon for direct methanol fuel cell. J. Power Sources, 2010, 195(13): 4022 – 4029.

[86] Chen M H, Jiang Y X, Chen S R, et al. Synthesis and durability of highly dispersed platinum nanoparticles supported on ordered mesoporous carbon and their electrocatalytic properties for ethanol oxidation. J. Phys. Chem. C, 2010, 114(44): 19055 – 19061.

[87] Liu B, Creager S. Silica – sol – templated mesoporous carbon as catalyst support for polymer electrolyte membrane fuel cell applications. Electrochimica Acta, 2010, 55(8): 2721 – 2 726.

[88] Scholz K, Scholz J, McQuillan A J, et al. Partially embedded highly dispersed Pt nanoparticles in mesoporous carbon with enhanced leaching stability. Carbon, 2010, 48(6): 1788 – 1798.

[89] Liu S H, Chiang C C, Wu M T, et al. Electrochemical activity and durability of platinum nanoparticles supported on ordered mesoporous carbons for oxygen reduction reaction. Int. J. Hydro. Energy, 2010, 35 (15): 8149 – 8154.

[90] 徐群杰, 李金光, 李巧霞. 不同温度烧制介孔碳作为直接甲醇燃料电池催化剂载体[J]. 物理化学学报, 2011, 27 (8): 1881 – 1885.

[91] Rolison D R. Catalytic nanoarchitectures – the importance of nothing and the unimportance of periodicity. Science, 2004, 299(5613): 1698 – 1701.

[92] Antonietti M, Ozin G A. Promises and problems of mesoscale materials chemistry or why meso? Chem. Eur. J. , 2004, 10: 28 – 41.

[93] Lee J B, Park Y K, Yang O B, et al. Synthesis of porous carbons having surface functional groups and their application to direct – methanol fuel cells. J. Power Sources, 2006, 158(2): 1251 – 1255.

[94] Choi Y S, Joo S H, Pak C H, et al. Surface selective polymerization of polypyrrole on ordered mesoporous carbon: enhancing interfacial conductivity for direct methanol fuel cell application. Macromol. , 2006, 39 (9): 3275 – 3282.

[95] Calvillo L, Lazaro M J, Garcia – Bordeje E, et al. Platinum supported on functionalized ordered mesoporous carbon as electrocatalyst for direct methanol fuel cells. J. Power Sources, 2007, 169(1): 59 – 64.

[96] Wang X Q, Liu R, Waje M M, et al. Sulfonated ordered mesoporous carbon as a stable and highly active protonic acid catalyst. Chem. Mater. , 2007, 19(10): 2395 – 2397.

[97] Zhou J H, He J P, Ji Y J, et al. CTAB assisted microwave synthesis of ordered mesoporous carbon supported Pt nanoparticles for hydrogen electrooxidation, Electrochimica. Acta, 2007, 52(14): 4691 – 4695.

[98] Salgado J R C, Quintana J J, Calvillo L, et al. Carbon monoxide and methanol oxidation at platinum catalysts supported on ordered mesoporous carbon: The influence of functionalization of the support . Phys. Chem. Chem. Phys. , 2008, 10(45): 6796 – 6806.

[99] Wang Y G, Li H Q, Xia Y Y. Ordered whiskerlike polyaniline grown on the surface of mesoporous carbon and its electrochemical capacitance performance. Adv. Mater. , 2006, 18(19): 2619 – 2623.

[100] Choi B, Yoon H, Sung Y E, et al. Highly dispersed Pt nanoparticles on nitrogen – doped magnetic carbon nanoparticles and their enhanced activity for methanol oxidation. Carbon, 2007, 45(13): 2496 – 2501.

[101] Gadiou R, Didion A, Gearba R I, et al. Synthesis and properties of new nitrogen – doped nanostructured carbon materials obtained by templating of mesoporous silicas with aminosugars. J. Phys. Chem. Solids, 2008, 69(7): 1808 – 1814.

[102] Liu G, Li X G, Ganesan P, et al. Development of non precious metal oxygen reduction catalysts for PEM fuel cells based on N – doped ordered porous carbon. App. Catal. B: Environ. , 2009, 93(1 – 2): 156 – 165.

[103] 陈秀. 有序介孔碳改性及 M@Pt 核壳结构催化剂的制备和表征[D]. 南京:南京航空航天大学硕士学位论文, 2009.

[104] 安丽珍. N 掺杂有序中孔碳材料的制备、表征及其电化学性能研究[D]. 大连:辽宁师范大学硕士研究生学位论文, 2009.

[105] 赵明艺. 氮掺杂中孔碳纳米壳的制备、表征及其电化学性能[D]. 大连:辽宁师范大学硕士学位论文, 2010.

[106] Tang H L, Jiang S P. Self – assembled Pt/mesoporous silica carbon electrocatalysts for elevated temperature polymer electrolyte membrane fuel cells. J. Phy. Chem. C, 2008, 112(49): 19748 – 19755.

[107] 赵桂网. 有序介孔碳改性及其负载 Pt 催化剂的性能研究[D]. 南京:南京航空航天大学硕士学位论文, 2008.

[108] Qian X F, Wan Y, Zhao D Y, et al. Synthesis of ordered mesoporous crystalline carbon – anatase composites with high titania contents. J. Colloid Interface Sci. , 2008, 328(2): 367 – 373.

[109] 张华, 储凌, 陈雨, 等. 用于 PEMFC 的介孔碳担载铂氧化钨电催化剂的制备与表征[J]. 南京工业大学学报(自然科学版), 2010, 32(4): 1 – 6.

第10章 介孔碳材料在化学
修饰电极中的应用

10.1 化学修饰电极概述

化学修饰电极（Chemically Modified Electrodes，CME）是通过共价键键合、吸附或涂层等方法，把具有某些功能的化学基团修饰在由导体或半导体制作的电极表面，形成具有某种特定性质的新型电极。化学修饰电极构筑了一种近代的电极体系，它的问世突破了传统电化学中只限于研究电极电解液界面的范围，开创了可以剪裁电极表面的分子，按人们的意图给电极设定不同的功能，从而使所设计的修饰电极具有某种特定的化学、电化学、光学及其他优良性质。

修饰电极的基底材料主要有碳（石墨、玻碳和热解石墨）、半导体和贵金属。其中，采用玻碳电极（GC）作为基体有很多优点，如较高的氢过电位、导电性能好、耐化学腐蚀性强、表面光滑不易沾附气体及污物、比较低的成本、低的背景电流等。

通常按照修饰电极的修饰或制备方法的不同，可将修饰电极分为共价键合型、吸附型、组合型、混合型和聚合物型等几种主要类型。常用化学修饰电极的表征手段有：电化学方法（循环伏安法、计时电流法、计时电位法、计时库仑法、电化学交流阻抗谱和脉冲伏安法等）、光谱电化学方法、石英晶体微天平法、表面分析能谱法和显微学方法等。

自从化学修饰电极问世以来，人们利用电极表面上的微结构，使之成为分离、富集和选择性合三者为一的理想体系，在提高选择性和灵敏度方面具有独特的优越性。因此被广泛应用于电分析化学、电化学催化、电化学发光、选择性渗透、选择性富集分离以及电化学传感器等研究领域[1, 2]。

10.2 碳材料在化学修饰电极中应用的研究进展

10.2.1 碳纳米管修饰电极

碳纳米管依据其原子结构的不同，将表现为金属或半导体，这种独特的电子特性使其能够促进电子的传递,加之其还拥有很大的比表面积,所以可作为一种优良的电极修饰材料。通过不同的方法将碳纳米管修饰到固体电极上,制备出的碳纳米管修饰电极(CNTME)可拥有碳纳米管的大比表面积、多孔性、催化活性和粒子表面带有较多功能基团等特性,从而可对某些物质的电化学行为产生特有的催化效应[3-6]。

根据修饰方式的不同可将 CNTME 分为碳纳米管糊电极、碳纳米管薄膜修饰电极、碳纳米管粉末微电极、碳纳米管嵌入修饰电极和碳纳米管修饰玻碳电极。

1. 碳纳米管糊电极

1996 年,Britto 等[7]首先用类似于碳糊电极的制备方法将碳纳米管制成碳纳米管糊状电极,这种电极对多巴胺电化学反应具有很好的电催化作用,可用于对多巴胺的定量测定,开辟了碳纳米管应用的新领域。牛津大学的 Hill 教授[8]用同样的方法制得碳纳米管糊电极,并考察了一些蛋白质如细胞色素 C、阿祖林在此电极上的电化学行为,他发现被固定在碳纳米管糊电极上的蛋白质依然保持原有的活性,并且可以产生良好的电化学响应,在制备生物传感器方面有一定的应用价值。Nathan 研究组[9]用碳纳米管糊状电极测定高半胱胺酸,线性范围 5×10^{-6} mol/L ~ 20×10^{-6} mol/L, 检出限 4.6×10^{-6} mol/L。Maria 等[10]采用 MWNTs、矿物油与葡萄糖氧化酶制成 CNTs 糊电极用于葡萄糖的检测,结果表明:该电极对葡萄糖具有很高的选择性和灵敏性、较低的检测限和较宽的线性范围。Federica 等[11]使用 SWNTs 制成 CNTs 糊电极,该电极与传统的碳糊电极相比,具有阴阳极峰电位差减小、阳极峰电流增大、可逆性和灵敏度高等优点。

上述碳纳米管糊电极制备简单、经济,缺点是重现性较差、寿命短,实际应用价值受到一定的限制。于是人们便致力于应用更广泛的碳纳米管薄膜修饰电极的制备。

2. 碳纳米管薄膜修饰电极

碳纳米管虽然具有诸多非常吸引人的特性,但由于它不溶于几乎所有的溶剂,大大限制了其在制备碳纳米管薄膜修饰电极方面的应用。且其管间具有很强的范德华力,极易团聚,所以在修饰前必须将 CNT 置于适当的溶剂中超声分散得到稳定的悬浮分散体系,然后再制成薄膜修饰电极。

Zhao 等[12]将多壁碳纳米管(MWNT)分散在丙酮中得到了 MWNT 修饰电极,实验发现 MWNT 可催化 NO 的氧化。通过在 MWNT 修饰电极表面再覆盖一层 Nafion 膜,可排除亚硝酸根的干扰,从而建立了一种测定 NO 的方法。由于上述方法仅采用单一试剂超声分散,碳纳米管在有机溶剂中的分散量仅为 0.1mg/mL,且超声分散需很长的时间,另外成膜效果不是很理想。

吴康兵[13]将 MWNT 分散在 Nafion 的无水乙醇溶液中,得到 MWNT – Nafion 分散液性质稳定,通过溶剂挥发制备出 MWNT – Nafion 复合膜修饰电极。该修饰电极对多巴胺有很好的电催化效应和电化学选择性,并实现了在高浓度抗坏血酸和尿酸存在下多巴胺的选择性测定。他们还选择了一种双疏水链的表面活性剂双十六烷基磷酸(DHP)作为碳纳米管的特效分散剂,成功将碳纳米管分散在水中,得到了稳定的 MWNT – DHP 修饰电极,此电极具有很好的灵敏度和选择性,已成功实现了对铅、镉离子、多巴胺和 5 – 羟基色胺的同时测定[14-17]。

Wang 等[18]报道了一种碳纳米管膜电极的制备方法将碳纳米管以 1mg/mL 的量分散在浓硫酸中,然后移取 10μL 分散液滴在电极表面,200℃ 以下干燥 3h 后得到碳纳米管膜电极。此电极对 NADH 的氧化表现出十分明显的催化特性,与裸电极相比,可将氧化电位降低近 490mV。但该制备方法特别费时、繁琐。

Barisci 等[19, 20]利用真空过滤的方法制成碳纳米管薄膜电极(NTP),研究表明:这种碳纳米管薄膜电极具有很大的电容及良好的电化学特性。

Gao 等[21]用铁酞菁在高温下进行热解,制得在石英玻璃基底上垂直生长的 CNTs 阵列。先在 CNTs 阵列上溅射一层 Au 薄膜,再电镀导电聚合物膜,以此作为平台构造 GOD 生物传感器。Tang 等[22]在原位生长的定向 CNTs 上电镀 Pt,然后浸渍于 GOD 溶液中,最后再涂上一层 Nafion 膜,这样制得的传感器在线性范围、检测限、反应时间、灵敏性和稳定性等各方面都有很优异的表现。

Lim 等[23]将 GOD 和纳米粒子同时沉积在 Nafion 增溶的 CNT 膜中,通过检测葡萄糖在酶作用下生成的过氧化氢,制备出快速响应的 GOD 生物传感器,使用的电极为玻碳电极,附加的 Nafion 膜可以防止抗坏血酸和尿酸对葡萄糖检测的干扰。该传感器的线性范围可达 12mmol/L,检测下限为 0.15mmol/L。

碳纳米管修饰电极是一类新兴的电极,在环境分析中有广阔的应用前景。如能进一步研究碳纳米管的分散剂,使碳管和分散剂的作用结合起来,利用吸附和键合作用于待测物质以提高对其测定的灵敏度,将使碳纳米管修饰电极的应用产生突破性进展。

10.2.2 碳纳米纤维修饰电极

与碳纳米管修饰电极在电分析中的应用研究相比,碳纳米纤维修饰电极在电分析中的应用研究不是很多。碳纳米纤维具有较高的长径比、完善的石墨化结构、高的热传导性及导电性、表面有一定的化学活性,形态为细小的一维纤维状。并且碳纳米纤维的大小和石墨层的排列方式可以在制备过程中很好地控制[24]。因此,与碳纳米管(CNT)相比,CNF 拥有更多的棱面位点和活性基团,更加适合做修饰电极的电极材料。Chaniotakis[25]等系统地比较了用 CNF、CNT 和

GP 制作的葡萄糖生物传感器,研究表明,CNF 固定蛋白质和酶的效果是最好的。Bala 等[26]报道了用 CNF 修饰玻碳电极在低电位下检测 NADH,检出限达到了 11μM。Perez 等[27]分别将 CNF 和碳微粒子(CPM)分散在 DMF 中制备了 CNF 和 CPM 修饰玻碳电极和金电极,通过对 NADH 的检测,实验结果表明 CNF 比 CPM、裸玻碳和裸金电极具有更好的降低 NADH 的过电位的作用。Li 等[28]比较了板层状的(PCNF)、鱼骨状的(FCNF)和管状的(TCNF)碳纳米纤维制备的 H_2O_2 传感器,实验结果表明 PCNF/GC 的电催化活性和灵敏度优于 FCNF/GC 和 TCNF/GC,而 FCNF/GC 拥有最宽的线性范围,TCNF/GC 的电化学性能是最差的。同时也有关于 CNF 修饰电极催化 H_2O_2 还原的报道[29],并且用此电极检测 H_2O_2 得到了高的灵敏度和低的检出限。

10.3 介孔碳材料在化学修饰电极中应用的研究进展

把有序介孔材料分散在适当的聚合溶液中,在电极表面将形成稳定的有序介孔材料/聚合物薄膜。聚合物薄膜修饰电极既保持了有序介孔材料的大比表面积、较大且有序的孔径等特性外,同时也兼具聚合物膜的一些特性,从而对某些物质的电化学行为产生特有的催化效应,迅速发展成为化学修饰电极的一个重要的研究领域。

选择有序介孔碳材料作为电极修饰材料的主要原因:①有序介孔碳材料具有均一的孔径、高的比表面积、大的孔体积和良好的导电性;②有序介孔碳材料具有很好的活性,很容易进行表面修饰或功能化;③碳材料具有很好的生物相容性,可尝试生物大分子在修饰电极表面的直接电化学。

目前,国内外介孔碳用于修饰电极的研究处于起步阶段,研究较多的为有序介孔碳材料及其复合材料。

10.3.1 有序介孔碳材料

有序介孔碳本身具有电催化性能,可以加快电子转移速度,对某些物质具有非常高的检测灵敏度、特殊的选择性、很好的稳定性,可以降低过电位,增加峰电流,改善分析性能,有序介孔碳的电催化活性要高于碳纳米管[30-33]。另外,有序介孔碳是催化剂的良好载体,可以将催化剂(Pt)固载在有序介孔碳上,得到的修饰电极具有很好的电催化性能[34]。

陈洪渊[35]小组用壳聚糖为交联剂通过层层组装将介孔碳 CMK-3(比表面积 1060m^2/g,孔体积 1.1cm^3/g)-血红蛋白多层膜固定在玻碳电极表面,得到的修饰电极对过氧化氢和氧还原具有很好的电催化效应。

贾能勤等[36]研究了多巴胺(DA)和抗坏血酸(AA)在有序介孔碳修饰电极上的电化学和电催化行为,与玻碳电极相比,有序介孔碳电极显示出快速电子转移速度和大的响应电流,在 AA 存在下对 DA 表现出高的选择性和灵敏度。王志勇[37]以 SBA-15 为模板反向复制合成了有序介孔碳,该有序介孔碳显示了快速的电子传递能力,有序介孔碳修饰电极能很好地促进生物分子(多巴胺、抗坏血酸)的电子转移和高电催化活性,并且在高浓度的抗坏血酸存在下能够实现多巴胺和抗坏血酸有效的电分离。有序介孔碳修饰电极优良的电化学特性主要归功于有序介孔碳表面存在大量暴露的边缘缺陷位点和含氧功能团。林凡允[38]采用纳米技术和电化学方法制备了有序介孔碳修饰电极。该修饰电极对神经递质 DA 的电化学氧化有明显的催化作用,发现 DA 在该修饰电极上的氧化峰电流较裸电极有明显增加,还可有效地排除抗坏血酸(AA)的干扰,能选择性地对 DA 进行定量测定。用此修饰电极检测多巴胺时具有较好的灵敏度、重现性、稳定性,并且电极不被污染。

Zhou 等[39]将有序介孔碳材料分散于氮-氮二甲基甲酰胺溶液中,采用包埋法将葡萄糖氧化酶(GOD)修饰到电极表面制备的葡萄糖生物传感器,并与相同条件下使用 CNT 制得的修饰电极做对比。结果显示,有序介孔碳修饰的电极的氧化电位(+0.250 V)明显低于 CNT 修饰的电极(+0.450V)。有序介孔碳修饰的电极显示出对葡萄糖非常灵敏的响应,其线性范围甚至达到 0.50mM ~ 15.00mM,可以说在同类葡萄糖传感器中非常出色。王琨琦等[40]使用简单的方法将葡萄糖氧化酶(GOD)固定在介孔碳修饰的玻碳电极表面,该修饰电极上的 GOD 在 0.1mol/L 磷酸缓冲溶液(PBS)(pH = 7.1)中发生了准可逆的氧化还原反应,实现了 GOD 在介孔碳载体上的直接电化学。

彭晓娟[41]系统研究了槲皮素在有序介孔碳修饰电极上的电化学行为。实验结果表明,在 0.1mol/L PBS(pH 3.0)溶液中,槲皮素可以在 OMC 修饰电极上有效富集。且该电极容易再生,具有良好的稳定性,有可能成为一种灵敏的槲皮素电化学传感器。利用循环伏安法和差示脉冲法对尿酸在有序介孔碳修饰电极上的电化学行为进行了研究。在 0.1mol/L PBS(pH = 7.0)溶液中,尿酸可以在 OMC 修饰电极上有效富集,并在 0.353V 处产生一个灵敏的氧化峰。在选定的条件下,尿酸的氧化峰电流与其浓度在 8×10^{-7}mol/L ~ 1×10^{-4}mol/L 的范围内呈现良好的线性关系,并且利用该电极成功地对人体尿样中尿酸的浓度进行了检测。

刘琳[42]在介孔碳修饰电极上实现了邻硝基苯酚(o-NP)、间硝基苯酚(m-NP)和对硝基苯酚(p-NP)同分异构体的同时电化学测量。研究表明:介孔碳修饰电极不仅能够完全对这三种物质进行区分,而且能在另外两种异构体存在的条件下对第三种硝基苯酚实现定量的检测。在不用预先处理的情况下，可以将这种方法应用于硝基苯酚同分异构体的同时检测。

10.3.2　有序介孔碳复合材料

周明等[43]把介孔碳分散到多酸溶液中，同样加入聚乙烯醇溶液，所得胶体滴涂在玻碳电极上，得到聚合物膜修饰电极，对亚硝酸盐还原具有一定的电催化活性，在催化和生物传感器方面有潜在的应用价值。郭卓[44]以聚苯胺掺杂的介孔碳 CMK - 3 修饰玻碳电极，采用该修饰电极检测重金属 Cu^{2+} 和 Pb^{2+} 的含量。所制备的修饰电极 PANI - MC 与 PANI 和 PANI - GC 相比，在酸性溶液中，连续循环 30 次仍然表现出很好的物理和化学稳定性。王小雪等[45]用硬模板法合成了有序介孔碳(OMC)，并以壳聚糖(Chitosan)作为分散剂制备了有序介孔碳 - 壳聚糖复合膜(OMC - Chitosan)修饰电极。在 0.1mol/L(pH = 6.5)的磷酸盐(PBS)缓冲溶液中，UA 在 OMC - Chitosan 修饰电极上于 0.334V 处产生一灵敏的不可逆氧化峰，氧化峰电流(i_{pa})与尿酸(UA)的浓度在 4.0×10^{-6}mol/L ~ 2.0×10^{-4}mol/L 范围内呈良好的线性关系，相关系数为 0.9997，检出限为 2.0×10^{-6} mol/L。对 0.2mmol/L UA 平行测定 10 次，相对标准偏差为 3.8%，表明该电极重现性和稳定性良好。韩清等[46]采用壳聚糖(CTS)作为有序介孔碳的分散剂，制备了有序介孔碳修饰玻碳电极(OMC/CTS/GCE)。该电极对双酚 A 有强烈的电催化作用，在 pH = 8.0 的磷酸盐缓冲溶液(PBS)中，双酚 A 在 0.479V 处有 1 个明显的氧化峰，峰电流与双酚 A 浓度在 4.5×10^{-8}mol/L ~ 1.2×10^{-5}mol/L 范围内呈良好的线性关系，检出限为 2.0×10^{-8}mol/L。该法用于湖水样品中双酚 A 含量的测定，回收率为 98% ~ 104%。

方钰[47]采用电化学方法将吩噻嗪染料天青 B(AB)聚合到有序介孔碳(OMC)修饰的玻碳电极(GCE)表面，制得聚天青 B/有序介孔碳复合材料(PAB/OME/GCE)修饰电极，将该纳米复合材料应用于 NADH 的电化学催化显示出了良好的性能，该 NADH 传感器能有效降低检测过程中的过电位并成功消除尿酸、多巴胺和抗坏血酸的干扰。彭晓娟[41]制备了聚硫堇/有序介孔碳复合材料修饰电极，在 0.1mol/L PBS(pH = 7.0)溶液中，0V 电位下，此修饰电极对 NADH 的催化活性较高，线性范围可达 3.4×10^{-6}mol/L ~ 8.5×10^{-4}mol/L，检出限达到 5.1×10^{-8}mol/L(信噪比为 3)，并且能很好地消除尿酸和抗坏血酸的干扰，有希望成为有应用价值的 NADH 传感器。Guo[48]等采用电化学聚合法将硫堇聚合到有序介孔碳修饰的电极上，该电极表现出对 NADH 良好的电化学响应。Zhu 等[49]采用浸泡法将染料尼罗蓝吸附到有序介孔碳修饰的电极上，这样制得的修饰电极同样表现出对 NADH 良好的电化学响应性能。Bai[50]等将普鲁士蓝电沉积到介孔碳修饰的电极上,该电极同时显示出对 AA 以及 H_2O_2 良好的响应以及较大的线性范围。康乐[51]以介孔氧化硅 SBA‑15 为硬模板、乙二胺(EDA)和四氯化碳(CTC)作为填充固化剂,利用纳米浇注的方法合成了介孔氮化碳。研究了有序介孔碳(OMC)/普鲁士蓝(PB)复合膜的电化学性质。结果表明,OMC 大大改善了 PB 的电化学性能。把 PB 有效地沉积在 OMC 修饰的玻碳(PG)电极上,该电极比 PG/PB 电极表现出了更好的电化学稳定性,更宽的 pH 适应范围,以及更大的对过氧化氢还原的响应电流。芦宝平[52]采用电化学聚合将吩噻嗪染料中性红(NR)负载到有序介孔碳(OMC)修饰的玻碳电极(GCE)表面,制得聚中性红/有序介孔碳复合材料(PNR/OMC)修饰电极。在 pH 为 7.0 的缓冲溶液中,用此修饰电极检测半胱氨酸、NADH 和巯基乙醇,分别都得到了较宽的线性范围、高的灵敏度和较低的检出限。此外,该电极具有良好的重现性和稳定性。

游春苹[53]研究了基于铂纳米粒子掺杂介孔碳的蛋白质电化学和生物传感应用。与未掺杂的二维介孔碳相比,分散了铂纳米粒子的介孔碳修饰电极。由于两种材料促进电子传递和提高电催化性能方面的协同效应,能促进其固定化酶的氧化还原可逆性。冯骁骏[54]采用滴涂法制备了血红蛋白掺杂铂的有序介孔碳材料修饰电极,并用此修饰电极对过氧化氢的还原进行催化,研究发现该修饰电极对过氧化氢的还原有明显的催化作用。认为这可能是因为血红蛋白固有的过氧化氢酶活性,而掺杂铂的有序介孔碳材料的比表面积大,表面活性中心多,可以促进过氧化氢的还原。在优化的实验条件下,过氧化氢在此修饰电极上的电化学信号与过氧化氢的浓度在 6.5×10^{-4} mol/L ~ 1.3×10^{-2} mol/L 范围内呈线性关系,检出限为 9.1×10^{-5} mol/L(3 倍噪声法),重现性较好。说明该方法可用作过氧化氢的电化学传感器。

侯莹等[55]以 SBA‑15 介孔材料为模板、蔗糖为碳源、硝酸钴溶液为钴源,制备得到钴氧化物掺杂的有序介孔碳 OMC‑Co。以阳离子交换聚合物 Nafion 为分散剂,将有序介孔碳及功能化的有序介孔碳分散在水中,把该分散液涂覆在玻碳电极(GC)表面制得 OMC‑Co/GC 修饰电极。该电极对 GSH 具有明显的催化作用,只出现一个氧化峰,但 GSH 在 OMC‑Co/GC 电极的氧化峰电流大大增加,是 OMC/GC 电极上氧化峰电流的 4.2 倍。在 pH 为 3.98PBS 中,OMC‑Co/GC 电极对 GSH 的响应稳定。刘玲[56]以 SBA‑15 为硬模板,蔗糖和硝酸钴为前驱物分别得到了 OMC 和介孔 Co_3O_4 材料,进一步制备了 OMC/Co_3O_4/Nafion/GC 修饰电极,并研究了该电极对水合肼的催化氧化作用。结果表明,该修饰电极对水合肼展示出很好的催化效果,且检测的灵敏度显著提高,这与该复合物中 OMC 和 Co_3O_4 之间存在良好的协同效应有关。该修饰电极对水合肼的测定获得了较低的检出限(0.07μM)、较快的响应时间(4 s)和较宽的线性范围(4μM ~ 320μM),使该电极有望成为有效检测水合肼的电化学传感器。

周明[57]以阳离子交换聚合物 Nafion 为分散剂,将有序介孔碳分散在水溶液中,把该分散液涂覆在玻碳电极(GC)表面制得 Nafion – OMC/GC 电极。该修饰电极对肾上腺素的安培响应非常稳定,120min 后响应电流仍为起始电流的 99%(玻碳电极为起始电流的 32%)。在 pH 为 2 ~ 10 时,抗坏血酸存在下,Nafion – OMC/GC 电极可以选择性检测肾上腺素。

吴燕慧[58]研究了 1,10 – 菲咯啉 – 5,6 – 二酮/有序介孔碳复合材料膜修饰电极对 NADH 的电催化性能。1,10 – 菲咯啉 – 5,6 – 二酮/有序介孔碳复合膜修饰电极对 NADH 有较高的催化活性,在 – 0.1V 电位下,检测 NADH 得到了良好的结果,灵敏度为 5.763μA/mM,检出限为 0.98μM(信噪比为 3),线性范围可达 350μM。

刘琳[42]利用有序介孔碳为载体,采用浸渍法将磷钨酸铈(CePW)负载于有序介孔碳上,将其运用于电极表面的修饰,制备出负载 CePW 有序介孔碳修饰电极。结果表明,所得多金属氧酸盐 – 有序介孔碳修饰电极对腺嘌呤(A)、鸟嘌呤(G)、对乙酰氨基酚(AP)和多巴胺(DA)有很好的催化作用,有可能成为有效的电化学传感器。

Ndamanisha 等[59]制备出二茂铁与介孔碳的复合材料。在 pH 为 7.3 的缓冲溶液中,介孔碳 – 二茂铁修饰电极对抗坏血酸有很高的电催化活性,与裸的玻碳电极相比过电位有很大的下降,并且阳极电流有显著的增强。该修饰电极能够同时检测抗坏血酸和尿酸。

马永根等[60]制备了有序介孔碳修饰热解石墨电极,研究了芦丁在有序介孔碳修饰电极上的电化学行为。其中,芦丁是从豆科植物槐树的花蕾中提取得到的一种黄酮类化合物,临床上主要用于高血压病的辅助治疗和用于防治因芦丁缺乏所致的其他出血症。芦丁的氧化峰电流与浓度在 2×10^{-8} mol/L ~ 1×10^{-5} mol/L 范围内呈良好的线性关系,检出限可达 7×10^{-9} mol/L。表明该电极有望成为一种高灵敏度的芦丁电化学传感器。

10.4　本章小结

本章介绍了碳材料在化学修饰电极领域的应用情况,包括碳纳米管修饰电极(碳纳米管糊电极和碳纳米管薄膜修饰电极)、碳纳米纤维修饰电极和介孔碳材料修饰电极。重点介绍了有序介孔碳及其复合材料在化学修饰电极领域的应用。有序介孔碳材料具有均一可调的孔结构、较高的比表面积较大的孔容以及化学惰性等一系列优良的特性,在化学修饰电极领域具有广泛的应用前景。

参 考 文 献

[1] Laval J M, Bourdillon C. Modified glassy carbon electrode with immobilized enzyme: NAD/NADH lactic dehydrogenase. J. Electroanal. Chem. , 1983, 152(1 – 2): 125 – 141.

[2] Ueda C, Tse D C, Kuwana T. Stability of catechol modified carbon electrodes for electrocatalysis of dihydronicotinamide adenine dinucleotide and ascorbic acid. Anal. Chem. , 1982, 54 (6): 850 – 856.

[3] 姚佳良,彭红瑞,张志琨. 纳米碳管的性质及应用技术[J]. 青岛化工学院学报, 2002, 23(2): 39 – 43.

[4] Kong J, Feanklin N R. Nanotube melocular wires as chemical sensors. Sciences, 2000, 287(5453): 622 – 625.

[5] Ajayan P M. Nanotubes from Carbon. Chem. Rev. , 1999, 99(7): 1787 – 1799.

[6] Heer W A De, Ugarte D, Chatelain A. , et al. A carbon nanotube field – emission electron source. Science, 1995, 270(5239): 1179 – 1180.

[7] Britto P J, Santhanam K S V, Ajayan P M. Carbon nanotubeelectrode for oxidation of dopamine. Bioelectrochem. Bioenerg. , 1996, 41(1): 121 – 125.

[8] Davis J J, Richard J C, Allen H, et al. Protein electrochemistry at carbon nanotube electrodes . J. Electroanal. Chem. , 1997, 440(1 – 2): 279 – 282.

[9] Nathan S. Detection of homocysteine at carbon nanotube paste electrodes. Talanta, 2004, 63(2): 443 – 449.

[10] Maria D R, GustavoA R. Carbon nanotubes paste electrode. Electrochem. Commun. , 2003, 5(8): 689 – 694.

[11] Federica V, Silvia O, Maria L T, et al. Carbon nanotubes as electrodematerials for the assembling of new electrochemical biosensors. Sensors Actuat. B: Chem. , 2004, 100 (1 – 2): 117 – 125.

[12] Wu F H, Zhao G C, We X W. Electrocatalytic oxidation of nitric oxide at multi – walled carbon nanotubes modified electrode. Electrochem. Commun. , 2002, 4(9): 690 – 694.

[13] Wu K B, Hu S S. Electrochemical study and selective determination of dopamine at a multi – wall carbon nanotube – nafion film coated glassy carbon electrode. Microchim. Acta, 2004, 144(1 – 3): 131 – 137.

[14] Wu K B, Hu S S, Fei J J, et al. Mercury – free simultaneous determination of cadmium and lead at a glassy carbon electrode modified with multi – wall carbon nanotubes. Anal. Chim. Acta. , 2003, 489(2): 215 – 219.

[15] Wu K B, Hu S S, Fei J J. Simultaneous determineation of dopamine and serotonin on a glassy carbon electrode coated with o film of carbon nanotubes. Anal. Biochem. , 2003, 318(1): 100 – 105.

[16] W u K B, Hu S S, Fei J J, et al. Direct electrochemistry of DNA, guanine and adenine at a nanostructured film – modified electrode. Anal. Bioanal. Chem. , 2003, 376(2): 205 – 209.

[17] 孙延一,吴康兵,胡胜水. 多壁碳纳米管 – Nafion 化学修饰电极在高浓度抗坏血酸和尿酸体系中选

择性测定多巴胺[J]. 高等学校化学学报, 2002, 23(11): 2067 - 2069.

[18] Musamech M, Wang J, Merkoci A, et al. Low - potential stable NADH detection at carbon - nanotube - modified glassy carbon electrodes. Electrochem. Commun., 2002, 4(10): 743 - 746.

[19] Barisci J N, Wallace G G, Baughman R H. Electrochemical characterization of single - walled carbon nanotube electrodes. J. Electrochem. Soc., 2000, 147(12): 4580 - 4583.

[20] Barisci J N, Wallace G G, Baughman R H. Electrochemical studies of single - wall carbon nanotubes in aqueous solutions. J. Electroanal. Chem., 2000, 488: 92 - 98.

[21] Gao M, Dai L M, Wallace G G. Biosensors based on aligned carbon nanotubes coated with inherently conducting polymers. Electroanal., 2003, 15(13): 1089 - 1094.

[22] Tang H, Chen J H, Yao S Z, et al. Amperometric glucose biosensor based on adsorption of glucose oxidase at platinum nanoparticle - modified carbon nanotube electrode. Anal. Biochem., 2004, 331 (1): 89 - 97.

[23] Lim S H, Wei J, Lin J, et al. A glucose biosensor based on electrode position of palladium nanoparticles and glucose oxidase onto nafion - solubilized carbon nanotube electrode. Biosens. Bioelectron., 2005, 20 (11): 2341 - 2346.

[24] Merkulov V I, Hensley D H, Melechko A V, et al. Control mechanisms for the growth of isolated vertically aligned carbon nanofibers. J. Phys. Chem. B, 2002, 106(41): 10570 - 10577.

[25] Vamvakaki V, Tsagaraki K, Chaniotakis N. Carbon nanofiber - based glucose biosensor. Anal. Chem., 2006, 78(15): 5538 - 5542.

[26] Arvinte A, Valentini F, Radoi A, et al. The NADH electrochemical detection performed at carbon nanofibers modified glassy carbon electrode. Electroanal., 2007, 19(14): 1455 - 1459.

[27] Perez B, Valle M, Alegret S, et al. Carbon nanofiber vs. carbon microparticles as modifiers of glassy carbon and gold electrodes applied in electrochemical sensing of NADH. Talanta, 2007, 74(3): 398 - 404.

[28] Li Z, Cui X, Zheng J, et al. Effects of microstructure of carbon nanofibers for amperometric detection of hydrogen peroxide. Anal. Chim. Acta, 2007, 597(2): 238 - 244.

[29] Wu L, Zhang X, Ju H. Highly sensitive flow injection detection of hydrogen peroxide with high throughput using a carbon nanofiber - modified electrode. Analyst, 2007, 132(5): 406 - 408.

[30] Zhu L, Tian C, Zhu D, et al. Ordered mesoporous carbon paste electrodes for electrochemical sensing and biosensing. Electroanal., 2008, 20(10): 1128 - 1134.

[31] Zhu L, Tian C, Yang R, et al. Anodic stripping voltammetric determination of lead in tap water at an ordered mesoporous carbon/nafion composite film electrode. Electroanal., 2008, 20(5): 527 - 533.

[32] Zhu L, Tian C, Yang D, et al. Bioanalytical application of the ordered mesoporous carbon modified electrodes. Electroanal., 2008, 20(23): 2518 - 2525.

[33] Yang D, Zhu L, Jiang X, et al. Sensitive determination of Sudan I at an ordered mesoporous carbon modified glassy carbon electrode. Sens. Actuators B, 2009, 141(1): 124 - 129.

[34] 姜晓妍. 新型复合生物传感器平台的构建及应用[D]. 东北师范大学硕士学位论文, 2009.

[35] Feng J J, Xu J J, Chen H Y. Direct electron transfer and electrocatalysis of hemoglobin adsorbed on mesoporous carbon through layer - by - layer assembly. Biosens. Bioelectron, 2007, 22(8): 1618 - 1624.

[36] Jia N, Wang Z, Yang G, et al. Electrochemical properties of ordered mesoporous carbon and its electroana-

lytical application for selective determination of dopamine, Electrochem. Commun. , 2007, 9（2）: 233 –238.

[37] 王志勇. 有序介孔材料的生物电化学研究[D]. 上海：上海师范大学硕士学位论文, 2007.

[38] 林凡允. 有序介孔碳修饰电极对多巴胺和硝基苯的电催化研究[D]. 长春：东北师范大学硕士学位 论文, 2007.

[39] Zhou M, Shang L, Li B L, et al. The characteristics of highly ordered mesoporous carbons as electrode material for electrochemical sensing as compared with carbon nanotubes. Electrochem. Commun. , 2008, 10 （6）: 859 –863.

[40] 王琨琦, 朱琳, 邢巍. 介孔碳修饰玻碳电极上葡萄糖氧化酶的直接电化学[J]. 电化学, 2008, 14 （2）: 121 –124.

[41] 彭晓娟. 有序介孔碳及其复合材料修饰电极研究[D]. 长春：东北师范大学硕士学位论文, 2008.

[42] 刘琳. 有序介孔碳及其复合材料在电化学传感器中的应用[D]. 长春：东北师范大学硕士学位论 文, 2009.

[43] Zhou M, Guo L P, Lin F Y, et al. Electrochemistry and electrocatalysis of polyoxometalate – ordered mesoporous carbon modified electrode. Analytica. Chimica. Acta, 2007, 587(1): 124 –131.

[44] 郭卓. 介孔功能材料合成和性质研究[D]. 长春：吉林大学博士学位论文, 2005.

[45] 王小雪, 陈艳玲, 苗琦. 尿酸在有序介孔碳 – 壳聚糖修饰电极上的电化学行为及其测定[J]. 分析 科学学报, 2009, 25(2): 189 –192.

[46] 韩清, 陈艳玲, 周闻云, 等. 双酚 A 在介孔碳修饰电极上的电化学行为及其测定[J]. 分析测试学 报, 2009, 28(3): 3337 –3341.

[47] 方钰. 有序介孔碳修饰电极在电化学生物传感器中的应用研究[D]. 长春：东北师范大学硕士学位 论文, 2010.

[48] Qi B, Peng X J, Fang J, et al. Ordered Mesoporous carbon functionalized with polythionine for electrocatalytic application. Electroanal. , 2009, 21(7): 875 –880.

[49] Zhu L D, Yang R L, Jiang X Y, et al. Amperomatric determination of NADH at a Nile blue ordered mesoporous carbon composite electrode. Electrochem. Commun. , 2009, 11(3): 530 –533.

[50] Bai J, Qi B, Ndamanisha J C, et al. Ordered mesoporous carbon – supported Prussian blue: Characterization and electrocatalytic properties. Micro. Meso. Mater. , 2009, 119(1 –3): 193 –199.

[51] 康乐. 氧化物与碳介孔材料的制备与应用研究[D]. 济南：山东大学硕士学位论文, 2009.

[52] 芦宝平. 有序介孔碳复合材料的合成及其电催化研究[D]. 东北师范大学硕士学位论文, 2010.

[53] 游春苹. 基于介孔碳材料的电化学生物传感器研究[D]. 上海：复旦大学博士学位论文, 2009.

[54] 冯骁骏. 聚合物膜修饰电极的制备及电催化应用[D]. 辽宁师范大学硕士学位论文, 2010.

[55] 侯莹. 孔径及组成对有序介孔碳修饰电极电化学行为的影响研究[D]. 长春：东北师范大学硕士学 位论文, 2008.

[56] 刘玲. 钴化合物/有序介孔碳复合材料在电化学传感器中的应用[D]. 长春：东北师范大学硕士学 位论文, 2010.

[57] 周明. 有序介孔碳复合材料的电化学及电催化性质研究[D]. 长春：东北师范大学硕士学位论 文, 2007.

[58] 吴燕慧. 新型碳材料修饰电极在电分析中的应用研究[D]. 长春：东北师范大学硕士学位论

文, 2010.

[59] Ndamanisha J C, Guo L P. Electrochemical determination of uric acid at ordered mesoporous carbon functionalized with ferrocenecarboxylic acid – modified electrode. Biosens. Bioelectron. , 2008, 23 (11): 1680 – 1685.

[60] 马永根, 胡广志, 邵士俊. 芦丁在有序介孔碳修饰电极上的电化学行为及其测定[J]. 安徽农业科学, 2009, 37(30): 14578 – 14580.

内 容 简 介

　　有序介孔碳材料是一类新型纳米结构材料,具有规则的孔道结构、较大的比表面积和孔容、良好的热稳定性和化学稳定性等一系列优点,在吸附、催化、储氢及电化学等众多领域有着潜在的应用前景。因此,介孔碳材料一经诞生就引起了国际物理学、化学及材料学界的高度关注,并得到迅猛发展,成为跨学科的研究热点之一。本书作者在多年教学和科研的基础上借鉴国内外最新成果,力求全面、深入地介绍介孔碳材料的合成及其应用的相关知识。全书共包括十章,前两章为基础性知识,介绍了介孔材料的种类和结构、合成及表征方法,以及介孔碳材料的合成方法、功能化及其形貌控制等。其余八章为研究性成果介绍及其论述,主要包括含硅嵌段共聚物辅助合成介孔碳材料的制备过程及其机理分析,并进一步介绍了介孔碳材料在吸附催化、储氢、超级电容器、锂离子电池、燃料电池和化学修饰电极中的应用情况。

　　本书可供从事材料、化学和物理学的教学、科研、生产等方面的从业者参考阅读,对相关专业的研究生和本科生也具有重要的参考价值。